Peggy Theuerkorn

Heinrich Zankl und Katja Betz

Trotzdem genial

Weitere Bücher von Heinrich Zankl bei Wiley-VCH:

Zankl, Heinrich
Kampfhähne der Wissenschaft
Kontroversen und Feindschaften
2012
ISBN: 978-3-527-32865-9

Zankl, Heinrich
Irrwitziges aus der Wissenschaft
Von Leuchtkaninchen bis Dunkelbirnen
2008
ISBN: 978-3-527-32114-8

Zankl, Heinrich / Benecke, Mark / Helb, Hans-Wolfgang / Sültemeyer, Dieter
Potzblitz Biologie
Die Höhlenabenteuer von Rita und Robert
2007
ISBN: 978-3-527-31754-7

Zankl, Heinrich
Fälscher, Schwindler, Scharlatane
Betrug in Forschung und Wissenschaft
2006
ISBN: 978-3-527-31646-5

In der Reihe Erlebnis Wissenschaft erscheinen 2014:

Full, Roland
Vom Urknall zum Gummibärchen
2014
ISBN: 978-3-527-33601-2

Groß, Michael
Invasion der Waschbären
und andere Expeditionen in die wilde Natur
2014
ISBN: 978-3-527-33668-5

Hermans, Jo
Im Dunkeln hört man besser?
Alltag in 78 Fragen und Antworten
2014
ISBN: 978-3-527-33701-9

Hess, Siegfried
Opa, was macht ein Physiker?
Physik für Jung und Alt
2014
ISBN: 978-3-527-41263-1

Lindenzweig, Wilfried H.
Wissen macht schlau
Große Themen leicht erzählt
2014
ISBN: 978-3-527-33750-7

Oreskes, Naomi / Conway, Erik M.
Die Machiavellis der Wissenschaft
Das Netzwerk des Leugnens
2014
ISBN: 978-3-527-41211-2

Iván Egry
Physik des Golfspiels
Mit Newton zum Tee
2014
ISBN: 978-3-527-41254-9

Heinrich Zankl und Katja Betz

Trotzdem genial

Darwin, Nietzsche, Hawking und Co.

WILEY-VCH
Verlag GmbH & Co. KGaA

Autors

Heinrich Zankl
Büchnerstr. 6
66424 Homburg

Katja Betz
Otto-Dill-Str. 6
67433 Neustadt

Titelbild
© nicemonkey – Shutterstock.com

Bibliografische Information der Deutschen Nationalbibliothek
Die Deutsche Nationalbibliothek verzeichnet diese Publikation in der Deutschen Nationalbibliografie; detaillierte bibliografische Daten sind im Internet über http://dnb.d-nb.de abrufbar.

Print ISBN 978-3-527-33410-0
ePDF ISBN 978-3-527-67176-2
ePub ISBN 978-3-527-67175-5
Mobi ISBN 978-3-527-67174-8

Umschlaggestaltung Bluesea Design
Satz le-tex publishing services GmbH, Leipzig
Druck und Bindung CPI Ebner & Spiegel, Ulm

Gedruckt auf säurefreiem Papier.

Über die Autoren

Heinrich Zankl studierte Veterinärmedizin, Anthropologie und Humangenetik. Vor seiner Pensionierung (2006) lehrte er über 25 Jahre als Professor für Humanbiologie und Humangenetik an der Universität Kaiserslautern. Regelmäßig präsentiert er auch unterhaltsame Sachbücher zu Themen aus verschiedensten Forschungsgebieten. Bei Wiley-VCH sind erschienen: »Potzblitz Biologie«, »Fälscher, Schwindler, Scharlatane«, »Nobelpreise: Brisante Affären, umstrittene Entscheidungen«, »Irrwitziges aus der Wissenschaft« und »Kampfhähne der Wissenschaft«. Für sein Engagement erhielt der Autor die Heinrich Bechhold-Medaille für Wissenschaftsjournalismus.

Katja Betz, Diplombiologin, ist für eine Firma im Bereich Umweltdienstleistungen und außerdem für die Initiative »Gesunder Campus« der Technischen Universität Kaiserslautern tätig. Sie hat beim TU-Wettbewerb »Wissenschaftsreporter« mehrere Preise erhalten. Die Koautorin des vorliegenden Werkes und des Buches »Kleine Genies: 25 Wunderkinder der Wissenschaft« ist selbst auf den Rollstuhl angewiesen.

Inhaltsverzeichnis

Vorwort

Können sich Krankheiten bei Wissenschaftlern auch positiv auswirken?

Schon lange wird darüber diskutiert, ob manche Erkrankungen die Schaffenskraft nicht nur schwächen, sondern die Betroffenen auch manchmal zu besonderen Leistungen befähigen oder anspornen können. Vor allem psychische Störungen scheinen nicht selten mit einer erhöhten Kreativität und vielleicht sogar Genialität einherzugehen. Diese Fähigkeiten sind insbesondere für künstlerische und literarische Höchstleistungen eine wichtige Voraussetzung, haben jedoch auch für den wissenschaftlichen Bereich größte Bedeutung. Bereits der berühmte griechische Philosoph und Naturwissenschaftler Aristoteles sah Zusammenhänge zwischen Hochbegabung und psychischer Auffälligkeit. Von ihm soll der prägnante Satz stammen: »Es gibt kein Genie ohne ein Stück Verrücktheit.«

Mit diesem Thema hat sich auch der deutsche Psychiater Wilhelm Lange-Eichbaum intensiv beschäftigt. Sein mehrbändiges Werk »*Genie, Irrsinn und Ruhm*« ist 1928 erstmals erschienen und hat schnell sehr großes Interesse gefunden. Inzwischen sind sieben Auflagen dieser Buchreihe erschienen, wobei zweimal eine grundlegende Überarbeitung und Erweiterung durch Wolfram Kurth bzw. Wolfgang Ritter erfolgt ist. In der letzten Ausgabe sind die Biografien von über 300 genialen Geistern dargestellt, wobei ihre physischen und psychischen Leiden eine besonders ausführliche Berücksichtigung finden. In vier Bänden werden die Lebensläufe von Künstlern und Literaten beschrieben, jeweils ein Band ist religiösen Führern, Philosophen, Politikern, Wissenschaftlern, Entdeckern und Revolutionären gewidmet. Während in diesem umfangreichen Werk die Verbindungen zwischen Genialität und Krankheit vor allem aus psychiatrischer Sicht geschildert werden, gibt es seit einiger Zeit auch aus der Genetik interessante Hinweise auf entsprechende Zusammenhänge. Die Analyse von Stammbäumen hat beispielsweise ergeben, dass in Familien mit mehreren genialen Mitgliedern auffällig oft auch psychische Erkrankungen vorkommen. Neuerdings hat man sogar eine Variante des Signalübertragungs-Gens Neuregulin-1 gefunden, die nicht nur bei der Entstehung von Psychosen, sondern auch bei der Ausprägung einer hohen Kreativität eine wichtige Rolle zu spielen scheint.

Neben Menschen mit psychischen Erkrankungen erbringen auch solche mit Störungen in der Entwicklung ihrer Persönlichkeit manchmal erstaunliche künstlerische und wissenschaftliche Leistungen. Das gilt insbesondere für autistisch veranlagte Personen, die sich zwar im täglichen Leben oft nur schwer zurechtfinden, aber für meist eng begrenzte Bereiche eine ganz besondere Begabung haben können. Im Bereich der Wissenschaft, auf den sich das vorliegende Buch beschränkt, ist dafür Temple Grandin ein besonders bemerkenswertes Beispiel. Ihr ungewöhnlicher Lebenslauf wird im Kapitel 13 dargestellt. Grandin ist davon überzeugt, dass sie ohne ihren Autismus keine so großen Erfolge im Bereich der Tierwissenschaften erzielt hätte. Auch im Bereich der Mathematik und Informatik sind inzwischen zahlreiche Fälle bekannt, in denen autistische Verhaltensweisen mit besonderen Fähigkeiten verknüpft sind. Der große Datenverarbeitungskonzern SAP hat daraus kürzlich die Konsequenz gezogen und mitgeteilt, dass er in den nächsten Jahren gezielt einige hundert Personen mit autistischer Behinderung einstellen will.

Aber auch andere Erkrankungen haben die wissenschaftliche Tätigkeit ihrer Träger mehr oder minder stark positiv beeinflusst. Stephen Hawking ist durch fortschreitende Lähmungen schon früh dazu gezwungen worden, sich auf die theoretische Physik zu konzentrieren, da die Arbeit in anderen Bereichen dieses Faches für ihn nicht möglich gewesen wäre. Seine Publikationen über das Weltall haben ihn inzwischen weltberühmt gemacht. Er selbst nennt sich in einem Interview »Archetypus eines behinderten Genies«. Einzelheiten zu seiner höchst erfolgreichen Karriere finden sich im Kapitel 12. In anderen Fällen haben die persönlichen Krankheiten die Forschungsziele von Wissenschaftlern mitbestimmt. So ist beispielsweise von dem kanadischen Immunologen Ralph M. Steinman eine Behandlungsmethode entwickelt worden, die er auch an seinem eigenen Pankreaskrebs getestet hat. Steinman ist 2011 an diesem Tumor verstorben, seine sehr erfolgreiche Forschungsarbeit hat ihm aber posthum noch den Nobelpreis eingetragen (siehe Kapitel 16). Der an der Glasknochenkrankheit leidende Kinderarzt Oliver Semler erforscht ebenfalls seine eigene Erkrankung (siehe Kapitel 18). Für den beruflichen Erfolg von Behinderten und chronisch Kranken ist oft auch hilfreich, dass sie schon von Jugend an notgedrungen viel Selbstdisziplin und Ausdauer entwickeln müssen, um ihren Alltag zu meistern. Wie wichtig diese Fähigkeiten sind, kann Katja Betz, die Koautorin dieses Buches, besonders gut beurteilen, weil sie selbst zeitlebens auf den Rollstuhl angewiesen ist. Eine vollständige Ausschöpfung ihrer Begabungen können die Betroffenen aber oft nur dann erzielen, wenn sie aus ihrem sozialen Umfeld intensive Förderung und Unterstützung erfahren. Dafür ist Dorothy Hodgkin ein gutes Beispiel, die es ohne die intensive Hilfe aus ihrem Familien- und Bekanntenkreis wohl nicht geschafft hätte, 1964 den Nobelpreis in Chemie zu erringen (siehe Kapitel 10).

Um etwas Ordnung in die Vielzahl der dargestellten Biografien zu bringen, haben die Autoren des vorliegenden Buches sie in die drei Gruppen Naturwissenschaften und Mathematik, Medizin und Psychologie sowie Geisteswissenschaften untergliedert. In manchen Fällen hätte die Zuordnung vielleicht auch etwas anders gewählt werden können, da die wissenschaftliche Tätigkeit einzelner Personen fachübergreifend gewesen ist. Der begrenzte Umfang des Buches hat außerdem eine relativ strenge Auswahl notwendig gemacht, sodass durchaus interessante Persönlichkeiten unerwähnt geblieben sind. Die Biografien sind mit kurzen Darstellungen der wichtigsten Krankheiten verbunden, damit sich der Leser eine bessere Vorstellung von den Leiden der geschilderten Persönlichkeiten machen kann. Vor allem diesen Teil hat Frau Dr. med. Merve Zankl intensiv durchgesehen, um Unklarheiten oder sogar Fehler möglichst auszumerzen, die sich in solche Kurzbeschreibungen von Krankheiten leicht einschleichen können. Dafür sind die Autoren ihr zu besonderem Dank verpflichtet. Unser großer Dank gilt ebenso Dr. Waltraud Wüst, Dr. Gudrun Walter und Dr. Martin Preuß, die das Buchprojekt bei Wiley-VCH intensiv und wohlwollend betreut haben.

Neustadt/Homburg, Frühjahr 2014 *Katja Betz, Heinrich Zankl*

Teil I
Naturwissenschaften und Mathematik

1
Isaac Newton (1643–1727): hochbegabte Frühgeburt

Der Start ins Leben war für Isaac Newton keineswegs leicht. Nach dem heute gültigen gregorianischen Kalender war sein Geburtstermin der 4. Januar 1643. In England galt damals aber noch der julianische Kalender, wonach Newton am 25. Dezember, also am ersten Weihnachtsfeiertag des Jahres 1642 geboren wurde. Für seine Mutter dürfte diese Weihnachtsüberraschung nicht sehr angenehm gewesen sein, denn ihr Sohn kam etwa zwei Monate zu früh auf die Welt (weitere Informationen im Abschnitt »*Frühgeburt*«). John Conduitt, ein entferntes Familienmitglied, schrieb darüber etliche Jahrzehnte später: »Sir I. N. erzählte mir, man habe ihm erzählt, dass er bei seiner Geburt so klein gewesen sei, dass er in ein Litergefäß gepasst habe, und so schwach, dass man ihm eine Rolle um den Hals habe legen müssen, um den Kopf gerade zu halten, und man habe so wenig an sein Überleben geglaubt, dass die zwei Frauen, die … etwas für ihn holen sollten, sich unterwegs auf ein Treppchen setzten und sagten, es gebe keinen Grund zur Eile, denn sie waren sicher, dass das Kind tot sein würde, bis sie zurückkämen.« Da niemand mit dem Überleben des Kindes rechnete, wurde es erst nach einer Woche getauft. In der Folgezeit entwickelte sich Isaac aber zum allgemeinen Erstaunen ganz gut, blieb jedoch zeitlebens klein und körperlich recht schwächlich. Auch familiär lag bei den Newtons einiges im Argen, denn der Vater war bereits drei Monate vor der Geburt seines Sohnes verstorben. Zumindest wirtschaftlich hatte die Mutter von Isaac keine allzu großen Sorgen, denn ihr verstorbener Ehemann war ein durchaus vermögender Bauer in dem Dörfchen Woolsthorpe gewesen, das in der mittelenglischen Grafschaft Lincolnshire liegt. Dort ist das Geburtshaus von Isaac Newton auch heute noch zu besichtigen.

Im Alter von drei Jahren traf Isaac ein schwerer Schlag. Seine noch recht junge Mutter heiratete wieder und zog in ein Nachbardorf, wo ihr neuer Ehemann Pfarrer war. Der geistliche Herr wollte aber Isaac

Trotzdem genial Erste Auflage. Heinrich Zankl und Katja Betz.

nicht bei sich aufnehmen, sodass seine Mutter sich gezwungen sah, ihn bei den Großeltern zurückzulassen, wo er sich gar nicht wohl fühlte. Die frühe Trennung von seiner Mutter war wohl mit dafür verantwortlich, dass sich Isaac zu einem Einzelgänger entwickelte, der wenig Kontakt zu anderen Kindern hatte. Er besuchte zunächst zwei verschiedene Dorfschulen, wo er allerdings nur mäßige Leistungen zeigte. Als 1653 sein Stiefvater starb, kehrte Isaacs Mutter wieder nach Woolsthorpe zurück. Er hatte nun zwar seine Mutter wieder, aber sie brachte drei jüngere Kinder mit, zu denen er keine guten Beziehungen aufbauen konnte. Zwei Jahre später wurde der inzwischen 12-jährige Isaac wieder von seiner Mutter getrennt, weil er die Lateinschule in der Kreisstadt Grantham besuchen sollte. Zu diesem Zweck wurde er bei dem dortigen Apotheker Clark untergebracht, dessen Frau mit Isaacs Mutter befreundet war. In dem Haus lebten noch drei weitere Kinder, die aus der ersten Ehe von Clarks Frau stammten. Mit den zwei Knaben verstand sich Isaac nicht gut, zu dem Mädchen entwickelte er jedoch eine gewisse Zuneigung. Soweit bis heute bekannt ist, hat er jedoch in seinem ganzen Leben nie ein liebevolles Verhältnis zu einer Frau entwickelt.

In der Lateinschule von Grantham wurde Newton in die unterste Klasse eingestuft und dort auch noch in die letzte Schulbank gesetzt, weil seine Leistungen anfangs so ziemlich die schlechtesten waren. Da Newton lieber mit Mädchen als mit Jungen spielte und auch sonst wenig mit seinen meist recht ruppigen Geschlechtsgenossen gemein hatte, wurde er von denen häufig gehänselt. Schon bald kam es zu einem ersten tätlichen Angriff, bei dem Newton in den Bauch getreten wurde. Nach der Schule forderte er den Übeltäter zum Kampf heraus und trotz seiner geringen Körperkräfte soll Newton sogar als Sieger aus der Rauferei hervorgegangen sein. Vermutlich wurde ihm aber dabei klar, dass er für diese Art der Auseinandersetzung nicht geschaffen war, denn er vermied zukünftig solche Prügeleien und versuchte stattdessen, seine Klassenkameraden durch seine überlegene Geisteskraft zu beeindrucken. Er strengte sich ab diesem Zeitpunkt im Unterricht deutlich mehr an und arbeitete sich auf Grund seiner Leistungen auch räumlich nach vorne. Als Zeichen seines schulischen Aufstiegs gravierte er auf jeder Bank, die er vorrückte, seinen Namen ein. 1659 nahm die Mutter Newton jedoch von der Schule, weil sie meinte, er sollte sich jetzt auf die Bewirtschaftung des väterlichen Bauernhofes vorbereiten. Dafür war der oft sehr in seine Gedanken versunkene Newton allerdings gar nicht geeignet. Mehrfach wurde er vom zuständigen Gutsgericht zu Geldstrafen verurteilt, weil er beim Schafe- oder Schweinehüten so unaufmerksam war, dass die Tiere auf Nachbarfeldern beträchtlichen Schaden anrichteten. Als Newtons Mutter über diese Probleme mit ihrem Bruder sprach, riet er ihr, den geistig sehr begabten Isaac wieder auf die Schule zu schicken, wo er sich auf ein Universitätsstudium vorbereiten sollte. Da sich der Bruder sogar erbot, Isaac bei sich aufzunehmen und das Schulgeld zu bezahlen, fiel Newtons Mutter die Zustimmung relativ leicht. Isaac Newton war über diese Wendung in seinem Leben hoch erfreut, denn er litt sehr unter der bäuerlichen Arbeit, die ihn geistig völlig unterforderte. Er entwickelte nach seiner neuen Einschulung einen so großen Lerneifer, dass er die Schule als Jahrgangsbester abschloss.

Im Juni 1661 reiste Newton nach Cambridge, wo er am altehrwürdigen Trinity College sein Studium aufnahm. Er hatte dort den Status eines »Subzisars«, der sich aus Geldmangel seine Unterkunft und Verpflegung durch Dienstleistungen verdienen musste. Damit hatte Newton den niedrigsten sozialen Status am College und musste viele Demütigungen ertragen, wodurch sein schon vorhandenes Einzelgängertum vermutlich noch erheblich gefördert wurde. Glücklicherweise fand Newton einen väterlichen Freund in Isaac Barrow, der damals die noch heute berühmte Lucasian-Professur innehatte und Newtons außerordentliche Begabungen erkannte. Barrow förderte ihn vor allem in Mathematik und Physik, stellte aber nach einiger Zeit fest, dass sein Schüler in diesen Fächern noch leistungsfähiger war als er selbst. Von Barrow ist die Aussage überliefert, »dass er wahrhaftig einiges von Mathematik verstehe, dass er aber im Vergleich zu Newton wie ein Kind rechne«.

1665 musste Newton Cambridge verlassen, weil dort die Pest ausgebrochen war. Er kehrte nach Woolsthorpe zurück, wo er, ganz auf sich allein gestellt, an seinen wissenschaftlichen Ideen weiter arbeitete. Seine geradezu unglaublichen Fortschritte beschrieb er später selbst so: »... Zu Beginn des Jahres 1665 fand ich die Methode zur Reihenentwicklung und die Regel, um jede Potenz eines Binoms in eine solche Reihe umzuwandeln. Im Mai desselben Jahres fand ich die Tangentenmethode ... verfügte im November ... über die direkte Fluxionsmethode, im Januar des nächsten Jahres über die Farbentheorie und im ... Mai über den Zugang zur umgekehrten Fluxionsmethode. Im selben Jahr begann ich über die Gravitation nachzudenken … All dies trug sich in den Pestjahren 1665/1666 zu. Denn zu dieser Zeit befand ich mich auf dem Höhepunkt meiner Erfindungskraft …«

Nach seiner Rückkehr an das Trinity College schrieb Newton zwei wichtige Artikel, die ihm viel Anerkennung eintrugen. Deshalb beschloss er, sich um eine bezahlte Hochschulstelle zu bewerben, die er aber nicht bekam. Erst zwei Jahre später wurde er zum »Minor Fellow« und wenig später zum »Major Fellow« ernannt. 1669 konnte er sogar die Lucasian-Professur übernehmen, die sein Lehrer Barrow aus freien Stücken räumte, wohl auch, um für seinen besten Schüler optimale Entfaltungsmöglichkeiten zu schaffen. Newton behielt diese Professur dreißig Jahre lang und vertiefte in dieser Zeit seine Forschungen. Er musste auch Vorlesungen für Studenten halten, aber diese Aufgabe war ihm eher lästig und seine Ausführungen waren meist auch so unverständlich, dass er kaum Hörer hatte. Es gibt Berichte, wonach er sogar hin und wieder in einem völlig leeren Hörsaal doziert hat. Wahrscheinlich ist Newton dieser merkwürdige Umstand gar nicht bewusst geworden, denn er war oft so in seine Gedanken versunken, dass er seine Umgebung kaum wahrnahm. Sein langjähriger Sekretär beschrieb das Verhalten seines Chefs einmal so: »Ich habe nie erlebt, dass er sich Erholung oder Zeitvertreib gönnte … Er hielt jegliche Zeit für verloren, die nicht seinen Studien gewidmet war … Er ging sehr selten zum Essen in den Speisesaal … und wenn man ihn dann nicht darauf aufmerksam machte, ging er sehr nachlässig gekleidet hin, in Schuhen mit schiefen Absätzen, heruntergerutschten Strümpfen, übergeworfenem Chorhemd und ungekämmtem Haar.«

Trotz seiner menschlichen Eigenheiten und der Scheu vor öffentlichen Auftritten verbreitete sich Newtons Ruf als hervorragender Wissenschaftler schnell in England und Europa. 1672 wurde ihm daher die Mitgliedschaft in der berühmten Royal Society in London angetragen. Bei seinem ersten Auftritt in der Mitgliederversammlung stellte er eine Arbeit mit dem Titel »*Eine neue Theorie über das Licht und die Farben*« vor, die zu heftigen und langwierigen Diskussionen führte. Da Newton Kritik an seiner Arbeit nicht ertragen konnte, reagierte er sehr unwirsch und drohte sogar mit dem Austritt aus der Gesellschaft, der aber verhindert werden konnte. 1678 erreichte Newtons Erregung einen Höhepunkt und nahm krankhafte Züge an. Das geht insbesondere aus seinen Briefen hervor, die er an den Mathematiker

Édouard Lucas schickte. Darin ist unter anderem Folgendes zu lesen: »Ist es üblich, dass Menschen sich gegenseitig zum Streit drängen? Oder bin ich dazu da, sie zufrieden zu stellen? Sie haben es anscheinend nicht für ausreichend gehalten, Einwände vorzubringen, sondern wollten mich durch die Vermutung beleidigen, ich könne sie vielleicht nicht alle beantworten … Aber woher wissen Sie, dass ich sie nicht als zu dürftig ansah, um darauf zu antworten …? Ich hoffe, dass Sie beachten, wie wenig mir daran liegt, Ihr Vorgehen öffentlich zu machen, und dass Sie mich in Zukunft entsprechend fair behandeln.« Als Newton erfuhr, dass ein Antwortschreiben von Lucas in London angekommen sei, schrieb er dem zuständigen Sekretär: »Ich höre, dass Sie einen Brief von Mr. Lucas für mich haben. Bitte unterlassen Sie es, mir weitere Schreiben dieser Art zu schicken.« Die Korrespondenz mit anderen Kollegen stellte Newton ebenfalls für zwei Jahre fast vollständig ein. Auch als er gegen Ende seines Lebens auf diese Zeit zurückblickte, wollte Newton nicht wahrhaben, dass seine damalige Reaktion unangemessen war. Er schrieb in einem Brief: »Es ist jetzt etwa 50 Jahre her, seit ich um meiner Ruhe willen den brieflichen Austausch über mathematische und philosophische Themen abgelehnt habe, weil er in meinen Augen zu Streit und Kontroversen führte …«

Während manche Autoren die Meinung vertreten, damals habe sich schon eine spätere psychische Erkrankung Newtons in einem ersten Schub manifestiert, meinen andere, vor allem seine intensive Hinwendung zu alchemistischen Themen und Kreisen sei für sein höchst merkwürdiges Verhalten verantwortlich gewesen. Etwa ab 1675 ließ das Interesse Newtons an der Alchemie wieder nach und er wandte sich der Theologie zu. Nach ausgiebigen Studien kam er zu der Überzeugung, dass im 4. und 5. Jahrhundert die Bibel verfälscht worden sei, wodurch das ganze Christentum eine falsche Richtung eingeschlagen habe. Insbesondere bekämpfte Newton den Trinitarismus (die Lehre vom dreieinigen Gott), den er als »falsche Höllenreligion« bezeichnete. Er sprach auch von einer »widerlichen Anbetung von christlichen Heiligen in ihren Gräbern, … als Verehrung der verrotteten Reliquien von gewöhnlichen, verachtenswerten Plebejern.« Es ist nicht verwunderlich, dass diese Vorstellungen seine ohnehin schon weitgehende Isolation in Cambridge und ganz besonders am Trinity College noch weiter verstärkten. In diese für Newton sicher sehr schwierige Zeit fiel dann 1679 auch noch der Tod seiner

Mutter. Als er von ihrer schweren Erkrankung erfuhr, kehrte er für längere Zeit in sein Elternhaus zurück und kümmerte sich bis zu ihrem Tod intensiv um sie. Wenig später erlitt Newton einen weiteren Verlust. John Wickins, einer seiner wenigen Freunde, verließ das Trinity College und übernahm eine Pfarrei. Newton empfand diesen Schritt wohl als eine Art Verrat und brach den Kontakt zu Wickins ab, obwohl dieser noch mehrfach brieflich versuchte, die Beziehung aufrechtzuerhalten.

Erst in den 1680er Jahren konzentrierte sich Newton wieder voll auf seine mathematisch-physikalischen Interessen und schrieb sein berühmtestes Werk, das den Titel »*Philosophiae naturalis principia mathematica*« trug, aber unter der Kurzbezeichnung »*Principia*« wesentlich bekannter wurde. Darin beschrieb Newton unter anderem die Gravitation und die drei Grundgesetze der Bewegung, die auch als »Newtonsche Axiome« bezeichnet werden. Damit konnte er insbesondere das Bewegungssystem der Himmelskörper weitgehend aufklären. Das 1687 erschienene Werk gilt bis heute als das wichtigste naturwissenschaftliche Buch, das jemals verfasst wurde. Während Newton intensiv an seinem Hauptwerk arbeitete, kam es zu großen politischen Verwicklungen, die sich bis nach Cambridge auswirkten. 1685 wurde Jakob II. König von Großbritannien. Er war einige Jahre zuvor Katholik geworden und begann schon bald nach seiner Krönung seine Glaubensbrüder bei der Besetzung wichtiger Posten zu bevorzugen. Newton bezog als überzeugter Protestant dagegen offen Stellung, als in Cambridge ein Benediktinermönch ohne jede wissenschaftliche Prüfung zum Professor ernannt werden sollte. Nachdem 1688 Jakob II. durch Wilhelm von Oranien vom Thron vertrieben worden war, schickte die Universität Cambridge Newton als einen ihrer zwei Abgesandten ins Parlament nach London.

Die Belastungen waren aber wohl zu viel für Newton, denn er erlitt einen Nervenzusammenbruch, der ihn für längere Zeit mehr oder minder arbeitsunfähig machte. Welche psychische Störung bei Newton letztlich vorgelegen hat, lässt sich heute nicht mehr genau rekonstruieren. Er verschickte in dieser Zeit etliche ziemlich verworrene Briefe, aus denen auch ein gewisser Verfolgungswahn herausgelesen werden kann. So schrieb er beispielsweise an den mit ihm befreundeten Philosophen John Locke: »Mein Herr! Da ich der Meinung war, dass Sie sich bemühen, mich in Verlegenheit zu bringen mit Frauenzimmern und durch andere Mittel, so wurde ich doch sehr betroffen, dass, als mir jemand erzählte, Sie wären krank ... ich antwortete, es wäre besser, wenn Sie tot wären. Ich wünsche, dass Sie mir diese Lieblosigkeit vergeben möchten, denn ich bin jetzt überzeugt, dass das, was Sie getan haben, recht ist, und ich bitte um Verzeihung, dass ich von Ihnen deswegen eine üble Meinung gehegt ...« Als Locke ihm daraufhin einen sehr herzlichen Brief schrieb, in dem er aber auch seiner Beunruhigung über die von Newton geäußerten Vorwürfe Ausdruck verlieh, erhielt er folgende Antwort: »Mein Herr! Als ich den vergangenen Winter zu oft bei meinem Feuer schlief, gewöhnte ich mir eine schlechte Art zu schlafen an, und eine Krankheit ... brachte mich noch mehr aus der Ordnung, sodass ich, als ich an Sie schrieb in vierzehn Tagen in keiner Nacht eine Stunde und seit fünf Tagen keinen Augenblick geschlafen habe ...« Nach einer psychologischen Analyse des Schriftverkehrs und anderer Dokumente kam der französische Psychiater J. Grasset 1907 zu der Überzeugung, Newton habe etwa ab dem 50. Lebensjahr an einer Psychose gelitten, die depressive und paranoide Züge hatte. Der berühmte deutsche Psychiater Ernst Kretschmer diagnostizierte 1931 eine Spätschizophrenie. Anhänger der Freud'schen Psychoanalyse vermuteten, dass die bei Newton vorhandenen psychischen Störungen auf frühkindlichen Traumata beruhen, die er vor allem durch die frühe Trennung von seiner Mutter erfahren habe. Heute nehmen die meisten Autoren an, dass Newton nicht ernsthaft psychisch krank war, aber eine recht abnorme Persönlichkeitsstruktur hatte. Der Physiker und Nobelpreisträger Emilio Segré beschrieb in seinem Buch »*Die großen Physiker*« Newton als »einen hochgradigen Neurotiker von gar nicht so seltenem Typus, aber von höchst extremer Ausprägung. Dem innersten Antrieb nach okkult, esoterisch und semantisch, war er erfüllt von einer tiefen Scheu vor der Welt, von einer lähmenden Angst, seine Gedanken ... der Prüfung und Kritik der Welt auszuliefern.« Der Newton-Biograf Richard Westfall meinte, die extreme Konzentration auf seine Arbeit, die ihm keinerlei Entspannung erlaubte, könnte bei Newton zu einer allgemeinen körperlichen und psychischen Erschöpfung geführt haben, die durch ein chronisches Schlafdefizit noch verstärkt wurde. Es erscheint auch nicht ausgeschlossen, dass Spätfolgen des lebensbedrohlichen Zustandes, in dem sich Newton kurz nach seiner Geburt befunden hatte, für seine späteren Probleme mitverantwortlich waren. Weitere Informationen im Abschnitt »*Psychosen und Persönlichkeitsstörungen*«. Ein anderer Erklärungsversuch für das zeitweilig sehr auffällige Verhalten von Newton geht davon aus, dass er sich bei seinen alchemistischen Versuchen möglicherweise eine Vergiftung zugezogen hat. Diese Hypothese stützt sich auf Berichte, wonach Newton ohne jede Sicherheitsvorkehrung mit giftigen Substanzen wie Arsen, Brom, Chlor und Quecksilber experimentierte. Tatsächlich wurden in einigen seiner Haarlocken, die über Jahrhunderte in einem Buch lagen, entsprechende Rückstände nachgewiesen. Allerdings ist unbekannt, wann sich Newton die Locken abgeschnitten hat, und die bei ihm vorliegenden Symptome sind auch nicht typisch für eine chronische Vergiftung durch die in Frage kommenden Substanzen.

Nachdem sich Newton von seiner schweren Krise einigermaßen erholt hatte, erhielt er 1695 das lukrative Angebot, Aufseher der königlichen Münze zu werden. Dieses hohe Amt war gut dotiert, erforderte aber relativ wenig Zeitaufwand, sodass Newton ausreichend Zeit für seine anderen Arbeiten bleiben sollte. Newton nahm das Angebot deshalb gerne an und scheint die neuen Aufgaben zur vollen Zufriedenheit des Königs erfüllt zu haben, denn seine Majestät beförderte ihn drei Jahre später zum Direktor der Münze. Das war ein sehr wichtiger und einflussreicher Posten, der auch viel Geld einbrachte. Trotzdem fand Newton noch Zeit für seine Wissenschaft. Er überarbeitete seine »*Principia*« für die anstehende Neuauflage und brachte sein schon lange ruhendes Werk über Optik zur Publikationsreife. 1704 erschien sein mathematisches Werk »*Arithmetica universalis*«. Aber auch geisteswissenschaftliche und religiöse Themen bearbeitete Newton in dieser Zeit. Er erfuhr viel Anerkennung für seine vielfältigen Tätigkeiten. Beispielweise wurde er Präsident der Royal Society und behielt dieses Amt bis zu seinem Tod. 1705 schlug die Königin ihn sogar zum Ritter. Allerdings kam auch Newtons schwierige Persönlichkeit wieder zu Tage. Mit Gottfried Wilhelm Leibniz lieferte er sich einen 10 Jahre dauernden, sehr unschönen Prioritätsstreit über die Infinitesimalrechnung, der erst mit dem Tode von Leibniz endete. Als Newton am 18. März 1727 starb, trauerte nicht nur Großbritannien, sondern ganz Europa über den Tod dieses Jahrhundertgenies. In einer prunkvollen Zeremonie wurde Newton in der Abtei von Westminster zu Grabe getragen. Auf einer Gedenktafel in seinem Geburtshaus ist ein Gedicht des damals sehr bekannten Dichters Alexander Pope zu lesen, das man etwa so ins Deutsche übersetzen kann: »Natur und Naturgesetze waren in Nacht gehüllt. Gott sprach: ›Es werde

Newton‹ und Alles war mit Licht erfüllt.« Die große wissenschaftliche Bedeutung, die Newton bis in die heutige Zeit hat, geht auch daraus hervor, dass die internationale Einheit für Kraft nach ihm benannt worden ist. Außerdem hat man einem Mondkrater und einem Asteroiden seinen Namen gegeben.

Frühgeburt

Als Frühgeburt bzw. Frühgeborenes bezeichnet man einen Säugling, der vor der vollendeten 37. Schwangerschaftswoche (SSW) geboren wird. (Als normale Schwangerschaftsdauer gelten 40 SSW, gerechnet ab der letzten Monatsblutung). Das Durchschnittsgewicht aller Frühgeborenen liegt in Deutschland etwas unter 2500 g. Als »sehr klein« bezeichnete Frühgeborene wiegen weniger als 1500 g und werden meist vor der 32. SSW geboren. Wenn ein zu früh geborenes Baby weniger als 1000 g wiegt, spricht man von einem »extrem kleinen« Frühgeborenen. Sie werden meist vor der 28. SSW geboren. Der bisher am frühesten lebend geborene Säugling kam 2006 in der 22. SSW zur Welt und wog nur 280 g. Kinder, die über 500 g wiegen, werden auch dann als Frühgeborene bezeichnet, wenn sie keinerlei Lebenszeichen aufweisen. Wenn ein tot geborenes Kind weniger als 500 g wiegt, bezeichnet man es als Totgeborenes. Unter 500 g spricht man von einer Fehlgeburt (Abort).

Häufigkeit

Weltweit werden etwa 10 % aller Kinder zu früh geboren, wobei fast überall ein Anstieg zu beobachten ist. In Deutschland werden jährlich über 60 000 Kinder vor der 37. SSW geboren und davon etwa 8000 sogar vor der 30. SSW.

Ursachen

Für Frühgeburten sind vor allem aus dem Genitalbereich aufsteigende Infektionen verantwortlich. Auch große körperliche oder seelische Belastungen der Mutter können eine Rolle spielen.

Sterblichkeit

Die Überlebenswahrscheinlichkeit von Frühgeborenen, die nach der 24. SSW zur Welt kommen, liegt in Deutschland derzeit bei etwa 60 %, wobei mit jeder zusätzlichen Woche ein deutlicher Anstieg zu beobachten ist. Bei einem Geburtsgewicht unter 500 g überleben nur etwa 25 % der frühgeborenen Kinder.

Folgeschäden

Besonders gefährlich ist das Atemnotsyndrom infolge unzureichender Ausreifung der Lunge. Unreife Nieren, die noch keinen Urin produzieren, können zu lebensbedrohlichen Herzrhythmusstörungen führen. Mehr oder minder großflächige Hirnblutungen kommen ebenfalls recht häufig vor. Gefürchtet ist auch eine Darmentzündung, die zum Darmdurchbruch führen kann. Wenn die Kinder überleben, muss man in vielen Fällen mit Spätfolgen rechnen. Bei etwa jedem fünften Kind mit einem Geburtsgewicht unter 1000 g treten mittel- bis schwergradige Behinderungen auf. Auch im späteren Leben werden häufig noch zusätzliche Störungen beobachtet, die wahrscheinlich auf die Frühgeburtlichkeit zurückzuführen sind.

Therapie

Wegen der hohen Risiken werden Frühgeborene meist in speziellen Perinatalzentren intensiv behandelt, wo besonders ausgebildete Kinderärzte (Neonatologen) und Pflegekräfte tätig sind. Durch die Fortschritte in der Neonatologie sind die Überlebenschancen auch für sehr frühe Frühgeburten deutlich gestiegen, die Häufigkeit von Folgeschäden ist aber immer noch sehr hoch.

Psychosen und Persönlichkeitsstörungen

Psychosen

So bezeichnet man schwere seelische Erkrankungen, bei denen die Patienten eine erheblich gestörte Beziehung zur Realität aufweisen und meist noch an weiteren Symptomen wie Angstzuständen, depressiven Verstimmungen, Ich-Störungen, Unruhe, Erregungszuständen, Halluzinationen und Wahnvorstellungen leiden. Häufig fehlt den Patienten auch die Einsicht, dass bei ihnen eine Erkrankung vorliegt. Psychosen treten bei Männern und Frauen etwa gleich häufig auf und beginnen meist zwischen der Pubertät und dem 35. Lebensjahr. Weltweit erkrankt etwa jeder hundertste Mensch im Lauf seines Lebens an einer solchen Krankheit.

Man unterscheidet exogene und endogene Psychosen. Bei den exogenen Formen können als Ursachen z. B. Drogenabhängigkeit, Hormonstörungen, Infektionen, Hirnerkrankungen und -verletzungen sowie Stoffwechselstörungen festgestellt werden. Bei den endogenen Formen sind keine körperlichen Ursachen nachweisbar. Die Schizophrenie ist die häufigste Form der endogenen Psychosen (Einzelheiten siehe Kapitel 11 über John Nash).

Persönlichkeitsstörungen

So bezeichnet man heute psychiatrische Krankheitsbilder, bei denen die Patienten Charaktereigenschaften haben, die in ihrer Intensität so stark von der Norm abweichen, dass sie zu Leidensdruck und sozialen Konflikten führen. Früher sprach man in solchen Fällen oft von Neurose, Hysterie oder Psychopathie. Im Gegensatz zu Psychosen gehen Persönlichkeitsstörungen nicht mit einem ausgeprägten Realitätsverlust einher und es werden keine Halluzinationen oder Wahnvorstellungen beobachtet. Man unterscheidet folgende Persönlichkeitsstörungen, die allerdings auch als Mischformen auftreten können:

- zwanghaft (extrem sorgfältig und gewissenhaft)
- narzistisch (extrem ehrgeizig und selbstbewusst)
- histrionisch (extrem expressiv und emotional)
- paranoid (extrem wachsam und misstrauisch)
- borderline (extrem sprunghaft und spontan)
- schizoid (extrem zurückhaltend und einsam)
- dependent (extrem anhänglich und unterwürfig)
- ängstlich (extrem vorsichtig und selbstkritisch)
- schizotypisch (extrem ahnungsvoll und sensibel)
- dissozial (extrem abenteuerlich und risikofreudig)

Man schätzt, dass in den Industrieländern etwa 10 % der Bevölkerung an einer Persönlichkeitsstörung leiden. Sie beginnt meist schon im Kindes- oder Jugendalter und verläuft chronisch.

Therapie

Da die Ursachen für die meisten psychischen Erkrankungen noch nicht ausreichend aufgeklärt sind, ist die Behandlung oft schwierig und langwierig. Grundsätzlich unterscheidet man eine Therapie mit Psychopharmaka und eine psychotherapeutische Behandlung, die in Verhaltenstherapie und Psychoanalyse untergliedert werden kann. Meist wird eine kombinierte Behandlung eingesetzt.

2
Carl von Linné (1707–1778): psychisch labiler Kanzleibeamter Gottes

Carl von Liné führte bis zu seiner Erhebung in den Adelsstand den Nachnamen Linnaeus. Er erhielt den etwas merkwürdig klingenden Beinamen »Kanzleibeamter des Herrgotts«, weil er die registrierende und klassifizierende Erforschung der Natur in einzigartiger Weise betrieben hatte und davon überzeugt war, dass das von ihm gefundene Ordnungsprinzip ein Beweis für die Perfektion der göttlichen Schöpfung darstellte. Er schrieb in seinen späteren Jahren über sich selbst in der »Er-Form«: »Stets erwies er sich als geborener Methodicus. Er war einer der stärksten Beobachter, die wir besessen haben, daher war er auch Autor und nicht Kompilator.« Einer seiner größten Bewunderer war Goethe, der sich 1816 in einem Brief so äußerte: »Dieser Tage habe ich wieder Linné gelesen und bin über diesen außerordentlichen Mann erschrocken. Ich habe unendlich viel von ihm gelernt ... Außer Shakespeare und Spinoza wüsste ich nicht, dass irgendein Abgeschiedener solche Wirkung auf mich getan.«

Dass Carl einmal ein berühmter Wissenschaftler werden würde, hatte man nicht unbedingt erwarten können, denn er war durchaus kein guter Schüler. Als Sohn des schwedischen Landpfarrers Nils Ingemarsson Linnaeus wurde Carl in der Gemeinde Stenbrohult als das älteste von fünf Geschwistern geboren. Den zusätzlichen Nachnamen Linnaeus hatte sein Vater beim Beginn seines Theologiestudiums angenommen. Abgeleitet wurde der Namen von dem schwedischen Wort lind (Linde), weil auf dem Bauernhof von Carls Großeltern ein großer Lindenbaum stand. Als Carl sieben Jahre alt war, stellte sein Vater für ihn einen Hauslehrer an, der allerdings zu dem sehr intelligenten, aber auch recht sensiblen Kind keinen Zugang fand, sodass dessen Lernerfolge eher gering waren. Auch in der Schule, die er drei Jahre später besuchte, fühlte sich Carl nicht wohl und lernte so wenig, dass sein Vater erneut einen Hauslehrer für ihn suchte. Aber auch diesem gelang es nicht, Carl für das Lernen des da-

Trotzdem genial Erste Auflage. Heinrich Zankl und Katja Betz.

maligen Schulwissens zu motivieren. Er beschäftigte sich viel lieber im Pfarrgarten oder in der freien Natur und entdeckte neue Pflanzen. Die Liebe zur Botanik hatte Carl von seinem Vater übernommen, der sich mit großer Freude in dem schönen Garten seiner Pfarrei betätigte und dem in dieser Hinsicht sehr wissbegierigen Sohn viele Fragen beantwortete.

Mit 17 Jahren kam Carl trotz seiner mäßigen schulischen Leistungen auf ein Gymnasium, wo er aber in den meisten Fächern auch nicht sehr erfolgreich war. Seinem Vater wurde daher empfohlen, den Sohn von der Schule zu nehmen und ihn ein Handwerk lernen zu lassen. Glücklicherweise sprach der Vater darüber mit dem Arzt Johan Rothman, der neben seiner ärztlichen Tätigkeit auch noch am Gymnasium Naturwissenschaften unterrichtete. Er wies auf die außergewöhnliche Begabung von Carl in diesen Fächern hin und bedrängte den Vater seinen Sohn auf der Schule zu belassen. Außerdem versprach Rothman Carl kostenlosen Nachhilfeunterricht zu geben. Das Angebot nahm dessen Vater dankbar an und mit Rothmans Hilfe konnte Carl schließlich das Gymnasium doch noch erfolgreich abschließen. Rothman war es auch zu verdanken, dass Carls Eltern davon Abstand nahmen, ihren Sohn zu einem Theologiestudium zu zwingen, sondern ihm erlaubten, in Lund Medizin zu studieren. Diesem Fach widmete sich Carl Linnaeus mit großem Eifer, wobei er aber seine anderen naturwissenschaftlichen Interessen nicht aus den Augen verlor. Er nahm an etlichen botanischen Exkursionen teil und konnte sich dadurch nicht nur ein enormes Wissen aneignen, sondern auch ein bemerkenswertes Herbarium aufbauen. Im Sommer 1728 erkrankte Linnaeus schwer. Wahrscheinlich infolge eines bakteriell infizierten Insektenstichs entwickelte sich in einem seiner Arme eine fortschreitende eitrige Entzündung, die man heute als Phlegmone bezeichnet (Informationen im Abschnitt »*Phlegmone*«). Damals gab es noch keine gut wirksame Therapie, sodass die Krankheit durchaus lebensbedrohlich werden konnte. Ein so genannter Feldscher (Wundarzt ohne umfassende medizinische Ausbildung) eröffnete schließlich den großflächigen Entzündungsherd, sodass der angesammelte Eiter austreten konnte. Der Krankheitsprozess kam langsam zum Stillstand, aber Linnaeus musste deswegen noch wochenlang das Bett hüten und kehrte danach zu seinen Eltern zurück, um sich zu erholen.

Auf dringendes Anraten seines väterlichen Freundes Rothman setzte Linnaeus seine Studien dann nicht in Lund fort, sondern ging nach Uppsala, weil dort bessere Ausbildungsmöglichkeiten zu erwarten waren. Diese Entscheidung erwies sich als sehr glücklich, denn in dem auch an Botanik interessierten Theologieprofessor Olof Celsius fand Linnaeus einen neuen Förderer, sodass er sich ohne allzu große finanzielle Sorgen voll seinem Studium widmen konnte. Dank seiner inzwischen schon weit fortgeschrittenen Kenntnisse in Botanik erhielt Linnaeus 1730 bereits einen ersten Lehrauftrag an der Universität, obwohl er noch nicht promoviert war. Gleichzeitig wurde er auch mit der Aufsicht über den Botanischen Garten betraut. Außerdem bestellte ihn Professor Olof Rudbeck zum Hauslehrer seiner Kinder. Rudbeck lehrte an der Medizinischen Fakultät Anatomie und Botanik und schätzte den jungen Linnaeus sehr. Trotz seiner vielfältigen Verpflichtungen begann Linnaeus auch schon mit der schriftlichen Ausarbeitung dessen, was er selbst einmal als »Reformation der Botanik« bezeichnete. Die damals entstandenen Manuskripte mit den Titeln wie *»Bibliotheca botanica«*, *»Classes Plantarum«* und andere gingen allerdings erst deutlich später nach einer Überarbeitung in Druck. Die sehr fruchtbare Zeit in Uppsala wurde jedoch durch eine Rivalität mit dem Dozenten Nils Rosén getrübt, der versuchte, Carls Lehrauftrag für Heilmittelkunde zu übernehmen. Um diesen Auseinandersetzungen zu entfliehen und um sich auch noch weiter zu qualifizieren, führte Linnaeus 1832 eine mehrmonatige Forschungsreise nach Lappland durch. Inzwischen baute aber Rosén seine Position in Uppsala weiter aus, sodass für Linnaeus dort zunächst kaum mehr Hoffnung auf eine akademische Karriere bestand. Deshalb nahm er das Angebot des Landeshauptmanns der Provinz Dalarna an, vor allem mineralogische Erkundungen durchzuführen. Dort lernte Linnaeus auch Lisa Morea, die Tochter des Stadtarztes von Falun, kennen und lieben. Die jungen Leute verlobten sich, wobei allerdings festgelegt wurde, dass Linnaeus vor einer Hochzeit für längere Zeit nach Holland gehen würde, insbesondere, um dort einen Doktortitel in Medizin zu erwerben, auf den auch der zukünftige Schwiegervater großen Wert legte.

Die Schiffsreise führte Linnaeus über Hamburg und Amsterdam nach Harderwijk. Die eigentlich eher unbedeutende Universität dieser relativ kleinen Stadt war damals in Schweden als Promotionsort recht beliebt. Bereits an seinem Ankunftstag konnte Linnaeus seine

Zulassungsprüfung ablegen und am folgenden Tag erhielt er schon die Druckerlaubnis für seine aus Schweden mitgebrachte Doktorarbeit. Umgehend erfolgte auch die Aussprache über seine Thesen, sodass Linnaeus innerhalb einer Woche seine medizinische Promotion abschließen konnte. Danach reiste er nach Leiden weiter, das damals der kulturelle Mittelpunkt Hollands war. Dort lernte Linnaeus unter anderem den berühmten Arzt Herrmann Boerhaave kennen, dem er sein Manuskript »*Systema naturae*« vorlegte. Boerhaave erkannte die Bedeutung dieser Arbeit und erklärte sich bereit, die Druckkosten dafür zu übernehmen. Danach wollte Linnaeus eigentlich nach Schweden zurückreisen, aber auf Betreiben Boerhaaves wurde ihm angeboten, der Vorsteher des botanisch-zoologischen Gartens in Hartekamp zu werden, der in der Nähe von Leiden lag und dem Bankier George Clifford gehörte. Das Angebot war so verlockend, dass Linnaeus die Heimreise verschob und für zwei Jahre blieb. Nach eigenen Aussagen wurde er dort »wie ein Prinz« behandelt und »hatte alles, was er sich nur wünschen konnte, ... herrliche Gärten und Gewächshäuser, eine komplette botanische Bibliothek«. Dank der optimalen Umstände stellte Linneaus in dieser Zeit zahlreiche Manuskripte fertig und konnte sie dank der finanziellen Unterstützung durch Clifford auch schnell in Druck geben.

Im Frühjahr 1738 fasste Linneaus den Entschluss nach Schweden zurückzukehren, da er wohl zu Recht befürchtete, dass seine Verlobte und ihre Familie ungeduldig werden könnten. Kurz vor der Abreise erkrankte Linneaus aber an einer fieberhaften Darmerkrankung und brauchte mehrere Wochen, um sich einigermaßen zu erholen. Danach reiste er in Richtung Schweden ab, wobei er aber noch eine Zwischenstation in Paris einlegte. Dort hatte man beschlossen, ihn zum korrespondierenden Mitglied der Akademie der Wissenschaften zu berufen. In Falun wurde das Verlöbnis mit Sarah Moraea noch einmal feierlich bekräftigt, dann reiste Linnaeus jedoch nach Stockholm, um sich dort als Arzt niederzulassen und damit die finanzielle Basis für eine Familiengründung zu legen. Es gelang ihm in erstaunlich kurzer Zeit eine gut gehende Praxis aufzubauen, wobei er sich vor allem auf die Behandlung der damals auch in höheren Kreisen weit verbreiteten Geschlechtskrankheiten (insbesondere der Gonorrhoe) spezialisierte. Bald wurde er auch noch auf die Stelle des Admiralitätsmedicus berufen, sodass er ein gutes Einkommen hatte und damit der Hochzeit mit seiner Braut in Falun nichts mehr im Wege stand. Das Ehepaar zog bald nach Stockholm, wo Linnaeus weiter seine Praxis betrieb, aber auch wissenschaftlich aktiv blieb. Er war dort auch an der Gründung der Schwedischen Akademie der Wissenschaften beteiligt. 1741 wurde er als Professor für praktische und theoretische Medizin nach Uppsala berufen. Die Umstände dieser eigentlich ehrenvollen Berufung ärgerten Linnaeus allerdings sehr, denn kurz vor ihm war sein alter Rivale Nils Rosén dort ebenfalls Professor geworden, wobei Letzterem unter anderem die Zuständigkeit für den Bereich Botanik zugesprochen wurde. Nach einigen heftigen Auseinandersetzungen beantragten die Konkurrenten schließlich einen Tausch der Fächer, der 1742 vom Kanzler der Universität genehmigt wurde. Nachdem Linnaeus nun auch für den Botanischen Garten zuständig war, betrieb er dessen Ausbau mit großem Eifer. Dabei kam es Linnaeus zugute, dass er inzwischen in ganz Europa als hervorragender Botaniker bekannt war und viele einflussreiche Freunde hatte. In der Publikation »*Hortus Upsaliensis*« konnte Linnaeus 1748 bereits 3000 verschiedene Pflanzen beschreiben, die in seinem Botanischen Garten kultiviert wurden. Linnaeus betätigte sich aber auch weiterhin als Arzt und erwarb sich einen so guten Ruf, dass der König von Schweden ihn zu seinem Leibarzt berief. 1750 wurde er Rektor der Universität Uppsala und behielt das Amt bis zu seinem Tode. 1756 würdigte der König die vielfältigen Verdienste von Linnaeus durch die Erhebung in den Adelsstand. Danach änderte er seinen Namen in Carl von Linné.

Linné war damit auf dem Gipfel seiner gesellschaftlichen und wissenschaftlichen Karriere angekommen. Inzwischen hatte sich aber sein Gesundheitszustand deutlich verschlechtert. Er litt an schweren Migräneattacken (Informationen im Kapitel 15 über Oliver Sacks) und rheumatischen Beschwerden. Für beide Leiden entwickelte er seine eigenen Therapiemethoden. Gegen die Migräne trank er frühmorgens viel frisches Quellwasser und verschaffte sich vor dem Mittagessen auch reichlich Bewegung. Die bei ihm meist im Sommer auftretenden schmerzhaften Gelenksentzündungen, die möglicherweise Gichtanfälle waren, behandelte er mit einer »Waldbeerenkur« (Informationen hierzu im Abschnitt »*Gicht*«). Den Verzehr großer Mengen frischer Waldbeeren als Therapie gegen Gelenksbeschwerden empfahl Linné mit so viel Erfolg, dass die Früchte in Schweden zeitweilig knapp wurden und die Preise um das Zehnfache in die Höhe schnellten. 1764 wurde Linné von einer Erkrankung mit hohem Fieber befallen, die ihn so schwächte, dass er fast zwei Monate bettlägerig war. Er zog mehrere Ärzte zu Rate, wobei er sich nicht einmal scheute, seinen Intimfeind Nils Rosén um Hilfe zu bitten. Durch diesen mutigen Schritt verbesserte sich das Verhältnis der beiden Streithähne erheblich. Nach Überwindung dieser schweren Infektion hatte Linné noch einige relativ gute Jahre, bevor sich bei ihm vermutlich eine Arterienverkalkung einstellte, die offenbar auch die Gehirngefäße betraf und seine geistige Leistungsfähigkeit zunehmend beeinträchtigte. 1774 erlitt er während einer Vorlesung einen Schlaganfall, auf den zwei Jahre später ein weiterer folgte, von dem er sich nicht mehr erholte. Er selbst beschrieb seinen Zustand so: »Linné hinkt, kann kaum gehen, redet undeutlich, kann kaum schreiben.« Bald danach verließen ihn seine geistigen und körperlichen Kräfte so weit, dass er keine autobiografischen Notizen mehr machen konnte.

Er dämmerte dahin, bis er am 18. Januar 1778 schließlich verstarb. Unter großer Anteilnahme der Bevölkerung wurde Linné in einem sehr feierlichen Akt im Dom von Uppsala beigesetzt.

Linné litt aber nicht nur an zahlreichen körperlichen Gebrechen, er hatte zeitlebens auch erhebliche psychische Probleme. Schon als Kind war er recht schwierig und während seiner Studienzeit kam er in eine so schwere Depression, dass er zeitweilig arbeitsunfähig wurde. (Informationen zur Depression finden sich im Kapitel 21 über Max Weber.) Im höheren Alter nahmen die depressiven Schübe an Häufigkeit und Schwere noch zu. Zeitweilig litt er wohl auch unter Verfolgungswahn und Zwangsideen. Dazwischen hatte er aber immer wieder recht lange Phasen, in denen er gehobener Stimmung war und ein enormes Arbeitspensum bewältigte. Linné hatte nicht nur ein ausgeprägtes Selbstbewusstsein, sondern war geradezu ruhmsüchtig. Darauf weist unter anderem sein lateinischer Wappenspruch hin, der ins Deutsche am ehesten mit »Durch Taten Ruhm verbreiten« übersetzt werden kann. Sein Werk *»Species Plantarum«* lobte er selbst als »das größte auf dem Gebiet der Wissenschaften«. *»Systema naturae«* beschrieb er als »Meisterwerk, das niemals genug gelesen und bewundert werden kann« und *»Clavis medicinae«* hielt er für »das schönste Juwel in der Medizin«. Linné schreckte nicht einmal davor zurück, anonyme Rezensionen über seine eigenen Werke zu verfassen, in denen er sich selbst höchstes Lob spendete. Manche Autoren vertreten die Meinung, dass Linné eine zyklothyme Persönlichkeit war (Informationen im Abschnitt *»Zyklothymia«*).

Trotz seiner psychischen Probleme und schwierigen Charakterzüge hat Linné zweifellos auf vielen Gebieten der Wissenschaft Hervorragendes geleistet. Der britische Botaniker William T. Stearn hat 2002 in einem Buch über Linné dessen Bedeutung so zusammengefasst: »Obwohl Linné als bahnbrechender Ökologe, Geobotaniker, Dendrochronologe, Evolutionist, botanischer Pornograph und Sexualist und vieles mehr bezeichnet wurde, bestehen seine einflussreichsten und wertvollsten Beiträge zur Biologie unzweifelhaft in der erfolgreichen Einführung der binären Nomenklatur für Pflanzen- und Tierarten, auch wenn diese Leistung nur ein zufälliges Nebenprodukt seiner enormen enzyklopädischen Tätigkeit war ...« Diese Nomenklatur, die jede biologische Art mit einem zweiteiligen lateinischen Namen bezeichnet, ist bis heute weltweit erhalten geblieben.

Phlegmone

Als Phlegmone (abgeleitet von dem griechischen Wort *phlegma* = Schleim) bezeichnet der Arzt eine sich rasch flächenhaft ausbreitende, eitrige Entzündung des Bindegewebes. Betroffen sind oft die Haut und Unterhaut, aber auch Sehnen, Muskulatur und Muskelhäute (Fascien), sowie das Bauchfell.

Ursachen

Als Krankheitserreger kommen vor allem Staphylokokken und Streptokokken in Frage. Sie gelangen meist durch eine Hautverletzung ins Bindegewebe und breiten sich dort schnell aus, weil sie über Enzyme verfügen, die die Zwischenzellsubstanz des Bindegewebes auflösen können.

Symptome

Im Bereich der Infektionsstelle (häufig an Händen oder Füßen) tritt eine sehr schmerzhafte Schwellung und Rötung auf, die sich schnell vergrößert. Der Patient zeigt ansteigendes Fieber, das hohe Werte erreicht und auch mit Schüttelfrost einhergehen kann. Im weiteren Verlauf treten blasige Gewebsschäden und Nekrosen (Gewebseinschmelzungen) sowie Austritt von Eiter auf.

Therapie

Die Behandlung ist davon abhängig, wie weit die Krankheit schon vorangeschritten ist. Es kann durchaus auch ein Klinikaufenthalt notwendig sein. Der Patient sollte möglichst umgehend Bettruhe einhalten oder zumindest den betroffenen Bereich ruhigstellen. In einem frühen Stadium kann eine Antibiotikatherapie ausreichend sein, oft ist aber auch eine zusätzliche chirurgische Behandlung notwendig, bei der das abgestorbene Gewebe entfernt wird.

Gicht

Die Gicht (auch Urikopathie oder Hyperurikämie genannt) ist eine Stoffwechselerkrankung, bei der es zu einem erhöhten Harnsäurespiegel im Blut kommt. Dadurch entstehen Harnsäurekristalle (Urate), die sich in Gelenken und Geweben ablagern.

Häufigkeit

Gicht ist in den Industrieländern weit verbreitet. Etwa 30 % der Männer und 3 % der Frauen haben einen erhöhten Harnsäurespiegel. Ungefähr jeder Zehnte von ihnen erkrankt im Laufe seines Lebens an Gicht.

Symptome

Im akuten Stadium tritt plötzlich eine sehr schmerzhafte Entzündung in einem Gelenk (häufig das Großzehengrundgelenk) auf, die oft auch von Fieber begleitet wird. Die Krankheitserscheinungen verschwinden nach einiger Zeit auch ohne Therapie, kommen aber meist wieder. Das chronische Stadium entsteht nach mehreren Gichtanfällen und zeigt sich vor allem in Gelenkdeformierungen und Störungen der Nierenfunktionen.

Ursachen

Fast immer liegt eine erbliche Ausscheidungsstörung der Niere für Harnstoff vor. Die akuten Gichtanfälle werden dabei oft durch ein üppiges Mahl oder reichlichen Alkoholgenuss ausgelöst, weil dadurch der Harnsäurespiegel plötzlich erhöht wird.

Therapie

Beim akuten Gichtanfall werden vor allem entzündungshemmende Antirheumatika (z. B. Ibuprofen), Colchicin und Cortison eingesetzt. Danach kommen sogenannte Urostatika zur Anwendung, die den Harnsäurespiegel im Blut langfristig senken sollen. Ergänzend ist eine Umstellung der Ernährung wichtig. Insbesondere Fleisch und Hülsenfrüchte sollten reduziert werden, weil sie purinreich sind und den Harnsäurespiegel erhöhen. Eine Reduzierung des Körpergewichts ist anzustreben und Alkohol muss möglichst gemieden werden. Reichliches Trinken wird ebenso empfohlen.

Zyklothymia (Zyklothymie)

Als Zyklothymia wird in der Psychologie bzw. Psychiatrie eine dauerhafte Stimmungslabilität bezeichnet, die mit vielen Wechseln zwischen depressiven und hypomanischen Phasen einhergeht. Die Störungen sind aber im Gegensatz zu einer manisch-depressiven Erkrankung meist nicht so schwerwiegend, dass sie unbedingt behandelt werden müssen. Allerdings entwickelt sich im Laufe des Lebens nicht selten aus einer Zyklothymia eine therapiebedürftige Psychose mit extremen Stimmungsschwankungen.

Der Begriff Zyklothymie wird nicht einheitlich verwendet. Meist steht er als Synonym für Zyklothymia, nicht selten wird Zyklothymie aber auch als veraltete Bezeichnung für eine manisch-depressive Erkrankung (bipolare affektive Psychose) eingestuft.

Ursachen

Die Ursachen für Zyklothymia sind noch weitgehend unbekannt. Man vermutet eine anlagebedingte Erhöhung der psychischen Verletzlichkeit. Für die Annahme, dass Erbfaktoren eine wichtige Rolle spielen, spricht unter anderem die Tatsache, dass ähnliche Störungen auch relativ oft bei Verwandten eines Betroffenen gefunden werden.

Häufigkeit

Man schätzt, dass in Deutschland ca. 0,7 % der Bevölkerung im Laufe ihres Lebens eine Zyklothymia entwickeln, wobei Männer und Frauen etwa gleich häufig betroffen sind. Bei etwa einem Drittel der Betroffenen werden die Stimmungsschwankungen so stark, dass sie als krankhaft eingestuft und behandelt werden müssen.

Symptome

Die auffälligen Stimmungsschwankungen setzen meist im frühen Erwachsenenalter ein. Auf Phasen, in denen die Betroffenen traurig und passiv sind, folgen Perioden, die von einer gehobenen bis gereizten Stimmung und einem erhöhten Aktivitätsdrang geprägt sind. Man bezeichnet den Zustand als hypomanisch, weil er noch nicht so extrem ist wie bei einer echten Manie. Auffällig ist auch, dass meist kein äußerer Anlass für den Umschwung der Stimmungslage feststellbar ist. Da die hypomanischen Perioden als durchaus angenehm empfunden werden, sehen die Betroffenen in der Regel keine Notwendigkeit, sich in Behandlung zu begeben.

Therapie

Solange die Zyklothymia so leicht ist, dass sie weder die Betroffenen noch ihr soziales Umfeld deutlich beeinträchtigt, wird im Allgemeinen auf eine Behandlung verzichtet. Wenn die Stimmungsschwankungen im Lauf der Zeit extremer werden, ist oft eine medikamentöse Behandlung mit Lithiumpräparaten hilfreich. Unterstützend kann auch eine Gesprächs- und Verhaltenstherapie durchgeführt werden.

3
Charles Darwin (1809–1882): kränklicher Evolutionsforscher

Charles Robert Darwin entstammte einer sehr angesehenen englischen Arztfamilie. Sowohl sein Großvater als auch sein Vater waren prominente Ärzte, die viele hoch gestellte Patienten hatten. Da sich der Vater nebenbei auch noch als Privatbankier betätigte, war die Familie recht vermögend geworden, sodass Charles seine Kindheit in Shrewsbury wohlbehütet in einer Art Palais verbringen konnte. Seine unbeschwerte Zeit endete allerdings im Alter von acht Jahren, als seine Mutter starb, die er sehr geliebt hatte. Charles wurde danach hauptsächlich von seinen drei älteren, recht dominanten Schwestern erzogen, die ihm einerseits viele Vorschriften machten, ihn andererseits aber auch sehr verwöhnten. Seinen launenhaften Vater fürchtete Charles, bewunderte jedoch gleichzeitig dessen berufliche Tüchtigkeit. Eine enge emotionale Beziehung bestand zwischen den beiden wohl nicht. Das Verhältnis litt auch darunter, dass der stille und sensible Charles kein guter Schüler war. In seinen sonstigen Verhaltensweisen entsprach er ebenfalls nicht den Vorstellungen seines Vaters, weshalb dieser Charles einmal so abkanzelte: »Du hast kein anderes Interesse als Schießen, Hunde und Rattenfangen und Du wirst dir selbst und der ganzen Familie zur Schande.« Eine Leidenschaft seines Sohnes hatte der Vater bei seiner drastischen Ansprache allerdings vergessen: Das Käfersammeln, das Charles mit großer Hingabe und Ausdauer sehr systematisch betrieb.

Bereits im Alter von 16 Jahren nahm Charles auf Anordnung seines Vaters an der Universität in Edinburgh ein Medizinstudium auf. Dort studierte auch Charles' älterer Bruder Erasmus dasselbe Fach. Es stellte sich aber bald heraus, dass Charles für die Medizin völlig ungeeignet war. Vor allem der anatomische Unterricht war ihm zuwider. Nachdem er bei zwei Operationen hospitiert hatte, die damals noch ohne Narkose durchgeführt wurden, war er so geschockt, dass er das Medizinstudium umgehend abbrach. Sein Vater war darüber sehr er-

Trotzdem genial Erste Auflage. Heinrich Zankl und Katja Betz.

bost und wies ihn an, in Cambridge Theologie zu studieren. Für dieses Fach entwickelte Charles zwar auch kein großes Interesse, aber er blieb dabei, insbesondere weil er nebenher die Gelegenheit hatte, Vorlesungen in Botanik und Geologie zu hören. Vor allem der Botaniker John S. Henslow beeindruckte Darwin so sehr, dass er dessen Freundschaft suchte. Henslow empfahl ihm auch, nach dem ersten Studienabschluss die Universität zu verlassen und als wissenschaftlicher Begleiter des Kapitäns Robert FitzRoy an einer Weltreise des Forschungsschiffs »Beagle« teilzunehmen. Darwin zögerte zunächst mit seiner Bewerbung um diesen Posten, weil er sich unsicher war, ob er die großen Strapazen einer langen Schiffsreise gesundheitlich überhaupt durchstehen würde. Denn schon damals fühlte sich Darwin ziemlich krank. Seine Beschwerden beschrieb er so: »Ich wurde durch Herzklopfen und Schmerzen in der Herzgegend beunruhigt und war … überzeugt, dass ich einen Herzfehler habe.« Außerdem war sein Vater anfangs strikt gegen diese gefahrvolle Reise seines Sohnes. Schließlich entschloss sich Charles trotz aller Bedenken doch für die Teilnahme und ging am 27. Dezember 1831 an Bord des Forschungsschiffes, mit dem er nicht nur die geplanten zwei, sondern fast fünf lange Jahre unterwegs sein sollte.

Die »Beagle« nahm zunächst Kurs auf die Insel Teneriffa. Schon während der ersten Tage auf See bestätigten sich die Befürchtungen, die Darwin in gesundheitlicher Hinsicht vor Reisebeginn hatte. Er litt nämlich so stark und andauernd an der Seekrankheit, dass er zu irgendeiner sinnvollen Tätigkeit kaum fähig war (Informationen im Abschnitt »*Seekrankheit*«). Darwin freute sich deshalb schon sehr auf ein paar erholsame Tage auf Teneriffa. Daraus wurde aber nichts, denn es durfte dort niemand von Bord gehen. Die Inselbehörde fürchtete nämlich die Einschleppung der Cholera, die damals in England grassierte. Es war daher eine zwölftägige Quarantäne über die »Beagle« verhängt worden, so lange wollte der Kapitän aber nicht warten. Vielleicht war die Landsperre aber auch eine glückliche Fügung, denn angesichts seiner angeschlagenen Gesundheit hätte Darwin sich möglicherweise dazu entschlossen, die Reise bereits hier abzubrechen. In den folgenden recht ruhigen Tagen auf See erholte sich Darwin soweit, dass er nach Erreichen der Kapverdischen Inseln mehrfach an Land gehen konnte, um geologische Untersuchungen durchzuführen. Auf der mehrwöchigen Fahrt nach Brasilien erfasste die Seekrankheit Darwin dann aber wieder mit aller Macht. In der Nähe von

Salvador de Bahia bekam er endlich für längere Zeit wieder festen Boden unter die Füße. Dort erlebte er auch zum ersten Mal einen tropischen Urwald und war von der Vielfalt der Pflanzen und Tiere begeistert. Mit großem Eifer und viel Umsicht sammelte er reichlich Material für spätere wissenschaftliche Untersuchungen.

Im Oktober 1833 erkrankte Darwin während eines Aufenthaltes in Argentinien an hohem Fieber, das ihn für etliche Tage bettlägerig machte. Welche Infektion ihn damals befallen hatte, ist unklar. Das gilt auch für die Erkrankung, die sich Darwin etwa ein Jahr später in Valparaiso zuzog und die ihn einen ganzen Monat ans Bett fesselte. Im März 1835 erwähnte Darwin in seinem Tagebuch, dass er von großen, blutsaugenden Raubwanzen mehrfach gestochen worden sei. Da bekannt ist, dass diese Tiere die Chagas-Krankheit übertragen können, stellte 1959 der bekannte Tropenmediziner Saul Adler die allerdings stark angezweifelte Hypothese auf, Darwins spätere Gesundheitsprobleme könnten auf einem chronischen Verlauf dieser Infektionskrankheit beruhen (Informationen hierzu im Abschnitt »*Chagas-Krankheit*«). Auf der restlichen Forschungsreise scheint Darwin außer der immer wieder auftretenden Seekrankheit keine schwereren Erkrankungen gehabt zu haben. Er konnte sich daher intensiv seinen wissenschaftlichen Tätigkeiten widmen, wobei er sich zunehmend für Geologie und auch für Botanik und Zoologie interessierte. Darwin sammelte systematisch riesige Mengen Gesteinsproben und Fossilien, aber auch getrocknete Pflanzen, Tierhäute, Knochen und in Alkohol eingelegte Tierpräparate. Einen großen Teil seiner Sammlungen schickte er mit anderen Schiffen nach England voraus, weil dafür auf der »Beagle« nicht ausreichend Platz vorhanden war. Außerdem führte Darwin ein ausführliches Tagebuch und machte sich zahlreiche Notizen, die insgesamt 1800 große Seiten füllten.

Nach der Umrundung von Südamerika fuhr die »Beagle« zu den Galapagos-Inseln und von dort über Australien und Afrika zurück nach Europa. Am 2. Oktober 1836 lief sie im Hafen von Falmouth ein, und Darwin reiste umgehend nach Shrewsbury zu seiner Familie. Dort blieb er nur zwei Wochen, denn es zog ihn nach Cambridge, wo sein Freund und Förderer Henslow auf ihn wartete. Er hatte einen großen Teil der Materialien in Empfang genommen, die Darwin von seiner Weltreise in die Heimat geschickt hatte. Henslow war es auch zu verdanken, dass Darwin in Forscherkreisen bereits recht bekannt war, denn er hatte etliche von Darwins Briefen vorab veröffentlicht.

Trotz der sehr freundlichen Aufnahme in Cambridge entschloss sich Darwin, seinen Wohnsitz nach London zu verlegen. Dabei dürfte eine wichtige Rolle gespielt haben, dass es dort mehr Spezialisten gab, die ihm bei der wissenschaftlichen Bearbeitung seiner umfangreichen Sammlungen behilflich sein konnten. Dank der Fürsprache von Henslow und anderer bekannter Wissenschaftler wurde Darwin umgehend in die Londoner Geologische Gesellschaft aufgenommen.

Es folgte eine sehr arbeitsreiche Zeit, bis Darwin sein umfangreiches »*Journal*« über die mehrjährige Forschungsreise fertig gestellt hatte. Das Manuskript erzürnte allerdings Kapitän FitzRoy, der sich darin nicht genügend gewürdigt sah. Die heftige Beschwerde machte Darwin sehr zu schaffen und er sah sich gezwungen das Manuskript nach FitzRoys Wünschen zu ändern. 1839 wurde Darwins Bericht als Teil des dreibändigen Werkes über die Reise der »Beagle« veröffentlicht und brachte ihm viel Lob ein. Die hohe Arbeitsbelastung in Kombination mit dem Ärger über FitzRoy führte bei Darwin aber zu einer deutlichen Verschlechterung seiner Gesundheit. Er klagte über Kopfschmerzen, Übelkeit und Herzrasen. Seine Ärzte rieten ihm daher zu einem längeren Erholungsurlaub. Danach fühlte sich Darwin besser, aber schon kurz nach seiner Rückkehr in die Londoner Wohnung verstärkten sich seine Beschwerden wieder. Dafür war vermutlich auch das schlechte Klima in London verantwortlich, das schon damals von häufigem Nebel geprägt war, der sich mit dem Rauch der zahllosen Schornsteine zu dem auch heute noch gefürchteten Smog verband. Außerdem belastete Darwin, dass er seine sich entwickelnden Gedanken über die Evolution in der Natur weitgehend geheimhalten musste, weil ihm bewusst war, dass er damit viele seiner Freunde und Bekannten vor den Kopf stoßen würde. Dieses Problem verstärkte sich noch, als er 1839 seine Kusine Emma Wedgwood heiratete, die tief religiös war und bedingungslos an die biblische Schöpfungsgeschichte glaubte. Trotzdem führten die beiden eine harmonische Ehe, aus der insgesamt zehn Kinder hervorgingen.

In den folgenden Jahren litt Darwin periodisch unter vielen verschiedenen Krankheitssymptomen, die er in seinen Tagebüchern immer wieder ausführlich beschrieb. Er erwähnte insbesondere: allgemeines Unwohlsein, Schwindel, Muskelkrämpfe, Zittern, Erbrechen, Magen-Darm-Krämpfe, Koliken, Blähungen, Kopfschmerzen, Sehstörungen, Mattigkeit, nervöse Erschöpfung, Atemnot, Hauterkrankungen, Angstzustände, Bewusstlosigkeit, Herzrasen, Schlaflosigkeit,

Ohrgeräusche, Depressionen. Da Darwin, vermutlich zu Recht viele seiner Beschwerden auf das Londoner Klima zurückführte, zog er mit seiner Familie 1842 aufs Land, wo er mit starker finanzieller Unterstützung seines Vaters ein recht großes Haus in Downe erworben hatte. In diesem Jahr schrieb er auch die erste Abhandlung über seine Evolutionshypothese, getraute sich aber noch nicht sie zu veröffentlichen. Im Frühjahr 1848 verschlechterte sich Darwins Gesundheit stark, was vermutlich mit großen familiären Belastungen zusammenhing: Der inzwischen 81-jährige Vater lag im Sterben und Darwins Frau erwartete gleichzeitig ihr zweites Kind. Da die von seinen Ärzten verschriebenen Medikamente ihm nicht halfen, entschloss sich Darwin zu einer Wassertherapie in dem Städtchen Malvern, das für sein Heilwasser schon seit Jahrhunderten bekannt war. Darwin reiste mit seiner ganzen Familie nach Malvern und begab sich in die Obhut von Dr. James M. Gully. Dessen Behandlungsschema begann schon morgens um fünf Uhr mit Kaltwasseranwendungen und einem anschließenden langen Spaziergang, bei dem an genau festgelegten Stellen »Heilwasser« getrunken wurde. Dr. Gully verordnete auch eine strenge fett- und zuckerarme Diät und erlaubte keinen Alkoholgenuss. Lediglich beim Schnupftabak, den Darwin sehr liebte, war der Arzt etwas großzügiger und genehmigte sechs Prisen pro Woche. Außerdem wurde Darwin angeraten viel zu ruhen und jede Form von Aufregung zu vermeiden. Dr. Gully verabreichte Darwin dreimal täglich auch noch ein homöopathisches Präparat, von dessen Wirkung der Patient allerdings nicht überzeugt war. Insgesamt führte die zehnwöchige Kur zu einer deutlichen Besserung von Darwins Gesundheitszustand. Vor allem die Kaltwasseranwendungen hatten eine so günstige Wirkung, dass Darwin sich zu Hause eine eigene Anlage dafür bauen ließ, die er täglich nutzte. Die Diätvorschriften hielt er allerdings nicht konsequent ein und auch die Vermeidung von Aufregungen gelang ihm im Alltag nicht in der gewünschten Weise. Besonders heftig erregte sich Darwin über das wochenlange Ausbleiben einer wichtigen Sendung von wissenschaftlichem Material aus Dänemark. Auch familiäre Belastungen stellten sich wieder ein, denn die Kinder erkrankten an Scharlach, während Darwins Ehefrau ihr drittes Kind erwartete. Im Sommer 1850 wurden Darwins Beschwerden wieder so unerträglich, dass er sich zu einer zweiten Wasserkur in Malvern entschloss, die ihm wieder eine deutliche gesundheitliche Besserung brachte.

Kurz nach der Rückkehr der Familie Darwin in ihr Haus in der Nähe von London ergaben sich aber neue Sorgen, denn die Tochter Anne erkrankte schwer. Ihr Zustand verschlechterte sich so sehr, dass Darwin beschloss, sie in Obhut von Dr. Gully in Malvern zu geben. Zu dessen ärztlichen Fähigkeiten hatte Darwin während seiner Wasserkuren ein großes Vertrauen entwickelt. Aber das Schicksal nahm unaufhaltsam seinen Lauf und Anne verstarb im April 1851. Es konnte nicht geklärt werden, an welcher Krankheit sie letztlich gelitten hatte, allerdings fiel auf, dass auch bei ihr, ähnlich wie bei ihrem Vater, Magen-Darm-Probleme und häufiges Erbrechen als Symptome im Vordergrund standen. Nur zwanzig Tage nach Annes Tod wurde als neuntes Kind der Sohn Horace geboren. Obwohl der Verlust seiner Tochter Anne für Darwin ein starker Schock war, erlitt er in dieser Zeit der tiefen Trauer keine schweren gesundheitlichen Rückschläge. Er konnte sein vierbändiges Werk über die lebenden und fossilen Arten der Seepocken fertig stellen und wurde 1853 dafür von der sehr renommierten Royal Society ausgezeichnet, der er bereits seit einigen Jahren als Mitglied angehörte. In den Folgejahren hatte Darwin immer wieder so große Gesundheitsprobleme, dass seine Arbeitskraft auf ein Minimum reduziert war. Da er durch Annes Tod das Vertrauen in Dr. Gully verloren hatte, begab er sich im April 1857 in die Behandlung von Dr. Edward W. Lane, der im nahe gelegenen Farnham die hydrotherapeutische Einrichtung »Moore Park« betrieb. Schon nach einer Woche fühlte sich Darwin viel besser und schrieb an einen Freund: »Es ist wirklich sehr erstaunlich und völlig unerklärlich, wie gut mir diese eine Woche bekommen ist«. Darwin wiederholte die Wasserkuren in Moore Park in den beiden Folgejahren mehrfach und verspürte jedes Mal eine deutliche Besserung seiner Beschwerden. Er konnte sich wieder verstärkt dem Manuskript über die Entwicklung der Arten widmen, an dem er schon jahrelang arbeitete.

Das Jahr 1858 wurde für Darwin besonders aufregend, denn im Juni schickte ihm sein Kollege Alfred R. Wallace ein Manuskript zu, in dem er seine Vorstellungen über die Evolution der Arten darstellte. Darwin war nach der Lektüre ziemlich geschockt, weil Wallace zu ganz ähnlichen Schlussfolgerungen kam wie er selbst. Der Zeitpunkt war für Darwin besonders ungünstig, da er große familiäre Probleme hatte. Mehrere seiner Kinder waren schwer erkrankt und eines sogar gestorben. Um zu verhindern, dass Darwin die Priorität für die Evolutionshypothese verlor, sorgten seine Freunde dafür, dass am 1. Juli auf einer Mitgliederversammlung der Linnean Society in London sowohl das Manuskript von Wallace als auch Teile des Darwinschen Manuskriptes verlesen wurden. Trotz der Brisanz des Themas kam es in der Versammlung zu keiner Diskussion. Auch als die Beiträge von Wallace und Darwin im August im *Linnean Society Journal* veröffentlicht wurden, war die Reaktion verhalten und es gab nur relativ wenig ablehnende Stellungnahmen. Das änderte sich drastisch, als etwa ein Jahr später Darwins wichtigstes Werk »*Über die Entstehung der Arten*« erschien. Die 1250 gedruckten Exemplare der ersten Auflage waren innerhalb einer Woche verkauft, und es erschienen Besprechungen in allen wichtigen Zeitungen und Zeitschriften. Die erste Rezension wurde sogar schon vier Tage vor dem offiziellen Erscheinungstermin des Buches publiziert und war sehr negativ. Darwin, der gerade eine seiner geliebten Wasserkuren absolvierte, war davon regelrecht geschockt und musste einen gesundheitlichen Rückschlag hinnehmen. Als die folgenden Besprechungen weitgehend positiv waren und sich das Buch zu einem Bestseller entwickelte, verbesserte sich auch Darwins Gesundheit wieder. Aber dann erhielt er zwei Briefe, die ihn erneut sehr belasteten. Der erste stammte von seinem Geologieprofessor Adam Sedgwick, der Darwin den Rat gab, die göttliche Offenbarung anzuerkennen, weil man sich ansonsten nicht im Himmelreich wiedersehen würde. Den zweiten Brief schrieb Darwins ehemaliger Kapitän FitzRoy, der inzwischen zum Konteradmiral aufgestiegen war. Er teilte unter anderem mit, er betrachte sich nicht als »Nachkomme eines Affen«. Darwin ärgerte sich besonders darüber, dass FitzRoy diesen Brief in der *Times* unter einem Pseudonym veröffentlichte. In den nächsten Wochen und Monaten entwickelte sich ein regelrechter Medienkrieg zwischen den Anhängern und Gegnern der Evolutionstheorie. Einen Höhepunkt fanden diese Auseinandersetzungen 1860 in Oxford auf der Jahresversammlung der British Association for the Advancement of Science. Die Hauptakteure waren der wortgewaltige Bischof von Oxford Samuel Wilberforce und der ebenfalls sehr redegewandte Professor Thomas Huxley, der sich wegen seines verbissenen Kampfes für die Evolutionstheorie später selbst als »Darwins Bulldogge« bezeichnete. Obwohl es keine schriftlichen Unterlagen über den verbalen Schlagabtausch gibt, scheint Huxley nach den Aussagen vieler Augenzeugen daraus als ein Sieger nach Punkten hervorgegangen zu sein. Darwin war aus gesundheitlichen Gründen bei der Veranstaltung gar nicht anwesend, nahm die Nachrichten aus Oxford aber erfreut zur Kenntnis.

Danach beschäftigte sich Darwin vor allem mit der Vermehrung von Orchideen und der Entstehung von Haustierrassen, sodass sich die Aufregung über seine Evolutionstheorie etwas legte. 1864 erhielt er die Copley Medaille, die von der Royal Society verliehen wurde und damals die höchste wissenschaftliche Auszeichnung darstellte. Vorher hatten seine Gegner allerdings zweimal diese Ehrung verhindert. 1871 brachte Darwin dann sein Buch *»Die Abstammung des Menschen und die geschlechtliche Zuchtwahl«* heraus. Es entwickelte sich ebenfalls zu einem Beststeller, aber die Aufregung darüber hielt sich trotz des durchaus provozierenden Titels in Grenzen. Knapp zwei Jahre später folgte als letzter Teil seiner Arbeiten über die Evolution noch ein Buch mit dem Titel *»Der Ausdruck der Gemütsbewegungen bei den Menschen und den Tieren«*. Danach schrieb er in einem Brief an seinen Kollegen Wallace, dass er nun von Theorien genug habe und sich wieder mit Pflanzen beschäftigen wolle. 1873 war für Darwin kein gutes Jahr, denn im August erlitt er vermutlich einen ersten leichten Schlaganfall. Er konnte sich einen Tag lang nicht bewegen und es entstand auch eine große Erinnerungslücke. Darwin erholte sich davon nur langsam, aber trotz aller gesundheitlichen Probleme gelang es ihm, vor allem mit Hilfe seines Sohnes Francis, in den nächsten Jahren noch mehrere botanisch orientierte Bücher fertig zu stellen und Neuauflagen seiner anderen Bücher vorzubereiten. Im Februar 1882 litt Darwin zunächst unter heftigem Husten und verspürte starke Schmerzen in der Brust, die auf eine fortgeschrittene Mangeldurchblutung des Herzmuskels hindeuteten. Anfang März brach er im Garten zusammen. Nach einer kurzen Erholung erlitt Darwin vermutlich mehrere Schlaganfälle, die am 19. April zu seinem Tod führten. Er wurde trotz seiner Auseinandersetzungen mit der Kirche mit allen Ehren in Westminster Abbey neben vielen bedeutenden Persönlichkeiten Großbritanniens beigesetzt. Ein geplantes Kirchenfenster, das an Darwins Evolutionstheorie erinnern sollte, wurde allerdings nie realisiert.

Es ist schon bewundernswert, welch ebenso umfangreiches wie bedeutendes wissenschaftliches Werk Darwin hinterlassen hat, obwohl es um seine Gesundheit zeitlebens schlecht bestellt war und er deswegen häufig lange Arbeitspausen einlegen musste. Über die Ursachen seiner vielfältigen Gesundheitsprobleme wird noch heute intensiv diskutiert. Wie schon im Vorstehenden erwähnt, gibt es seit 1959 die Hypothese, dass Darwin an den Folgen der Chagas-Krankheit gelitten hat. Dagegen spricht allerdings, dass Darwin schon vor seiner Reise auf der »Beagle« leidend war und ein relativ hohes Alter erreichte. Für eine Chagas-Erkrankung ist auch untypisch, dass sich bei Darwin die Ausprägung der verschiedenen Krankheitssymptome häufig veränderte und sein Gesundheitszustand im höheren Alter sogar besser wurde.

Da Darwin besonders oft unter Verdauungsstörungen und Erbrechen litt, wird neuerdings auch spekuliert, ob bei ihm ein von der Mutter ererbtes Zyklisches Erbrechen (Cyclic Vomiting Syndrome, CVS) vorgelegen haben könnte. Dafür spricht, dass mehrere Familienmitglieder ähnliche Krankheitserscheinungen zeigten (weitere Informationen im Abschnitt »*Zyklisches Erbrechen*«).

Am häufigsten wird bei Darwin aber das Vorliegen von Neurasthenie vermutet, die auf Deutsch auch als Nervenschwäche bezeichnet wird (Informationen dazu im Abschnitt »*Neurasthenie und Erschöpfungssyndrom*«). Manche Autoren meinen sogar, Darwin sei vor allem ein Hypochonder gewesen. Als Beleg dafür wird unter anderem angeführt, dass er sich in seinen persönlichen Aufzeichnungen ungewöhnlich häufig und sehr ausführlich mit seinem Gesundheitszustand beschäftigt hat (Informationen im Abschnitt »*Hypochondrie*«). Vermutlich wird man Darwin am ehesten gerecht, wenn man bei ihm eine Kombination aus verschiedenen seelischen und körperlichen Leiden annimmt. Für Darwin war sein schlechter Gesundheitszustand manchmal nicht nur eine Belastung, denn er schrieb ihm in seiner Biografie auch einen positiven Effekt zu, den er so formulierte: »... die schlechte Gesundheit, obwohl durch sie mehrere Jahre meines Lebens vernichtet worden sind, hat mich vor den Ablenkungen durch Gesellschaft und Amüsement bewahrt.« An anderer Stelle gibt Darwin sogar zu, dass er manchmal seinen Gesundheitszustand bewusst etwas schlechter dargestellt hat, um damit die Freistellung von irgendwelchen familiären oder gesellschaftlichen Pflichten zugunsten seiner wissenschaftlichen Arbeit zu erreichen.

Seekrankheit

Die Seekrankheit ist eine Variante der Bewegungskrankheit, die in der medizinischen Fachsprache Kinetose heißt (abgeleitet vom griechischen Wort *kinein* = bewegen). Andere Varianten sind die Reisekrankheit (z. B. beim Busfahren), die Luftkrankheit (beim Fliegen) und die Landkrankheit (z. B. bei Seeleuten auf Landgang). Seit einigen Jahren kennt man auch die Simulatorkrankheit, die in Fahr- und Flugsimulatoren auftreten kann, sowie die Spielübelkeit, die bei Computerspielen beobachtet wird.

Symptome

Zu Beginn einer Bewegungskrankheit zeigt sich bei den Betroffenen vor allem Gähnen, Gesichtsblässe, Müdigkeit, verlangsamtes Reaktionsvermögen und leichte Übelkeit. Bei längerer Dauer der auslösenden Effekte verstärken sich die Symptome oft und es treten insbesondere auch Erbrechen, Schwindel, Kopfschmerzen, kalter Schweiß und depressive Verstimmung auf.

Ursachen

Sie sind noch nicht endgültig geklärt. Es wird angenommen, dass die Kinetose auftritt, wenn die Sinnesorgane dem Gehirn über längere Zeit widersprüchliche Informationen zur räumlichen Lage und Bewegung des Körpers liefern. Das Gehirn kann sich aber offenbar anpassen, denn die Bewegungskrankheit verschwindet in der Regel nach zwei bis drei Tagen langsam wieder, auch wenn die Auslösefaktoren weiter einwirken.

Häufigkeit

Grundsätzlich kann jeder Mensch von einer Kinetose betroffen werden, aber es gibt große Unterschiede in der Anfälligkeit. Es besteht eine starke Altersabhängigkeit. Kinder bis zu zwei Jahren sind recht unempfindlich, dann steigt die Anfälligkeit bis etwa zum 12. Lebensjahr deutlich an und danach nimmt sie in höherem Alter wieder ab. Es scheint auch Unterschiede bei verschiedenen menschlichen Populationen zu geben. Bei einer Studie des Hershey Medical Centers trat bei etwa der Hälfte der Probanden mit dunkler und weißer Hautfarbe eine Kinetose auf, während die chinesischen Teilnehmer fast alle bewegungskrank wurden.

Behandlung

Eine medikamentöse Behandlung ist relativ selten notwendig. Am besten wirkt Scopolamin, das auf das vegetative Nervensystem einwirkt. Es hat aber erhebliche Nebenwirkungen. Es können auch verschiedene Antihistaminika eingesetzt werden (z. B. Dimenhydrinat, das in den meisten rezeptfreien Tabletten gegen Reisekrankheit enthalten ist). Manche angstlösenden Psychopharmaka (z. B. Diethylperazin) sind ebenfalls oft wirksam. Ingwer in verschiedenen Darreichungsformen wird empfohlen. Auch der Einsatz von Plazebos kann durchaus hilfreich sein.

Vorbeugung

In Schiffen und Flugzeugen sollte man sich möglichst Sicht auf den unbeweglichen Horizont verschaffen. In Fahrzeugen sind Sitzplätze mit Blick in Fahrtrichtung günstig. Lesen und Alkoholkonsum sollte man vermeiden. Bei ersten Anzeichen einer Kinetose wird empfohlen, die Augen zu schließen und sich möglichst hinzulegen.

Chagas-Krankheit

Die Chagas-Krankheit wird durch die Infektion mit dem einzelligen Parasiten *Trypanosoma cruzi* hervorgerufen. Sie ist nach dem brasilianischen Arzt Carlos Chagas benannt, der sie 1909 erstmalig beschrieben hat. Die meisten Erkrankungen entstehen in Mittel- und Südamerika durch blutsaugende Raubwanzen. Diese Tiere infizieren sowohl ihre Artgenossen als auch viele andere Tierarten und den Menschen vor allem durch ihren Kot, der wahrscheinlich jahrelang infektiös bleiben kann. Die Zahl der infizierten Menschen wird derzeit auf etwa 20 Millionen geschätzt. In Bolivien soll etwa ein Viertel der Bevölkerung betroffen sein. Jährlich wird mit etwa 50 000 Neuinfektionen und 15 000 Todesfällen gerechnet. Vor allem durch infizierte Migranten wird die Krankheit zunehmend auch auf andere

Kontinente verschleppt. Davon sind besonders die USA betroffen, wo man mehrere 100 000 Parasitenträger vermutet. In Europa gilt Spanien als das Land mit der größten Zahl an Infizierten, die auf etwa 6000 geschätzt wird.

Verlauf und Symptome

Bei der Chagas-Krankheit kann man verschiedene Stadien unterscheiden: Nach dem Stich der Wanze, der oft in Augennähe erfolgt, entsteht meist eine entzündliche Schwellung. Bei etwa einem Drittel der Neuinfizierten tritt bald danach eine akute Erkrankungsphase auf, die unter anderem mit Fieber, Luftnot, Durchfall und Lymphknotenschwellungen einhergeht und in den meisten Fällen nach etwa vier Wochen wieder abklingt. Darauf folgt eine beschwerdefreie Phase, die noch nach mehreren Jahren in eine chronische Erkrankung übergehen kann. Sie ist vor allem gekennzeichnet durch eine Herzvergrößerung und Erweiterungen der Speiseröhre und des Darmes. Als Folge davon treten Herzbeschwerden und Leistungsverminderung sowie schwere Verdauungsstörungen auf. Unbehandelt führt die Krankheit in etwa 10 % der Fälle zum Tode, wobei Kinder besonders gefährdet sind.

Bekämpfung

Die Therapie ist schwierig, weil es bis jetzt nur zwei gegen die Trypanosomen gut wirksame Arzneimittel gibt, die aber beide schwere Nebenwirkungen haben. Bei manchen Erregern sind auch schon Resistenzen gegen eines oder beide Mittel beobachtet worden. Da es auch noch keine Impfung gibt, kommt der Vorbeugung eine besondere Bedeutung zu. Sie besteht vor allem in der Bekämpfung der Raubwanzen, die für die Übertragung der Parasiten verantwortlich sind. Auch eine Überwachung der Blutkonserven ist notwendig, weil bereits mehrfach eine Infektion durch Bluttransfusionen beobachtet wurde.

Zyklisches Erbrechen (CVS)

Das zyklische Erbrechen wird in der Literatur meist unter seiner englischen Bezeichnung Cyclic Vomiting Syndrome (CVS) geführt. Es handelt sich um eine relativ seltene Krankheit, die meist schon im Kindesalter auftritt und im Erwachsenenalter oft wieder verschwindet. Die Erkrankung ist geprägt durch sich wiederholende Anfälle von Übelkeit mit Erbrechen bei gleichzeitig stark gestörtem Allgemeinbefinden. Auffällig ist, dass in über zwei Drittel der Fälle eine familiäre Belastung mit Migräne besteht, weshalb CVS oft auch als Sonderform der Migräne angesehen wird.

Verlauf

Die Anfälle können jederzeit auftreten, meistens beginnen sie aber nachts oder frühmorgens. Die Patienten leiden unter Übelkeit und Würgreiz, wodurch immer wieder Erbrechen ausgelöst wird. Gleichzeitig können auch Kopf- und Bauchschmerzen sowie leichtes Fieber auftreten. Ein solcher Zustand kann Stunden, aber auch Tage dauern. Der Flüssigkeits- und Mineralienverlust durch die Brechattacken nimmt in seltenen Fällen sogar ein lebensbedrohliches Ausmaß an.

Ursachen und Auslöser

Über die Ursachen der Erkrankung ist noch wenig bekannt. Bei einem Teil der Fälle wird eine erbliche Grundlage angenommen. Die Brechanfälle werden nicht selten durch bestimmte Faktoren ausgelöst. Stress, Aufregung und Erkältungen werden von den Betroffenen in dieser Hinsicht am häufigsten genannt, aber auch Hunger oder ein Schlafdefizit sowie bestimmte Nahrungsmittel können eine Rolle spielen.

Behandlung

Eine ursächliche Therapie gibt es bisher noch nicht. Während eines Anfalls sollen die Patienten vor allem in einem ruhigen und abgedunkelten Raum untergebracht werden. Die Gabe von Beruhigungsmitteln kann hilfreich sein. Es ist insbesondere auf eine ausreichende

Flüssigkeits- und Mineralienzufuhr zu achten, die evtl. auch Infusionen notwendig macht.

Neurasthenie und Erschöpfungssyndrom

Die Neurasthenie ist ein etwas aus der Mode gekommener und nicht klar abgegrenzter Begriff. Viele andere Bezeichnungen, wie z. B. Nervenschwäche, vegetative Dystonie, psychovegetatives Syndrom, vasoneurotisches Syndrom oder Somatisierungsstörung werden für mehr oder minder ähnliche Krankheitsbilder gebraucht. Es gibt auch Überschneidungen mit Depressionen und Angsterkrankungen. Heute wird die Neurasthenie oft unter dem Sammelbegriff »chronisches Erschöpfungs- bzw. Müdigkeitssyndrom« eingeordnet. Im englischen Sprachraum ist dafür die Bezeichnung Chronic Fatigue Syndrome (CFS) geläufig. Oft ist auch vom so genannten Burnout-Syndrom die Rede.

Häufigkeit

Wegen der unklaren Abgrenzung des Begriffs sind die Häufigkeitsangaben sehr unterschiedlich. Sie schwanken zwischen 0,007 % und 0,7 % Betroffene in der Gesamtbevölkerung. Bei Untersuchungen an Personen, die einen Arzt aufgesucht haben, zeigen 0,11 bis 2,8 % die Symptome eines chronischen Erschöpfungssyndroms. Bis zu 20 % der Patienten, die ärztliche Hilfe in Anspruch nehmen, geben an, unter Erschöpfung zu leiden. Frauen scheinen deutlich häufiger betroffen zu sein als Männer.

Symptomatik

Das Hauptsymptom ist ein schwerer und lang anhaltender Müdigkeits- und Erschöpfungszustand, für den keine körperliche Ursache gefunden werden kann und der sich auch durch Schonung und Ruhe nicht bessert. Hinzu kommen oft viele unterschiedliche Begleitsymptome wie Schlafstörungen, unklare Schmerzzustände, Herzbeschwerden, Schwindelgefühl, Konzentrationsstörungen und Verdauungsbeschwerden.

Verlauf und Prognose

Man unterscheidet eine leichte Form des Erschöpfungssyndroms, bei der die alltäglichen beruflichen und privaten Anforderungen noch einigermaßen erfüllt werden können, die Freizeitaktivitäten aber schon weitgehend eingeschränkt sind. Bei der mittelschweren Form ist eine Berufstätigkeit meist nicht mehr möglich, das tägliche Leben kann nur noch unter großen Schwierigkeiten aufrecht erhalten werden. Patienten mit der schweren Form können nur noch kleine Aufgaben wie z. B. die persönliche Hygiene bewältigen. Sie verlassen ihre Wohnung meist nicht mehr. Im schlimmsten Fall werden sie bettlägerig und voll pflegebedürftig. Nur bei einem kleinen Teil der Betroffenen heilt die Erkrankung spontan aus, bei den meisten verschlechtert sich ohne Therapie der Zustand langsam. Eine relativ gute Prognose ergibt sich, wenn sich ein Patient nach einer Verschlechterung der Krankheit schnell wieder erholt. Bei einer Erkrankungsdauer von mehr als fünf Jahre muss mit einer eher schlechten Prognose gerechnet werden.

Ursachen

Über die Ursachen ist bis heute noch recht wenig bekannt. Nicht selten treten relativ lang anhaltende Erschöpfungssymptome nach einer überstandenen Viruserkrankung auf. Auch nach intensiven privaten oder beruflichen Belastungen können sich entsprechende Erscheinungen einstellen. Besonders auffällig ist, dass bei etwa 50 % der Patienten mit Erschöpfungssyndrom eine andere psychische Erkrankung vorausgegangen ist.

Behandlung

Die Therapie erweist sich oft als schwierig und langwierig. Psychopharmaka haben meist keinen durchschlagenden Erfolg. Die langsame Steigerung körperlicher und geistiger Aktivitäten kann hilfreich sein. Eine speziell ausgerichtete Verhaltenstherapie erbringt oft eine Besserung.

Hypochondrie

Alltagssprachlich versteht man unter einem Hypochonder einen Menschen, der sich übertriebene Sorgen um seine Gesundheit macht und geringfügige Veränderungen seines Körpers und dessen Funktionen gleich als Hinweis auf eine schwere Erkrankung interpretiert.

In der Medizin spricht man von einer Hypochondrischen Störung, wenn Patienten stark unter der Angst leiden eine schwere Erkrankung zu haben, ohne dass dafür objektive Befunde vorliegen (z. B. Angst vor Krebs, die als Karzinophobie bezeichnet wird).

Häufigkeit

In Deutschland lassen sich bei etwa jedem 20. Patienten, der einen Arzt aufsucht, Hinweise auf Hypochondrie finden. Damit liegen wir im internationalen Vergleich weit vorne. Männer und Frauen sind etwa gleich häufig betroffen.

Symptome

Die Angst vor einer bestimmten Krankheit steht bei den meisten Patienten im Vordergrund, seltener besteht eine eher allgemeine Furcht vor Erkrankungen. In der Regel lassen sich die Betroffenen nicht dadurch beruhigen, dass der Arzt keinen krankheitstypischen Befund erhebt, sondern verlangen weitere Untersuchungen oder gehen zu anderen Ärzten. Hypochondrische Symptome können auch bei anderen psychischen Erkrankungen wie z. B. Depressionen oder Zwangsstörungen auftreten. Es gibt einige spezielle Formen der Hypochondrie, bei denen nur ein Symptom im Vordergrund steht:

Bei der Bromosis leiden die Patienten unter der Vorstellung, sie würden einen üblen Geruch verbreiten. Als Parasitosis bezeichnet man die unbegründete Angst von Parasiten (insbesondere Würmer oder Spinnen) befallen zu sein. Unter Dysmorphophobia versteht man die Vorstellung, man sei missgebildet oder abstoßend hässlich.

Behandlung

In schweren Fällen mit hohem Leidensdruck für die Patienten und ihre Umgebung ist sowohl eine medikamentöse Therapie als auch eine psychotherapeutische Behandlung angezeigt und oft auch erfolgreich.

Ludwig Boltzmann. Quelle: The Dibner Library Portrait Collection – Smithsonian Institution; http://commons.wikimedia.org.

4
Ludwig Boltzmann (1844–1906): von Asthma geplagtes Hochtalent

Ludwig Eduard Boltzmann ist auch heute noch einer der berühmtesten Wissenschaftler Österreichs. Ihm zu Ehren wurde in Österreich die 1960 gegründete Trägerorganisation für interdisziplinäre Forschungseinrichtungen »Ludwig Boltzmann Gesellschaft« (LPG) genannt. Ihre Institute befassen sich mit medizinischen, geistes-, sozial- und kulturwissenschaftlichen Fragestellungen.

Die Eltern von Ludwig Eduard Boltzmann lebten bei der Geburt ihres Sohnes 1844 vorübergehend in Wien, weil der Vater Ludwig Georg Boltzmann als Finanzbeamter dorthin versetzt worden war. Die Mutter, Maria Katharina Boltzmann geb. Pauernfeind, stammte aus einer bedeutenden Salzburger Familie, die vor allem durch Handel wohlhabend geworden war. Ludwig kam in der Nacht vom Faschingsdienstag auf den Aschermittwoch auf die Welt. Er sagte später über seinen auffälligen Geburtstermin, aus ihm erkläre sich wohl seine hochgradige Stimmungslabilität, die sehr schnell zwischen höchster Fröhlichkeit und tiefster Niedergeschlagenheit wechseln konnte. Bei seiner Geburt war Ludwig recht schwächlich, weshalb seine Eltern um sein Leben fürchteten und ihn schon kurz nach der Geburt taufen ließen. Trotz seiner anfangs geringen Lebenskraft entwickelte sich Ludwig dann aber körperlich ganz gut, und er erwies sich schon bald als ein sehr aufgewecktes und lernbegieriges Kind. 1846 wurde sein Bruder Albert geboren und zwei Jahre später kam auch noch die Schwester Hedwig zur Welt.

Ludwig erhielt zunächst Privatunterricht und besuchte ab 1855 ein Gymnasium in Linz. Obwohl er recht häufig in der Schule fehlte, weil er an Atemwegserkrankungen litt, erzielte er in allen Fächern so gute Noten, dass er bald Klassenprimus wurde. In seiner Freizeit interessierte sich Ludwig vor allem für die Natur. Er sammelte intensiv Käfer und Schmetterlinge und legte ein umfangreiches Herbarium an. Ludwig war aber auch sehr musikalisch und spielte gern Klavier. Eine

Trotzdem genial Erste Auflage. Heinrich Zankl und Katja Betz.

Zeit lang erhielt er sogar Klavierunterricht von dem jungen und damals noch nicht so bekannten Musiker Anton Bruckner. Im Alter von fünfzehn Jahren traf den sensiblen Ludwig der erste schwere Schicksalsschlag. Der von ihm sehr verehrte Vater starb mit nur 59 Jahren an Lungentuberkulose. Vier Jahre später starb auch noch der Bruder Albert, zu dem Ludwig eine enge Beziehung hatte. Trotz dieser schweren psychischen Belastungen legte Ludwig 1863 sein Abitur mit ausgezeichneten Noten ab und entschied sich danach für ein Studium der Mathematik und Physik in Wien. Um dem Sohn den Start dort zu erleichtern, zog die Mutter mit ihrer Tochter ebenfalls nach Wien.

Insbesondere der junge Physikprofessor Josef Stefan erkannte schnell die große Begabung seines Studenten Boltzmann und förderte ihn sehr. Bereits 1865 publizierte Boltzmann zwei Arbeiten über die Maxwell'sche Theorie des Elektromagnetismus und den zweiten Hauptsatz der Wärmelehre. Schon ein Jahr später wurde Boltzmann promoviert und 1868 erhielt er die »Venia docendi (Lehrberechtigung) aus allen Fächern der mathematischen Physik«. Nach seiner Antrittsvorlesung »*Über die Grundprinzipien der mechanischen Wärmelehre*« lehrte der erst 25-Jährige Boltzmann kurz als Privatdozent an der Universität Wien, bevor er 1869 als »ordentlicher Professor der mathematischen Physik« nach Graz berufen wurde. Im Folgejahr verfasste Boltzmann fünf vielbeachtete Publikationen, die unter anderem dazu führten, dass sein Gehalt deutlich aufgestockt wurde. 1871 und 72 nahm Boltzmann zweimal einen längeren Forschungsurlaub, um in Heidelberg und Berlin mit so herausragenden Kollegen wie Gustav Kirchhoff und Hermann von Helmholtz zu kooperieren. In dieser Zeit entstand Boltzmanns große grundlegende Arbeit mit dem Titel »*Weitere Studien über das Wärmegleichgewicht unter Gasmolekülen*«. Sie machte ihn so bekannt, dass man ihm eine Mathematikprofessur in Wien anbot, die er im August 1873 antrat.

Zwei Jahre später erhielt er einen Ruf nach Zürich, den er aber ablehnte, nachdem sein Gehalt in Wien wesentlich aufgebessert worden war. Die reine Mathematik befriedigte Boltzmann aber auf die Dauer nicht, weshalb er sich häufig am Institut für Physik in Graz aufhielt, um Experimente durchzuführen, die ihm erlaubten, die Richtigkeit der Maxwell'schen Theorie nachzuweisen. Diese Arbeiten führten dazu, dass Boltzmann 1876 zum Ordinarius der Physik und Leiter des Physikalischen Instituts der Universität Graz berufen wurde. Im gleichen Jahr heiratete er Henriette von Aigentler. Aus dieser Ehe gingen fünf Kinder hervor. Die Zeit in Graz verlief für Boltzmann recht gut, obwohl er immer wieder unter Gesundheitsproblemen, vor allem in Form von Asthmaanfällen, zu leiden hatte (Informationen im Abschnitt »*Asthma*«). Auch machte er sich zunehmend Sorgen um seine Sehfähigkeit, die immer schlechter wurde. 1885 geriet Boltzmann nach dem Tod seiner geliebten Mutter in eine psychische Krise. Die Ärzte diagnostizierten bei ihm eine allgemeine Nervenschwäche, die damals als »Neurasthenie« bezeichnet wurde (Einzelheiten dazu im Kapitel 3 über Charles Darwin). Nachdem er sich wieder einigermaßen erholt hatte, wurde Boltzmann 1887 zum Rektor der Universität gewählt. Mit diesem durchaus ehrenvollen Amt waren viel Ärger und Aufregung verbunden, die das ohnehin angeschlagene Nervensystem von Boltzmann stark belasteten. Unglücklicherweise fiel in diese Zeit auch noch der Tod des von ihm sehr verehrten Kollegen Gustav Kirchhoff. Als die Universität Berlin Boltzmann die Nachfolge auf Kirchhoffs Lehrstuhl anbot, fühlte er sich sehr geehrt und sagte schnell zu. Dann aber kamen Boltzmann vor allem wegen seines Gesundheitszustandes Bedenken und er lehnte im Juni 1888 die Berufung nach Berlin ab, obwohl er schon drei Monate vorher die Ernennungsurkunde erhalten hatte. Er fügte der Absage zwei ärztliche Gutachten bei. Eines stammte von dem Professor für Augenheilkunde Isidor Schnabel, der schrieb: »Beide Augen sind durch Staphyloma posticum, einer pathologischen Netzhautveränderung in der Macula, höchstgradig myopisch, die Myopie ist noch progressiv und gebot ihm große Schonung der Augen« (weitere Informationen im Abschnitt »*Staphyloma und Myopie*«). Das zweite Gutachten schrieb der Psychiater Professor Richard von Krafft-Ebing. Er teilte mit, Boltzmann sei »von neuropathischer Konstitution und litt 1885 an einem Anfall allgemeiner reizbarer Schwäche des Nervensystems. Im Frühjahr 1888 erkrankte der Patient neuerlich, im Gefühl der geschwächten Nervenkraft, überdies hochgradig myopisch, hatte er die größten Gemütsbewegungen und Seelenkämpfe zu erdulden.« Wenige Tage später bereute Boltzmann jedoch seine Absage in Berlin schon wieder und schrieb in einem Telegramm: »Ich bitte, womöglich beide ... Briefe ..., welche ich gestern ... sandte, mir ungeöffnet zurückzuschicken oder ungeöffnet aufzubewahren.«

Am nächsten Tag schickte er ein weiteres Telegramm mit den Worten: »Bitte mein gestriges Telegramm ignorieren. Brief eröffnen.« Nachdem die Berufung einige Tage später durch ein königliches Dekret rückgängig gemacht worden war, geriet Boltzmann in höchste Erregung, weil er seinen Verzicht inzwischen erneut bereute. Das ganze Hin und Her hatte Boltzmanns Nerven so zerrüttet, dass er einen längeren Urlaub beantragte, um sich psychisch und physisch wieder zu erholen. Obwohl er in den nächsten Jahren mit Ehrungen überhäuft wurde, hat Boltzmann das durch seinen Wankelmut verursachte Scheitern der Berufung nach Berlin nie ganz verwunden.

Den ohnehin schon sehr depressiven Boltzmann traf dann 1889 ein weiterer schwerer Schicksalsschlag: Sein ältester Sohn starb im Alter von elf Jahren an einer nicht rechtzeitig erkannten Blinddarmentzündung. Boltzmann machte sich heftigste Vorwürfe, weil er außer dem Hausarzt keine anderen Ärzte zu Rate gezogen hatte, und er war der festen Überzeugung, dass ihn deshalb am Tode seines Sohnes eine Mitschuld träfe. Dadurch verstärkten sich nicht nur seine Depressionen, sondern auch seine Asthmaanfälle wurden häufiger und schwerer (Informationen zur Depression im Kapitel 21 über Max Weber). Boltzmann versuchte sich von seinem Schmerz und seinen Schuldgefühlen abzulenken, indem er sich total in seine Arbeit vergrub und dabei sogar seine Familie vernachlässigte. Seine immer stärker werdende Unruhe führte auch dazu, dass er sich in Graz nicht mehr wohl fühlte und deshalb einen Ruf nach München annahm, obwohl die dortige Professur wegen der fehlenden Pensionsberechtigung eigentlich nicht besonders attraktiv war. Boltzmann hatte trotz seiner Gesundheitsprobleme einen guten Start in München. Er fand im Kollegenkreis recht schnell einige Freunde und traf auch mit vielen ausländischen Wissenschaftlern zusammen. Boltzmann wurde mehrfach nach Großbritannien eingeladen, wo man ihn vor allem wegen seiner Arbeiten über die Verknüpfung der Thermodynamik mit der kinetischen Gastheorie hohe Anerkennungen zuteil werden ließ. 1894 wurde ihm sogar die Ehrendoktorwürde der Universität Oxford verliehen. Inzwischen war in Wien Professor Josef Stefan verstorben, der Boltzmann schon während seiner Studentenzeit sehr gefördert hatte. Als man ihm den Lehrstuhl antrug, sagte Boltzmann nach kurzem Zögern zu. Dabei dürfte auch die Befürchtung eine Rolle gespielt haben, er könne wegen seiner sich laufend verschlechternden Sehfähigkeit in München ohne Pensionsanspruch dienstunfähig werden.

Am 1. September trat Boltzmann seinen Dienst in Wien an, wo er mit allen Ehren empfangen wurde. Obwohl er für theoretische Physik berufen worden war, interessierte sich Boltzmann in seiner zweiten

Wiener Zeit zunehmend auch für naturphilosophische Fragen, wodurch er in Auseinandersetzungen mit seinen Kollegen Mach, Ostwald und Helm verwickelt wurde. Einen Höhepunkt erreichte dieser Streit 1895 auf der Versammlung der Naturforscher in Lübeck. Arnold Sommerfeld, der Boltzmanns Nachfolger in München wurde, beschrieb den Ablauf der Veranstaltung später so: »Das Referat für die Energetik hatte Helm aus Dresden gehalten; hinter ihm stand Ostwald, hinter beiden die Naturphilosophie des nicht anwesenden Ernst Mach. Der Opponent war Boltzmann, sekundiert von Felix Klein. Der Kampf zwischen Boltzmann und Ostwald glich, äußerlich und innerlich, dem Kampf des Stiers mit dem geschmeidigen Fechter. Aber der Stier besiegte diesmal den Torero trotz aller Fechtkunst. Die Argumente Boltzmanns schlugen durch. Wir damals jüngeren Mathematiker standen alle auf der Seite Boltzmanns.« Die Auseinandersetzung wurde auch nach Lübeck so heftig und kräftezehrend weitergeführt, dass Ostwald einen Zusammenbruch erlitt und sich für ein halbes Jahr beurlauben ließ. Aber auch Boltzmann war sehr angegriffen und brauchte Erholung. Trotzdem kämpfte er weiter für die Anerkennung der Atomistik als Grundlage der Naturwissenschaften.

Schon bald nach seiner Berufung an die Wiener Universität stellte sich bei Boltzmann wieder eine große Unzufriedenheit und Unruhe ein, die ihn veranlasste, in München anzufragen, ob er dorthin zurückkehren könnte. Die Universität beantragte auch die erneute Berufung Boltzmanns, aber das zuständige Ministerium lehnte nach langwierigen Beratungen ab, weil dafür kein ausreichender finanzieller Spielraum zur Verfügung stand. Trotz dieser Enttäuschung kam Boltzmann wieder in eine Phase großer wissenschaftlicher Aktivität, die ihm zahlreiche neue Ehrungen einbrachte. Unter anderem wurde er 1899 in die USA eingeladen, wo ihm auch die Ehrendoktorwürde an der Clark University in Worcester verliehen wurde. Kurz nach seiner Rückkehr erhielt Boltzmann einen Ruf an die Universität Leipzig, den er erstaunlich schnell annahm. Er verließ überstürzt Wien, ohne sich von seinen Kollegen zu verabschieden und übernahm im September 1890 die neue Professur. Diesen Schritt bereute er aber bald wieder, wodurch er erneut in eine psychische Krise geriet, die ihn zeitweilig sogar daran hinderte seinen Lehrverpflichtungen nachzukommen. Es ging ihm so schlecht, dass er die sehr ehrenvolle Einladung in die USA zur 200-Jahrfeier der Yale Universität nicht wahrnehmen konnte. Da Boltzmann bereits damals von Selbstmordgedanken gequält wurde, begab er sich zeitweilig sogar in eine psychiatrische Klinik. Dort konnte ihm aber auch nicht grundlegend geholfen werden. Nach knapp zwei Jahren verließ Boltzmann Leipzig wieder, da er zum dritten Mal einen Ruf nach Wien erhielt. Zunächst gab ihm das einen großen Aktivitätsschub, aber bald holten ihn seine gesundheitlichen Probleme wieder ein. Zu den schon länger vorhandenen Leiden gesellten sich jetzt auch noch Nieren- und Blasenbeschwerden, sowie Nasenpolypen, die auch nach einer Operation weiter häufig bluteten. 1903 erholte sich Boltzmann wieder soweit, dass er wissenschaftlich erneut eine erstaunliche Produktivität entfalten konnte. Er übernahm sogar einen zusätzlichen Lehrauftrag für »Philosophie der Natur und Methodologie der Naturwissenschaften«. Seine erste Vorlesung zu diesem Thema wurde zu einem gesellschaftlichen Ereignis und fand ein vielfältiges Echo in der Presse. Boltzmann wurde sogar von Kaiser Franz Josef empfangen, der ihm für seine Rückkehr nach Wien dankte.

Anlässlich seines 60. Geburtstags wurde Boltzmann mit Ehren aus aller Herren Länder geradezu überhäuft. Das verbesserte seine psychische und physische Verfassung soweit, dass er sich im Herbst 1904 eine zweite Reise in die USA zutraute. Im nächsten Jahr fuhr Boltzmann sogar ein drittes Mal in die Staaten, um in Berkeley mehrere Vorlesungen zu halten. Trotz der Strapazen kam er ganz euphorisch nach Europa zurück und stellte mit seinem Assistenten Josef Nabel eine Arbeit mit dem Titel »*Kinetische Theorie der Materie*« fertig. Es sollte die letzte Publikation von Boltzmann sein, denn bald danach verschlechterte sich sein Gesundheitszustand rapide. Die Sehfähigkeit ließ immer stärker nach und Asthmaanfälle sowie heftige Kopfschmerzen raubten ihm den Schlaf. Am 5. Mai 1906 schrieb der Dekan an das Ministerium: »… dass Herr Hofrat Prof. Dr. L. Boltzmann an schwerer Neurasthenie erkrankt ist und den ärztlichen Verfügungen gemäß jeder wissenschaftlichen Tätigkeit sich enthalten muss …« Boltzmann trat eine mehrmonatige Kur an, zu der ihn seine Familie nach Duino in der Nähe von Triest begleitete. Für den 6. September war die Heimreise nach Wien geplant. Dazu kam es aber nicht mehr, weil Boltzmann sich einen Tag vorher erhängte. Da er keinen Abschiedsbrief hinterließ, weiß man bis heute nicht, warum er gerade diesen Termin für seinen Freitod gewählt hatte. Anlässlich der Todesnachricht sagte Friedrich Ostwald, der zwar wissenschaftlich Boltzmanns schärfster Gegner war, ihn persönlich aber sehr schätzte: »Er war ein Fremdling in dieser Welt. Ganz und gar seiner Wissenschaft hingegeben, von ihren Problemen unausgesetzt erfüllt, hat er nie Zeit und Neigung gefunden, sich mit jenen tausend Kleinigkeiten vertraut zu machen, auf deren instinktiver Handhabung das Leben des modernen Menschen zum größten Teil beruht. Derselbe Mann, dessen mathematischem Scharfsinn nicht die kleinste wissenschaftliche Unstimmigkeit entging, war im täglichen Leben von der Harmlosigkeit und Unerfahrenheit eines Kindes.«

Boltzmann erhielt ein Ehrengrab auf dem Wiener Zentralfriedhof. In den Grabstein wurde auf Veranlassung von Max Planck die Formel $S = k \times \log W$ eingraviert. Damit sollte zum Ausdruck gebracht werden, dass Boltzmann wesentlich zur Entwicklung dieser sehr wichtigen Formel beigetragen hat. In ihr steht »*S*« für Entropie, die als Maß für den Ordnungszustand thermodynamischer Systeme von großer Bedeutung ist. Planck hatte, zusammen mit anderen bedeutenden Wissenschaftlern, Boltzmann auch zweimal für den Nobelpreis vorgeschlagen. Wenn er länger gelebt hätte, wäre er ihm wahrscheinlich auch einmal verliehen worden, denn schon bald nach seinem Tode wurde immer deutlicher, dass er ein Wegbereiter sowohl für die Quantenphysik als auch für die Biophysik und Bioenergetik war. Anlässlich seines 100. Todestages fand 2006 an der Universität Wien eine große Ausstellung über das Leben und Werk von Boltzmann statt. Bei der Eröffnung sagte der Physiker Alexander Zartl, der maßgeblich an der Ausstellung mitgewirkt hatte, unter anderem: »Boltzmanns Transporttheorie aus dem Jahre 1872 hat das Tor zur heutigen High-Tech-Welt der Mikrochips und Halbleiter, der Hochleistungsprozessoren und Computer weit aufgetan.«

Myopie und Staphyloma posticum

Myopie

So lautet die medizinische Bezeichnung für Kurzsichtigkeit. Darunter versteht man, dass nahe Gegenstände scharf gesehen werden, entfernte dagegen unscharf. Die Ursache dafür besteht meist darin, dass der Augapfel zu lang ist. Das optische System des Auges erzeugt deshalb das scharfe Bild eines entfernten Objektes nicht auf, sondern schon vor der Netzhaut. Sie kann deshalb nur eine unscharfe Abbildung aufnehmen und über die Sehnerven an das Gehirn weiterleiten.

Einfache Myopie

Sie ist die am weitesten verbreitete Form der Kurzsichtigkeit. Sie beruht vorwiegend auf erblichen Faktoren, die das Wachstum des Augapfels so beeinflussen, dass meist zwischen dem 10. und 12. Lebensjahr eine Kurzsichtigkeit entsteht. Sie nimmt oft bis ins frühe Erwachsenenalter noch weiter zu und kommt dann zum Stillstand.

Maligne Myopie

So nennt man eine immer stärker werdende Kursichtigkeit, die meist auf einer Überdehnung des Augapfels in Folge einer zu schwach ausgebildeten Bindehaut beruht.

Dadurch kommt es oft auch zur Netzhautablösung, die zur Erblindung führen kann. Eine Form der malignen Myopie wird »Staphyloma posticum« genannt. Darunter versteht man eine beerenförmige Ausbuchtung des Augapfels am hinteren Pol im Bereich der Makula, die den Bereich des schärfsten Sehens bildet.

Asthma

Das Wort »Asthma« stammt aus dem Griechischen und bedeutet Keuchen bzw. Atemnot. Dafür kann es sehr verschiedene Ursachen geben, weshalb der Begriff im medizinischen Sprachgebrauch meist mit einem Zusatz versehen wird, der auf den Entstehungsort, die Ursache oder den Verlauf hinweist.

Asthma cardiale (Herzasthma)

Es entsteht vor allem durch eine ungenügende Funktion der linken Herzkammer, wodurch eine Blutstauung im Lungenkreislauf verursacht wird, die zur Atemnot führt.

Asthma nasale (Nasenasthma)

Durch Veränderungen im Nasen-Rachenraum kann auch Atemnot ausgelöst werden.

Asthma uraemicum (Urämisches Asthma)

Eine Harnvergiftung, z. B. infolge von Nierenversagen, kann die Lungen schädigen und Atemnot verursachen.

Asthma bronchiale (Lungenasthma)

Dabei handelt es sich um eine chronische, entzündliche Erkrankung der Atemwege, die anfallsweise zu einer Verengung der Bronchien führt. Dadurch entsteht Atemnot, die oft von Husten und pfeifenden Geräuschen beim Ausatmen begleitet ist.

Allergisches Asthma bronchiale

Hierbei entsteht die Verkrampfung der Atemwege infolge einer überschießenden Reaktion des Immunsystems auf bestimmte Stoffe (Allergene), wie z. B. Pflanzenpollen oder Tierhaare.

Nicht allergisches Asthma bronchiale

Man unterscheidet infektionsbedingte, arzneimittelbedingte, reizstoffbedingte und anstrengungsbedingte Formen. Es gibt aber auch Mischformen von Asthma, die sich nicht eindeutig einer Ursache zuordnen lassen.

Häufigkeit

In den letzten 20 Jahren ist das Asthma bronchiale fast überall deutlich häufiger geworden. Man rechnet weltweit mit etwa 100 Millionen Asthmapatienten und in Deutschland mit ca. 8 Millionen. Die Ursachen für diesen starken Anstieg sind noch ziemlich unklar. In Deutschland leiden etwa 12 % der Kinder und 6 % der Erwachsenen unter Asthma. Während bei den Kindern das Asthma meist allergische Ursachen hat, sind Erwachsene häufiger von den nicht allergischen Formen betroffen.

Risikofaktoren

Allergische Veranlagung, geringes Geburtsgewicht, Übergewicht und Bewegungsmangel im Kindesalter, Rauchen und Passivrauchen, Atemwegsinfekte.

Behandlung

Es gibt inzwischen gut wirksame Medikamente in Sprayform, mit denen Betroffene einen akuten Asthmaanfall auch selbst behandeln können. In einigen Fällen ist auch die Durchführung einer Hyposensibilisierung möglich, die allerdings sehr langwierig sein kann. Als ergänzende Maßnahme ist ein regelmäßiges körperliches Training zur Verbesserung der Lungenfunktionen wichtig. Auch spezielle Atem- und Entspannungsübungen können hilfreich sein.

5
Thomas Alva Edison (1847–1931): schwerhöriger Erfinder

Thomas Alva Edison, der in seiner Familie meistens nur »Al« genannt wurde, erblickte im Dorf Milan, im US-Staat Ohio als letztes von sieben Kindern das Licht der Welt. Seine Mutter Nancy war ruhig, intelligent und fromm, während der Vater Samuel Edison Jr. sowohl beruflich als auch politisch kaum ein Risiko scheute. Nachdem er sich an einer Verschwörung gegen die kanadische Regierung beteiligt hatte, musste er in die USA fliehen und ließ seine Frau mit vier Kindern zurück. Er baute zunächst eine kleine Holzschindelfabrik auf, bevor er 1838 seine Familie zu sich nach Milan holte. Dort gebar Nancy noch drei Kinder, von denen allerdings nur zwei das Säuglingsalter überlebten; ein drittes Kind verstarb im Alter von sechs Jahren. Der jüngste Sohn Al war ein zartes Kind, das oft von Krankheiten befallen wurde. Sein Kopf war so groß, dass ein Arzt zeitweilig vermutete, Al könnte an einer Gehirnentzündung leiden. Auch das Verhalten von Al machte den Eltern Sorgen, weil er sehr aktiv war und dauernd etwas anstellte. So entfachte er beispielsweise in einer Scheune ein Feuer, um nach eigener Aussage »zu sehen, was es anrichten würde«. Sein verständlicherweise sehr zorniger Vater verabreichte ihm dafür öffentlich eine Tracht Prügel auf dem Marktplatz des Dorfes. Auch ansonsten war das Verhältnis zwischen Vater und Sohn nicht besonders gut. Al sagte dazu einmal: »Mein Vater dachte, ich sei dumm, und ich meinte schon fast selbst, ich sei ein Dummkopf.«

Auch in der Schule, die er wegen einer schweren Scharlacherkrankung erst ab seinem achten Lebensjahr besuchte, hatte Al nach eigener Aussage große Probleme: »Ich kann mich erinnern, daß ich in der Schule nie zurechtkam. Ich war immer der letzte in der Klasse. Ich hatte immer das Gefühl, daß meine Lehrer mich nicht mochten …« Nachdem ihn der Lehrer einmal vor der ganzen Klasse einen »Hohlkopf« genannt hatte, lief Al nach Hause und beklagte sich bei seiner Mutter. Sie meldete ihn daraufhin von der Schule ab und unter-

Trotzdem genial Erste Auflage. Heinrich Zankl und Katja Betz.

richtete ihn selbst. Obwohl sie wegen vieler anderer Verpflichtungen wenig Zeit hatte, gelang es ihr bald, ihren Sohn vom Sinn des Lernens zu überzeugen. Er begann eifrig zu lesen, seine Fortschritte in Rechtschreibung und Grammatik blieben allerdings so gering, dass heute sogar darüber diskutiert wird, ob Edison ein Legastheniker war. Seine Mutter entdeckte, dass ihr Sohn Al großes Interesse an den Naturwissenschaften hatte und schenkte ihm entsprechende Bücher. Mit zehn Jahren richtete sich Al im Keller eine Art Labor ein, in dem er physikalische und vor allem chemische Versuche durchführte. Sein Vater war davon keineswegs begeistert und berichtete darüber rückblickend: »Er verbrachte die meiste Zeit im Keller, er machte überhaupt nicht bei den Spielen der Nachbarkinder mit. Er erlebte nie wie die anderen Jungen eine richtige Knabenzeit.«

Da die vielfältigen geschäftlichen Unternehmungen seines Vaters inzwischen nur noch wenig einbrachten, verarmte die Familie soweit, dass Al sich mit zwölf Jahren gezwungen sah Geld zu verdienen. Er wurde Zeitungsjunge im Zug nach Detroit und verkaufte nebenbei Proviant an die Reisenden. Da er jeden Tag bis spät abends mit der Bahn unterwegs war, baute er sich im Gepäckwagen des Eisenbahnzugs ein Labor, um weiterhin seine geliebten Chemieexperimente durchführen zu können. Als es dabei zu einem Brand kam, warf das Bahnpersonal die Laboreinrichtung aus dem Zug, Al durfte aber weiterhin als Zeitungsjunge und Proviantverkäufer mitfahren. Eines Tages kam er mit Zeitungen etwas zu spät, sodass der Zug schon anfuhr und er aufspringen musste. Dabei half ein Schaffner, indem er Al bei beiden Ohren packte und ihn auf das Trittbrett hochzog. Da Al dabei ein Knacken in seinen Ohren hörte, war er zeitlebens davon überzeugt, dass seine immer stärker werdende Schwerhörigkeit dadurch verursacht worden war. Wahrscheinlicher ist allerdings, dass die schwere Scharlacherkrankung, die er in seinem siebten Lebensjahr durchgemacht hatte, dafür verantwortlich war (Informationen im Abschnitt »*Scharlach*«). Danach traten bei ihm noch mehrfach Mittelohrentzündungen auf, die sein Hörvermögen wohl noch zusätzlich verschlechtert haben. Al litt sehr unter diesem Zustand, aber er war fest entschlossen, sein Leben zu meistern. Im Rückblick beurteilte er diese schwerwiegende Behinderung sogar recht positiv, indem er sich dazu so äußerte: »In meiner Isolierung hatte ich Zeit, die Dinge zu überdenken.« Bei anderer Gelegenheit meinte er: »Die Gehörlosigkeit brachte mich wahrscheinlich zum Lesen.« Im Alter von 15 Jahren begann Al systematisch alle Bücher in einer Detroiter Bibliothek zu lesen. Dabei stieß er sogar auf ein Buch von Isaac Newton, das er allerdings nicht verstand. Dazu meinte er später: »Es flößte mir eine Abneigung gegen Mathematik ein, von der ich mich nie erholt habe.« In dieser Zeit hatte Al auch eine neue Geschäftsidee: Er kaufte sich eine alte Druckerpresse und stellte im Gepäckabteil seines Zuges eine kleine Lokalzeitung her, die sich ganz gut verkaufte, obwohl es in ihr von Schreibfehlern nur so wimmelte.

Im Sommer des Jahres 1862 kam es zu einem Ereignis, das für das weitere Leben von Al Edison von großer Bedeutung war. In einem Bahnhof beobachtete er, wie ein dreijähriges Kind auf den Gleisen spielte. Als sich ein Güterzug näherte, rettete Edison den Knaben, dessen Vater Bahnhofsvorsteher war. Aus Dankbarkeit bot der Mann Edison an, ihn zum Telegrafisten auszubilden. Das war schon länger Edisons großes Ziel, denn er hatte bemerkt, dass er das Klicken des Telegrafen trotz seiner Schwerhörigkeit gut wahrnehmen konnte. Er meinte dazu: »Von Anfang an empfand ich Taubheit als Vorteil für einen Telegraphisten. Während ich das laute Ticken des Instruments mit Sicherheit hören konnte, konnte ich andererseits andere und vielleicht störende Geräusche nicht vernehmen.«

Edison absolvierte die fünfmonatige Ausbildung mit großer Zielstrebigkeit und war danach in der Lage als Hilfstelegrafist zu arbeiten. Sein neuer Beruf führte Edison kreuz und quer durch die USA. Zunächst nahm er eine Stelle in Port Huron an, wo er im Winter 1864 Gelegenheit hatte, seinen Einfallsreichtum unter Beweis zu stellen. Der strenge Frost hatte nämlich zu einem Defekt im Telegrafenkabel nach Kanada geführt. Um trotzdem Nachrichten übermitteln zu können, veranlasste Edison, dass ein Lokführer mit seiner Dampfpfeife Signale abgab, die dem Morsealphabet entsprachen. Sie konnten tatsächlich auf der kanadischen Seite einwandfrei empfangen und entschlüsselt werden. Dieser Erfolg sprach sich herum und brachte Edison eine neue Anstellung als Bahntelegrafist ein. Um sich die häufigen Nachtschichten zu erleichtern, baute Edison ein Gerät, das die erforderlichen Kontrollsignale selbsttätig sendete, sodass er ungestört schlafen konnte. Als es deswegen fast zu einem Zusammenstoß kam, musste Edison fliehen, um einer drohenden Gefängnisstrafe zu entgehen. Auch die folgenden Anstellungen hielten meist nicht lange, weil Edison dauernd an etwas herumbastelte und deswegen seine Pflichten vernachlässigte. Nach fünf Jahren Wanderschaft kehrte er völlig mittellos nach Hause zurück, wo er seine geliebte Mutter krank, einsam und verarmt vorfand. Der Vater war fast nie zu Hause und kümmerte sich wenig um sie.

Durch Vermittlung eines Freundes erhielt Edison wenig später eine Anstellung in Boston, wo er vor allem nachts einen Telegrafen bedienen musste. Tagsüber betätigte er sich als Erfinder, war damit aber anfangs nicht sehr erfolgreich. 1868 meldete Edison sein erstes Patent an. Es war ein telegrafischer Stimmenzähler, der zwar ganz gut funktionierte, aber keine Abnehmer fand, weil überall die althergebrachten Abstimmungsverfahren bevorzugt wurden. Von seiner zweiten patentierten Erfindung, einem Börsenticker zur telegrafischen Übermittlung von Notierungen, wurden immerhin 30 Stück verkauft. Danach versuchte sich Edison erfolglos an der gleichzeitigen Übertragung von telegrafischen Nachrichten in zwei Richtungen. Da er das dafür geliehene Geld nicht zurückzahlen konnte, setzte sich Edison 1869 nach New York ab. Dort gelang es ihm, in einer Firma einen defekten telegrafischen Goldkursanzeiger zu reparieren und so den Zusammenbruch der Geschäfte zu verhindern. Aus Dankbarkeit wurde er als technischer Assistent mit einem Monatsgehalt von 300 Dollar angestellt. Edison gab diesen gut bezahlten Job aber bald wieder auf, um als freier Erfinder zu arbeiten. Er entwickelte einen verbesserten Börsenticker, den er für die Firma Western Union in 1200 Exemplaren herstellte. Er gründete für diesen ersten Großauftrag mit einem Geldgeber in Newark die Firma Edison & Unger, die schnell wuchs und Edison bald sehr wohlhabend machte.

Im Frühjahr 1871 erreichte ihn die Nachricht vom Tode seiner Mutter. Er fuhr kurz zum Begräbnis, stürzte sich dann aber schnell wieder in die Arbeit. An Weihnachten des gleichen Jahres heiratete Edison eine seiner Angestellten. Den größten Teil des Hochzeitstages verbrachte Edison aber in seinem Labor. Ein Jahr später kam eine Tochter zur Welt. In den nächsten Jahren folgten noch zwei Söhne. Durch zahlreiche patentierte Verbesserungen war Edisons *»Universal-Börsenticker«* inzwischen so bekannt geworden, dass er weltweit in fast allen wichtigen Börsen und Maklerbüros zum Einsatz kam. In den Jahren 1873 bis 1874 gerieten die USA jedoch in eine Wirtschaftskrise, die auch den Unternehmer und Erfinder Edison schwer traf. Da er in Gelddingen sehr unerfahren war, stand er mehrfach am Rande des Bankrotts, konnte sich aber durch neue Erfindungen, wie z. B. einen Elektroschreibstift, den er zu einem Kopiergerät, dem *»Mi-*

meographen«, weiterentwickelte, immer wieder vor einer endgültigen Pleite retten. 1876 war Edison wieder so reich, dass er die Entscheidung treffen konnte, nur noch als Erfinder und Forscher zu arbeiten. Im Dorf Menlo Park, das nur 20 Kilometer von New York entfernt ist, ließ er sich ein Laboratorium bauen. Da er sich im Gegensatz zu den meisten anderen damaligen Wissenschaftlern vor allem der Erforschung und Entwicklung nützlicher Dinge widmete, nannte er sich »Industriewissenschaftler«. Seine durchaus sehr hochgesteckten Ziele formulierte er so: »... jeden zehnten Tag eine kleinere Erfindung, und eine große Sache alle sechs Monate.« Zur allgemeinen Überraschung konnte Edison diese Vorgaben relativ gut einhalten. Eine seiner ersten Großtaten in Menlo Park war die Weiterentwicklung des von Alexander Bell 1876 vorgestellten Telefons. Durch Einbau einer Kohlestaubkapsel in das Mikrofon konnte Edison die Qualität der Tonübertragung so stark verbessern, dass ein routinemäßiger Einsatz des Telefons möglich wurde. Um die Patentierung seiner Erfindung wurde allerdings jahrelang gestritten. Bald darauf baute Edison eine Sprechmaschine, die er *»Phonograph«* nannte. Daraus entstand dann später das Grammophon bzw. der Schallplattenspieler.

Ab 1878 widmete sich Edison vor allem der Entwicklung einer möglichst langlebigen Glühbirne. Es dauerte ein Jahr, bis es nach vielen Rückschlägen gelang, eine Kohlefaden-Glühbirne zu bauen, die 170 Stunden brannte und damit für den Einsatz in der Praxis geeignet war. Nach einem weiteren Jahr lag die Brenndauer bereits bei 1200 Stunden. Ein potenter Geldgeber beauftragte Edison, ein Schiff mit einer elektrischen Beleuchtungsanlage auszustatten. Für die Stromversorgung der geplanten 115 Lampen musste Edison ein kleines Dampfkraftwerk mit vier speziellen Dynamos in das Schiff einbauen. Um zu beweisen, dass elektrische Beleuchtungssysteme kostengünstig sind, wurde in Menlo Park eine Demonstrationsanlage mit insgesamt 425 Lampen gebaut. Damit konnte nämlich gezeigt werden, dass die Betriebskosten nicht höher lagen als bei Gaslampen. Trotzdem zögerten die Geldgeber mit dem Einsatz von Kapital für die Fabrikation der notwenigen elektrotechnischen Zubehörteile. Da verkündete Edison öffentlich: »Wenn es keine Fabriken zur Herstellung meiner Erfindungen gibt, dann werde ich die Fabriken eben selbst bauen ... Die Losung heißt: Fabriken oder Tod!« Und tatsächlich riskierte der damals 33-jährige Edison sein gesamtes Vermögen, um durch die Gründung zahlreicher Firmen die elektrische Beleuchtungsindustrie in Gang zu bringen. 1881 kehrte Edison wieder nach New York zurück, weil er beschlossen hatte, dort große Beleuchtungssysteme zu installieren, die er bald auf ganze Stadtteile ausdehnte. Es folgten Aufträge in London und Paris, die ihn weltweit bekannt machten. Im Sommer 1883 fasste Edison einen wichtigen Entschluss: »Ich werde jetzt Geschäftsmann. Ich bin von nun an ein richtiger Unternehmer für elektrische Beleuchtungsanlagen und werde als Erfinder eine große Pause einlegen.« Das hinderte ihn allerdings nicht daran, im gleichen Jahr noch 141 Patente anzumelden. Von besonderem wissenschaftlichem Interesse war die Entwicklung der *Edison-Effekt-Lampe*, die eine Art Glühkathodenröhre darstellte und heute als das erste elektronische Gerät gilt. Edison wird daher auch manchmal als »der Vater der Elektronik« bezeichnet. Als Edison im Hinblick auf seine vielen Erfindungen als genial bezeichnet wurde, meinte er dazu ganz nüchtern: »Genialität besteht zu einem Prozent aus Inspiration und zu neunundneunzig Prozent aus Transpiration.«

Ein Jahr später traf Edison ein schwerer Schicksalsschlag: Seine Frau erkrankte an Typhus und verstarb im Herbst 1884. Edison vergrub sich in seinem Schmerz noch tiefer in der Arbeit und überließ die Erziehung der Kinder einer Tante. Gute Freunde meinten aber, Edison sollte nicht dauerhaft allein bleiben und stellten ihm eine Reihe von Damen aus gutem Hause vor, die durchaus geneigt waren, »Amerikas begehrtesten Witwer« zu ehelichen. Die Kuppelversuche hatten Erfolg, denn im Februar 1886 heiratete Edison die fast zwanzig Jahre jüngere Minna Miller. Mit ihr hatte er drei weitere Kinder. Trotz einiger Rückschläge war Edison auch wirtschaftlich so erfolgreich, dass seine Unternehmen bald zu den größten des Landes gehörten. Da er jetzt finanziell abgesichert war, beschloss Edison, sich aus der aktiven Geschäftsführung weitgehend zurückzuziehen und wieder vermehrt als Erfinder und Wissenschaftler tätig zu werden. Dafür ließ er in West Orange das größte private Forschungslabor der Welt bauen und erweiterte seinen Mitarbeiterstab vor allem um wissenschaftliche Experten. Das Ziel blieb aber nach Edisons Aussage weiterhin: »... praktische Dinge zu erfinden, die jeder Mann, jede Frau und jedes Kind der Welt sich wünschen und zu einem annehmbaren Preis kaufen würden.« Edison konnte allerdings in den Labors nicht so viel arbeiten, wie er sich gewünscht hatte, denn er musste sich doch noch ziemlich oft um seine diversen Firmen kümmern. Insbesondere mit der Vermarktung des verbesserten Phonographen hatte er reichlich Ärger, denn er wurde dabei von einigen seiner engsten Mitarbeiter betrogen. Edison sah sich auch gezwungen, zahlreiche Prozesse um seine vielen Patente zu führen. Er war darüber sehr verärgert und sagte: »Meine Erfindung des elektrischen Lichts hat mir keinerlei Profit gebracht, sondern vierzig Jahre nur Prozesse.« Gegen seinen erbitterten Widerstand kam es schließlich 1892 zur Übernahme von »Edison General Electric« durch ein kleineres, aber deutlich finanzstärkeres Konkurrenzunternehmen. Die neue Gesellschaft tilgte Edisons Namen und nannte sich nur noch »General Electric Company«. Diese Firma ist heute der größte Elektrokonzern der Welt.

Ohne sich von dieser Niederlage entmutigen zu lassen, stürzte sich Edison die nächsten fünf Jahre in ein neues industrielles Abenteuer. Er entwarf einen magnetischen Erzscheider und begann in Ogdensburg in großem Maßstab mit der Eisenerzgewinnung, die allerdings nie rentabel wurde und fast das gesamte Vermögen von Edison verschlang. Davon ließ sich Edison aber wenig beeindrucken, sondern er widmete sich intensiv einem neuen Interessengebiet, nämlich der Entwicklung einer Filmvorführmaschine, die er *»Kinetoskop«* nannte. Es handelte sich dabei um einen Guckkasten mit Okularlinse, in dem der Betrachter kurze Filme anschauen konnte, wenn er vorher eine Münze eingeworfen hatte. Um ausreichend Filme zur Verfügung zu haben, gründete Edison in West Orange das erste Filmstudio der Welt. Ab 1896 widmete sich Edison dann auch dem Bau von Filmprojektoren für Wandschirmkinos. Das Filmgeschäft brachte Edison so viel Geld ein, dass er wieder ein großes Vermögen aufbauen konnte, das er umgehend für neue Projekte einsetzte. Beispielsweise arbeitete er auch an der Darstellung von Röntgenbildern mit Hilfe eines modifizierten Fluoroskops. Nachdem er sich dabei gesundheitliche Schäden zugezogen hatte, verfolgte er dieses Projekt aber nicht mehr weiter. Edison entwickelte auch einen neuen Batterietyp, den Eisen-Nickel-Akkumulator, der bleifrei war und daher ein deutlich geringeres Gewicht hatte. Die Nachfrage nach der neuen Batterie war groß, aber sie erwies sich als so unzuverlässig, dass Edison die Fabrikation zeitweilig unterbrach, um seinen Ruf nicht zu ruinieren. In dieser schwierigen Zeit musste er sich wegen einer fortgeschrittenen Mittelohrentzündung außerdem noch einer komplizierten Operation unterziehen, die sein ohnehin schon sehr geringes Hörvermögen noch weiter verschlechterte. Trotzdem gelang es ihm und seinen Mitarbeitern die Batterie soweit zu verbessern, dass die Produktion wieder erfolgreich anlaufen konnte. Parallel dazu engagierte sich Edison auch noch in der Zementproduktion und im Eisenbetonbau, wobei eine flüssige Betonmischung zum Einsatz kam, für deren Herstellung Edison ein Patent hatte.

Nach einigen etwas ruhigeren Jahren traf Edison ein schwerer Rückschlag. Im Dezember 1914 brannte ein Großteil der Edison-Werke in West Orange nieder. Er ließ sich aber auch dadurch nicht aus der Fassung bringen, sondern sagte zu seinem ältesten Sohn Charles, der inzwischen sein Mitarbeiter geworden war: »Ach was, ist gar nicht so schlimm. Wir sind auf diese Weise eine Menge alten Mist losgeworden.« Dank eines großzügigen Kredits von Henry Ford, mit dem Edison eng befreundet war, konnte die Fabrik schnell wieder aufgebaut werden, und ein Jahr später lief der Betrieb erneut auf vollen Touren. Mit zunehmendem Alter wurde Edison allerdings immer starrsinniger und sträubte sich gegen Neuerungen, die sein Sohn Charles einführen wollte. Erst 1927 schied er im Alter von 80 Jahren aus dem Tagesgeschäft aus und übergab Charles die Führung des Konzerns. Der Seniorchef zog sich aber nicht aufs Altenteil zurück, sondern gründete die Edison Botanic Research Company, die nach einheimischen Quellen für Naturkautschuk suchte. Nach langen Vorversuchen begann Edison mit der Herstellung von Kautschuk aus der einheimischen Goldrute. Das Verfahren erwies sich aber als zu teuer und der so gewonnene Gummi war minderwertig. Im Sommer 1929 erkrankte Edison an einer schweren Lungenentzündung, in deren Folge auch die Nierenfunktionen gestört waren. Wenige Monate später wurde anlässlich des fünfzigsten Geburtstages der Edison-Glühlampe ein großes Fest gefeiert, bei dem sich der inzwischen 82-Jährige persönlich noch einmal stark engagierte. Danach brach er aber fast zusammen und musste auf ärztlichen Rat mehrere Tage im Bett verbringen. Damit war er gar nicht einverstanden und sagte: »Mir geht der ganze Ruhm auf die Nerven, ich möchte wieder an die Arbeit«. Wegen seiner verschiedenen Krankheiten konnte er aber die Tätigkeit im Labor nicht mehr aufnehmen, er ließ sich jedoch täglich über die weiter laufenden Arbeiten zur Gummigewinnung berichten. Im Sommer 1931 verschlechterte sich dann Edisons Gesundheitszustand rapide und am 18. Oktober verstarb er. Am Tage seiner Beerdigung, die drei Tage später unter der Beteiligung vieler Prominenter aus Wirtschaft und Politik stattfand, schalteten Millionen von Amerikanern um 22.00 Uhr für ein paar Minuten das Licht an. Dieses Zeichen des nationalen Gedenkens hatte US-Präsident Hoover vorgeschlagen. Ursprünglich hatte er sogar geplant, den elektrischen Strom in ganz Amerika für eine Minute abzuschalten, aber das erwies sich als undurchführbar, weil inzwischen die Industriebetriebe und die öffentliche Infrastruktur zu stark von der Elektrizität abhängig waren.

Scharlach

Scharlach (Scarlatina) ist eine akute und sehr ansteckende Infektionskrankheit, die hauptsächlich im Kindesalter auftritt. Scharlach wird meist nicht zu den typischen Kinderkrankheiten gezählt, weil man daran mehrfach (auch als Erwachsener) erkranken kann. Scharlach ist weltweit verbreitet und war früher sehr gefürchtet, weil er oft schwere Folgeschäden verursachte und nicht selten sogar zum Tode führte. In Deutschland rechnet man derzeit mit etwa 50 000 Krankheitsfällen pro Jahr, die aber bei ausreichender Therapie in der Regel ohne Komplikationen verlaufen.

Erreger

Streptokokken der Gruppe A, die verschiedene Toxine (Giftstoffe) produzieren können, lösen die Krankheit aus. Die Ansteckung erfolgt in der Regel durch Tröpfchen- oder Kontaktinfektion. Über Wunden ist ebenfalls eine Infektion möglich (Wundscharlach). Viele Personen tragen die Erreger in sich ohne zu erkranken, sind aber häufig eine Infektionsquelle.

Symptome

Scharlach beginnt meist plötzlich mit starken Kopf- und Halsschmerzen sowie schnell steigendem Fieber. Der Rachen ist entzündlich gerötet und auf den Mandeln kann man weißliche Pünktchen erkennen. Der weiße Belag, der anfangs auf der Zunge sichtbar ist, löst sich nach einigen Tagen und die Zunge ist danach sehr rot (so genannte Himbeerzunge). Etwa gleichzeitig entsteht häufig ein Hautausschlag, der sich schnell ausbreitet, wobei die Mundregion meist ausgespart bleibt. Er verschwindet nach einigen Tagen wieder und danach schält sich die Haut, insbesondere an Händen und Füßen. Bei keiner oder unzureichender Behandlung können sich nach einigen Wochen schwere Folgekrankheiten an Herz, Nieren und Gelenken entwickeln.

Therapie

Der Scharlacherreger ist mit Penicillin gut behandelbar, die Therapie muss aber mindestens zehn Tage lang konsequent durchgeführt werden. Bei Penicillin-Allergie oder Verdacht auf Penicillin-Resistenz können auch andere Antibiotika eingesetzt werden. Zusätzlich kann eine Fiebersenkung und Linderung der Schluckbeschwerden erfolgen.

Schwerhörigkeit

Als Schwerhörigkeit (medizinischer Fachausdruck: Hypakusis) wird eine mehr oder minder starke Herabsetzung des Hörvermögens bezeichnet. Davon kann die Fehlhörigkeit (Dysakusis) unterschieden werden, bei der Sprache nicht mehr richtig verstanden wird, weil Wörter und Sätze von den Betroffenen nicht zu leise, aber verzerrt gehört werden. Beide Hörstörungen stellen keine eigenständigen Krankheiten dar, sondern sind nur Symptome für Erkrankungen des Hörorgans, das nicht nur aus den beiden Ohren, sondern auch aus den zugehörigen Hörnerven und Hirnarealen besteht.

Grundsätzlich werden zwei Hauptformen der Schwerhörigkeit unterschieden: Schallleitungsstörungen, die auf Erkrankungen des Außen- oder Mittelohrs beruhen und Schallempfindungsstörungen, die durch Schädigungen der Hörschnecke im Innenohr, der Nervenbahnen oder des Hörsystems im Gehirn entstehen.

Ursachen

Eine Hörstörung kann viele verschiedene Ursachen haben. Sie kann bereits angeboren sein oder sich erst später durch äußere und innere Einflüsse entwickeln. Schallleitungsstörungen werden beispielsweise durch einen Ohrschmalzpfropf, Trommelfellschäden oder Infektionen im Bereich des Außen- und Mittelohres verursacht.

Schallempfindungsstörungen können z. B. durch Lärmschädigungen des Innenohres oder infolge von Durchblutungsstörungen entstehen. Auch erbliche Fehlbildungen kommen nicht allzu selten vor.

Häufigkeit

Nach Angaben der Weltgesundheitsorganisation (WHO) gehört die Schwerhörigkeit in den hoch entwickelten Ländern zu den sechs häufigsten Gesundheitsstörungen, die zu einer deutlichen Einschränkung der Lebensqualität bei den Betroffenen führen. In Deutschland leiden derzeit etwa 20 % der Über-14-Jährigen unter Schwerhörigkeit. Während früher erst im höheren Alter das Hörvermögen stark abnahm, sind heute auch Jugendliche schon recht oft davon betroffen. Das ist vermutlich auf die immer stärker werdende Gehörbelastung durch Lärm und sehr laute Musik zurückzuführen. Bei Neugeborenen hat etwa jedes Achthundertste bereits eine Hörstörung, die entweder genetisch bedingt ist oder durch mütterliche Erkrankungen während der Schwangerschaft (z. B. Röteln) verursacht wird. Da eine gute Hörfähigkeit für die geistige Entwicklung des Kindes von sehr großer Bedeutung ist, wird seit 2009 in Deutschland jedes Neugeborene darauf untersucht. Auch bei den weiteren kindlichen Vorsorgeuntersuchungen wird immer wieder das Hörvermögen geprüft, weil insbesondere Mittelohrentzündungen und infektiöse Kinderkrankheiten wie Masern, Röteln, Mumps und Scharlach das Gehör ebenfalls schädigen können.

Therapie

Bei einer Schallleitungsschwerhörigkeit bestehen meist gute Behandlungsmöglichkeiten, weil das Außen- und Mittelohr auch für operative Eingriffe relativ leicht zugänglich ist. Es können sogar die winzigen Gehörknöchelchen im Mittelohr ersetzt werden. Wenn die Störung nicht mehr ausreichend behoben werden kann, lässt sich durch ein Hörgerät die Hörfähigkeit meist deutlich verbessern.

Bei der Schallempfindungsschwerhörigkeit ist die Behandlung erheblich schwieriger, Hörgeräte können aber auch hier oft ganz gut helfen. In besonderen Fällen werden heute Implantate ins Mittelohr, in die Hörschnecke des Innenohrs oder sogar in den Hirnstamm eingesetzt, die eine Übertragung von Hörsignalen in die entsprechenden Hirnareale wieder möglich machen.

6

Victor Meyer (1848–1897): schlafloser Forscher

Victor Meyer wurde am 8. September 1848 als zweiter Sohn des wohlhabenden jüdischen Fabrikanten Jacques Meyer und seiner Ehefrau Bertha in Berlin geboren. Er erwies sich schon früh als ein hoch begabtes und vielseitig interessiertes Kind, das vor allem von seiner Mutter intensiv gefördert wurde. Nachdem Victor im Alter von nur 16 Jahren das Abitur abgelegt hatte, wollte er zunächst Schauspieler werden, weil den sensiblen Knaben schon immer alles Künstlerische sehr faszinierte. Die Eltern standen diesem Berufswunsch deutlich zurückhaltend gegenüber, worunter Victor sehr litt. Sein Bruder Richard berichtete in der 1917 erschienenen Biografie über das Leben und Wirken von Victor Meyer folgende Begebenheit: »Als wir einmal bei einem Spaziergang … wieder auf die leidige Theaterfrage gerieten, blieb Victor still und nachdenklich, und als wir an einem Ruheplatz gelangt waren, warf er sich ins Gras, deklamierte tolles Zeug, weinte und lachte durcheinander und rief …: ›Nie werde ich etwas anderes werden können, nie, ich fühle es so deutlich, daß ich nur zum Schauspieler tauge. Ich kann nichts anderes leisten. Ihr werdet es erleben, daß ich ein elender Stümper bleibe mein Leben lang, wenn ich doch etwas anderes mache.‹« Nach diesem doch recht beunruhigenden Ereignis wurde in der Familie das Thema der Berufswahl eine Zeit lang nicht mehr angesprochen. Die Eltern waren aber sehr erleichtert, als Victor nach einem Besuch bei seinem älteren Bruders Richard, der in Heidelberg Chemie studierte, bekannt gab, er würde mit dem Studium des gleichen Faches beginnen. Das erste Semester studierte Victor noch in Berlin, wechselte dann aber nach Heidelberg, wo er mit seinem Bruder eine gemeinsame Wohnung bezog. Damals lehrten an der dortigen Universität so berühmte Professoren wie Robert Bunsen, Gustav Kirchhoff, Hermann Helmholtz und Emil Erlenmeyer, für die Victor Meyer eine große Verehrung entwickelte. Dank seiner hervorragenden Leistungen nahm Bunsen Victor

Trotzdem genial Erste Auflage. Heinrich Zankl und Katja Betz.

als Doktorand an. 1867 wurde er als 19-Jähriger nach nur fünf Semestern Studium mit der bestmöglichen Note promoviert.

Danach verließ Meyer Heidelberg, um sich in Berlin bei Professor Adolf von Baeyer vor allem der organischen Chemie zu widmen. Dort arbeitete er unermüdlich, und er war so erfolgreich, dass er bereits 1871 auf eine außerordentliche Professur in Stuttgart berufen wurde, obwohl er in Berlin seine Habilitation noch nicht abgeschlossen hatte. Schon ein Jahr später erhielt Meyer einen Ruf auf einen Lehrstuhl in Zürich.

Der Start am Züricher Polytechnikum wurde für Meyer allerdings eine große Enttäuschung. Die Laborassistenten empfingen den erst 24 Jahre alten Professor recht misstrauisch und auch die Studenten zeigten kein großes Interesse an seinen Lehrveranstaltungen. Durch sein liebenswürdiges Wesen, seinen unermüdlichen Einsatz und seine große wissenschaftliche Kompetenz gelang es ihm aber bald, die anfänglichen Widerstände zu überwinden und ein sehr leistungsfähiges Forschungslabor aufzubauen. Ein fehlgeschlagenes Vorlesungsexperiment wies Meyer den Weg zu einer seiner wichtigsten Entdeckungen: Er wollte Benzol durch eine Farbreaktion nachweisen, aber der erwartete Farbumschlag blieb aus. Bei der Suche nach der Ursache für den peinlichen Fehlschlag stellte Meyer fest, dass bei dem Versuch Benzol aus einer neuen Lieferung zum Einsatz gekommen war. Bei einer genauen Analyse entdeckte Meyer in dem Benzol eine Verunreinigung durch schwefelhaltige Thiophen-Verbindungen. Diese Substanzgruppe erwies sich als sehr interessant und eröffnete eine völlig neue Forschungsrichtung. Seine wissenschaftlichen Erfolge trugen Meyer ehrenvolle Rufe nach Königsberg, Erlangen und Aachen ein, die er aber alle ablehnte. Neben seiner unermüdlichen Tätigkeit in Forschung und Lehre verfolgte Meyer aber auch weiterhin noch seine kulturellen Interessen. Er las viel und schrieb selbst neben Gedichten auch etliche Reisebeschreibungen. Meyer suchte und fand außerdem die Bekanntschaft von Dichtern und anderen Künstlern. Eine besondere Freundschaft entwickelte sich zwischen ihm und Gottfried Keller, dessen Werke er besonders schätzte. Seine vielfältigen Interessen und seine ungebremste Arbeitswut zehrten jedoch an Meyers Psyche, die schon von Kindheit an nicht sehr belastbar war.

Im Alter von 30 Jahren zeigten sich bei Meyer die ersten ernsthaften Krankheitserscheinungen, die sein Bruder so beschrieb: »Plötzliche Abspannungen, die ihn für den Augenblick zu jeder geistigen Arbeit unfähig machten, verbitterten ihm manche Stunde. Dazu quälte ihn vielfach eine höchst unangenehme Empfindung, das in seinen Briefen schon mehrfach erwähnte ›Kopfgrabbeln‹.« Auf dringendes Anraten seines Arztes und seiner Familie plante Meyer 1879 eine längere Erholungspause und ließ sich für ein Semester von seinen Verpflichtungen entbinden. In dieser Zeit verbesserte sich seine Gesundheit deutlich, sodass er wieder voll arbeitsfähig wurde. Zwei Jahre später trafen Meyer aber gleich zwei schwere Schicksalsschläge, von denen er sich psychisch nicht mehr vollständig erholte. Im Mai 1881 starb überraschend seine geliebte Tochter Else und im gleichen Jahr erlag auch einer seiner besten Freunde einem schweren Leiden. Trotzdem arbeitete Meyer unermüdlich und sehr erfolgreich weiter. Im Frühjahr 1884 erkrankte Meyer schwer. Es stellten sich so heftige neuralgische Rückenschmerzen ein, dass er kaum Schlaf fand und er für längere Zeit arbeitsunfähig wurde (weitere Informationen im Abschnitt »*Neuralgie*«). In dieser Zeit erreichte Meyer dann auch noch ein Ruf an die Universität in Göttingen, der zwar sehr ehrenvoll war, aber den kranken Mann in große Zweifel stürzte, ob er einer solchen Herausforderung noch gewachsen war. Meyer ließ sich erneut beurlauben und ging in Kur, die ihm aber keine wesentliche Besserung brachte. Schließlich entschloss er sich aber doch nach Göttingen zu gehen. Kurz vor seiner Abreise aus Zürich schrieb er in einem Brief: »Ich weiß sehr wohl, daß es ein gewagtes Spiel ist, als ein kranker und elender Mensch in eine neue große Stellung zu gehen, aber ich habe nach schrecklichen Kämpfen und Zweifeln den Entschluss gefasst es zu versuchen ...«

Im April 1885 kam Meyer in Göttingen an, wo seine Ehefrau, die mit den zwei Kindern vorgereist war, bereits eine Wohnung eingerichtet hatte. Trotz seiner gesundheitlichen Probleme hatte Meyer in Göttingen einen guten Start und konnte auch in seiner wissenschaftlichen Arbeit bald neue Erfolge erzielen. Insbesondere gelang ihm die Entwicklung einer Methode zur Bestimmung der molaren Masse von leicht verdampfenden Flüssigkeiten, die bis heute seinen Namen trägt und die in der Chemikerausbildung immer noch eine wichtige Rolle spielt. Im Rahmen seiner vielfältigen Untersuchungen an organischen Schwefelverbindungen, experimentierte Meyer auch mit dem sehr giftigen Dichlorethylsulfid, das im ersten Weltkrieg dann unter der Bezeichnung »Lost« bzw. »Gelbkreuz« als Giftgas zum Einsatz kam. Trotz dieser nicht ungefährlichen Experimente stabilisierte sich Meyers Gesundheitszustand recht gut, bis er 1888 an Diphtherie erkrankte (weitere Informationen im Abschnitt »*Diphterie*«). Er überstand die gefährliche Krankheit zwar einigermaßen unbeschadet, aber er wurde durch sie doch sehr geschwächt. Unglücklicherweise erhielt Meyer gerade in dieser Zeit auch noch die Nachricht, dass man ihn nach Heidelberg als Nachfolger seines Doktorvaters Bunsen berufen wollte, der ihm schon immer ein großes Vorbild gewesen war. Die Berufung reizte Meyer sehr, gleichzeitig fühlte er sich aber auch der Universität in Göttingen verpflichtet, die ihm gerade ein großes neues Labor gebaut hatte. Meyer quälte sich lange mit dieser Entscheidung und sagte schließlich in Heidelberg ab. Offenbar wäre auch seine Familie gerne mit ihm nach Heidelberg gegangen, denn in einem Brief an einen Freund schrieb Meyer die folgenden Zeilen: »Wir nehmen die Sache furchtbar schwer, und es wird lange dauern, bis die Wunde aufhört zu bluten.« In Heidelberg gab man sich mit Meyers Absage jedoch nicht zufrieden. Insbesondere Bunsen selbst schrieb ihm einen langen Brief mit der Bitte, sich seine Entscheidung doch noch einmal zu überlegen. Bunsen wandte sich sogar an den preußischen Kultusminister und bat ihn Meyer freizugeben. Diesem intensiven Werben seines hoch verehrten Lehrers konnte Meyer nicht länger widerstehen und nahm schließlich doch noch den Ruf nach Heidelberg an.

Im Oktober 1889 trat Meyer seine neue Stelle in Heidelberg an, wo ihm ein herzlicher Empfang bereitet wurde. Dank der sehr guten Ausstattung des chemischen Instituts in sachlicher wie personeller Hinsicht kam Meyer mit seiner Forschungsarbeit schnell voran. Er wurde dafür mit in- und ausländischen Auszeichnungen geehrt. Wie schon immer engagierte er sich auch stark in der Lehre und nahm wenig Rücksicht auf seine weiterhin angeschlagene Gesundheit. Insbesondere quälten ihn weiterhin oft starke Rückenschmerzen, und er litt auch sehr unter einer anhaltenden Schlaflosigkeit. Deshalb nahm er viele schmerzlindernde Medikamente und Schlafmittel. Trotzdem waren sowohl seine Kollegen als auch seine Familie völlig überrascht, als er in der Nacht vom 7. auf den 8. August 1897 Selbstmord beging. Abends war er noch mit seiner Frau bei einem eng befreundeten Ehepaar eingeladen und dort benahm er sich ganz unauffällig, morgens fand man ihn aber schon tot auf. Er hatte sich mit Blausäure vergiftet und hinterließ in seinem Abschiedsbrief nur die wenigen Sätze: »Geliebte Frau! Geliebte Kinder! Lebt wohl! Meine Nerven sind zerstört, ich kann nicht mehr.« Über die Hintergründe dieses plötzlichen Freitods ist wenig bekannt. Es existiert lediglich ein Brief seines Freundes Willy Kühne, bei dem Meyer am Abend vor seinem Tod noch zu Gast war. Kühne schrieb darin wenige Tage nach Meyers Selbstmord unter anderem die folgenden Sätze: »... Schon vor 13 Jahren wurde Victor an seinem Vorhaben, seinem Leiden ein Ende zu setzen, verhindert, leider aber nicht gehindert, immer darauf eingerichtet zu sein. Seitdem hat er die neuralgischen Schmerzen und die Schlaflosigkeit weiter heroisch ertragen und durch seine Riesenarbeit überwunden, bis endlich die Angst vor geistiger Umnachtung, die leider nicht grundlos war (wir und andere haben aus den letzten drei Wochen Belege dafür), ihn in plötzlicher Wahnvorstellung ergriffen hat. In den heiteren Stunden am Vorabend bei uns bis 11 Uhr war davon keine Spur vorhanden.« Aus diesem Brief geht hervor, dass Meyer sich offensichtlich schon lange Jahre mit Selbstmordgedanken trug und wohl auch das dafür notwendige Gift bereits seit längerem in Bereitschaft hielt. Sein Bruder und die ganze übrige Familie scheinen davon aber keine Kenntnis gehabt zu haben. Leider gibt Kühne in seinem Brief auch keine genauere Beschreibung der Anzeichen geistiger Umnachtung, die beobachtet worden waren. Möglicherweise litt Meyer unter einem fortschreitenden Gedächtnisschwund. Darüber berichtet jedenfalls Walter Jensen in seinem Aufsatz anlässlich des 100. Todestages von Victor Meyer. Darin steht sogar, Meyer habe zuletzt auch auf einfache Fragen keine Antwort mehr geben können. Interessant ist außerdem die Theorie von Alexander Schwendner, der es für möglich hält, dass zumindest ein Teil von Meyers gesundheitlichen Beschwerden die Spätfolgen einer Vergiftung durch Senfgas waren, mit dem er in seiner Göttinger Zeit experimentiert hatte. Da Meyer daneben noch mit zahlreichen anderen giftigen Substanzen gearbeitet hat und viele Medikamente einnahm, könnte auch eine Kombination toxischer Effekte vorgelegen haben. Nicht ganz unwichtig könnte sein, dass Meyers Mutter ebenfalls wohl »nervenkrank« war. Einzelheiten darüber sind zwar nicht bekannt, aber Richard Meyer, hat in der Biografie über seinen Bruder Victor folgenden Satz geschrieben: »Leider war ihr Körper sehr zerbrechlich: Sie litt an häufigen Nervenzufällen, wodurch vielfach ihr, und damit auch unser Leben getrübt wurde. Die Liebe zur reinen Wissenschaft und zum Lehren war bei Victor ein Erbteil der Mutter – zugleich aber auch das zarte und so leicht verletzbare Nervensystem.« Der heute etwas merkwürdig anmutende Begriff »Nervenzufälle« wurde zur damaligen Zeit nicht selten für unklare Störungen des Nervensystems benutzt. Die Familie scheint den kritischen Gemütszustand von Meyer nicht in seiner vollen Tragweite erkannt zu haben. Seine Ehefrau beschrieb den Tag vor dem Selbstmord ihres Ehemanns in einem Brief an seinen Bruder so: »Am 7. August ließ Victor auf mein Zureden noch Professor Oppenheimer (den Hausarzt) zu sich bitten, der ihm allgemeine Verhaltensregeln gab, um die Ischiasschmerzen zu bekämpfen. Darauf radelte er ein wenig spazieren und war ganz glücklich, als es ihm keine Schmerzen machte. Am Nachmittag waren wir immer zusammen, sahen auf dem Reiseplan die Stationen durch, auf denen er übernachten wollte, und dabei wurde er ganz vergnügt.«

Am 10. August wurde der erst 49-Jährige Victor Meyer auf dem Heidelberger Bergfriedhof am so genannten Professorenweg beigesetzt. Neben der Familie wohnten viele hochrangige Persönlichkeiten sowie zahlreiche Freunde und Schüler der Trauerfeier bei.

Neuralgie

Definition

Der Fachbegriff Neuralgie leitet sich von den beiden griechischen Wörtern *neuron* = Nerv und *algos* = Schmerz ab. Als Neuralgie wird in der Medizin ein oft anfallsartig auftretender sehr intensiver Schmerzzustand bezeichnet, der sich in der Regel auf das Ausbreitungsgebiet eines Nerven beschränkt.

Vorkommen

Grundsätzlich kann an jedem Nerven mit sensiblen Fasern eine Neuralgie entstehen, wenn er entsprechend geschädigt wird. Einige Nerven sind aber besonders häufig betroffen. Im Kopf-Hals-Bereich entsteht z. B. relativ oft eine Trigeminusneuralgie durch Schädigung des *Nervus trigeminus*. Im Rückenbereich ist vor allem der *Nervus ischiadicus* für neuralgische Beschwerden verantwortlich. Dieser Nerv wird nicht selten beim Auftreten eines Bandscheibenvorfalls im unteren Lendenwirbelbereich gereizt. Die auftretenden Schmerzen strahlen typischerweise auch in ein Bein aus.

Ursachen

Neben mechanischen, thermischen und toxischen Schädigungen können auch Infektionen eine Neuralgie auslösen. Am bekanntesten ist die Gürtelrose (*Herpes Zoster*). Sie wird durch Viren verursacht, die im Kindesalter die fieberhafte Windpocken-Erkrankung hervorrufen. Oft bleiben einige Viren nach der Abheilung im Körper zurück und können später entlang der Nerven in die Haut wandern. Dort bildet sich dann ein oft gürtelförmiger, stark schmerzender Hautausschlag mit Bläschen aus, der meist nach drei bis vier Wochen abheilt. Vor allem bei älteren Personen kann aber auch eine Nervenentzündung entstehen, die nicht selten lang anhaltende, starke Schmerzen verursacht. Man spricht dann von einer postherpetischen Neuralgie.

Behandlung

Sie richtet sich nach den Ursachen und der Art der Schmerzen. Bei Neuralgien durch Nervenkompression (z. B. bei einem Bandscheibenvorfall) kann ein chirurgischer Eingriff notwendig werden. Bei plötzlich einschießenden Schmerzen wirken vor allem Antikonvulsiva (Mittel, die die Nervenaktivität herabsetzen) und Opiate (Abkömmlinge des Morphiums). Gegen Dauerschmerzen werden hauptsächlich Analgetika (Schmerzmittel), Antiphlogistika (entzündungshemmende Mittel) und Antidepressiva (angstmindernde Mittel) eingesetzt. Auch die Injektion von lokal betäubenden Mitteln im Bereich der betroffenen Nerven sowie TENS (transkutane elektrische Nervenstimulation) können hilfreich sein.

Bei der Gürtelrose ist wichtig, dass möglichst früh eine Behandlung mit Virostatika (Mittel zur Hemmung der Virusvermehrung) erfolgt, um das Auftreten von chronischen Neuralgien zu verhindern.

Diphtherie

Bezeichnung

Der Name für diese gefährliche Infektionskrankheit ist von dem griechischen Wort *diphthéra* abgeleitet worden, das ins Deutsche am ehesten mit »Lederrollen« übersetzt werden kann. Die Bezeichnung wurde gewählt, weil bei der Diphtherie im Rachen eine starke Schleimhautschwellung und -entzündung auftritt, die mit braunen Belägen einhergeht und deshalb auch Rachenbräune genannt wird.

Erreger und Infektion

Die Diphtherie wird durch das *Corynebacterium diphtheriae* verursacht, das je nach Stamm mehr oder minder viele Giftstoffe (Toxine) bilden kann. Die Infektion erfolgt von Mensch zu Mensch meist durch Tröpfchen, die beim Husten oder Niesen ausgestoßen werden. Die Erreger setzen sich vor allem im Rachenraum fest und führen dort zu einer schweren Entzündung, die Erstickungsanfälle verursachen kann. Die Toxine gelangen auch ins Blut und können alle Körperzellen schädigen. Am häufigsten sind Herz, Leber, Nieren und die Nervenbahnen betroffen.

Vorkommen

Die Diphtherie kommt auf der ganzen Welt vor. In den westlichen Industrieländern ist sie in der zweiten Hälfte des 20. Jahrhunderts infolge von großflächigen Impfkampagnen stark zurückgegangen, aber vor allem in Russland, Indien, Indonesien und den Philippinen tritt die Krankheit noch recht häufig auf. Manchmal entwickeln sich richtige Epidemien. Die letzte hat in den 1990er Jahren in Russland etwa 10 000 Todesopfer gefordert.

Symptome

Nach einer Inkubationszeit von wenigen Tagen treten als erste Anzeichen meist Halsschmerzen, Schluckbeschwerden und Fieber auf. Danach kommt es oft zu Husten, Heiserkeit und Atemnot. Erkannt wird die Diphtherie vor allem an der typischen Braunverfärbung der Rachenschleimhaut.

Prognose und Verlauf

Auch heute sterben noch 5 bis 10 % der Patienten trotz optimaler Therapie durch Ersticken oder Herzversagen. Bei nicht ausreichender Behandlung stirbt sogar etwa jeder vierte Patient.

Therapie

Mit Hilfe eines Anti-Toxins kann noch nicht gebundenes Diphtherie-Toxin unschädlich gemacht werden. Gleichzeitig wird ein Antibiotikum gegeben, um die weitere Vermehrung der Bakterien zu verhindern. Bei Erstickungsgefahr muss ein Luftröhrenschnitt durchgeführt werden.

Vorsorge

Gegen Diphtherie gibt es schon lange eine gut wirksame Impfung, die in Deutschland bei fast allen Kindern durchgeführt wird. Allerdings werden die später notwendigen Auffrischungsimpfungen oft vergessen, sodass bei vielen Erwachsenen kein ausreichender Impfschutz mehr besteht.

Emil Fischer. Quelle: http://ihm.nlm.nih.gov/images/B29188, Fotograf: Nicola Perscheid (1864–1930).

7
Emil Fischer (1852–1919): vergifteter Naturstoffchemiker

Die Eltern von Emil Hermann Fischer waren recht wohlhabend. Der Vater Laurenz Fischer führte gemeinsam mit seinem Bruder eine Großhandlung und eine Wollspinnerei. Die Mutter Julie Fischer stammte aus einer Düsseldorfer Industriellenfamilie. Sie brachte acht Kinder zur Welt, von denen allerdings zwei bereits früh verstarben. Emil war der Letztgeborene und wuchs mit fünf älteren Schwestern auf, die ihn wohl etwas mehr bemutterten als ihm gut tat. In seiner Autobiografie schrieb er über diese Zeit: »... ich habe mich ihrer Erziehungskünste des öfteren erwehren müssen, so daß eine gewisse Abneigung gegen junge Damen bei mir über die Knabenjahre hinaus hängen blieb.«

Mit fünf Jahren wurde Emil in seinem Geburtsort Euskirchen in einer protestantischen Privatschule eingeschult, deren Gründung vor allem von seinem Vater betrieben worden war. Der Unterricht hatte dank eines hervorragenden Lehrers ein erstaunlich hohes Niveau und weckte in Emil das Interesse an Mathematik und Naturwissenschaften. Danach ging er in die höhere Bürgerschule, bevor er zunächst in Wetzlar und später in Bonn das Gymnasium besuchte. Im Sommer 1869 bestand er als Jahrgangsbester das Abitur.

Bei der danach anstehenden Berufswahl waren sich Vater und Sohn sehr uneins. Emil wollte Mathematik und Physik studieren, während väterlicherseits der Wunsch bestand, dass der Sohn eine Ausbildung zum Kaufmann erhalten solle, um später in eines der Familienunternehmen einsteigen zu können. Nach langem Hin und Her einigten sich die beiden schließlich darauf, dass Emil zunächst eine kaufmännische Lehre absolvieren und danach Chemie studieren solle. Widerwillig begann Emil die Ausbildung in einer Holzhandlung, zu der familiäre Beziehungen bestanden. Nebenher richtete er sich aber in einem leer stehenden Büroraum ein kleines Chemielabor ein, wo er jede freie Minute verbrachte. Seinem Lehrmeister war das keineswegs

Trotzdem genial Erste Auflage. Heinrich Zankl und Katja Betz.

geheuer und er ärgerte sich auch sehr darüber, dass Emil die ihm zugewiesenen Arbeiten mehr schlecht als recht erledigte. Als dem Vater dies zu Ohren kam, stellte er kurz und bündig fest: »Der Junge ist zum Kaufmann zu dumm, er soll studieren.« Über diese Entscheidung freute sich Emil zwar, aber er konnte nicht gleich mit dem Studium beginnen, weil er sich inzwischen eine chronische Magenentzündung zugezogen hatte. Er absolvierte eine achtwöchige Kur in Bad Ems, die ihm aber keine wesentliche Besserung brachte. Danach schickten ihn seine Eltern zur weiteren Behandlung nach Köln zu seinem Onkel, der dort als Arzt tätig war. Im Laufe des Winters 1870/71 erholte sich Emil soweit, dass er im Frühjahr 1871 endlich das Chemiestudium aufnehmen konnte (weitere Einzelheiten im Abschnitt »*Magenentzündung*«).

In Bonn studierte sein Vetter Otto ebenfalls Chemie, sodass Emil nicht ganz allein auf sich gestellt war. Schon bald mussten die beiden jedoch feststellen, dass die Ausbildung und insbesondere die Betreuung der Chemiestudenten in den Praktika an der Universität Bonn relativ schlecht waren. Deshalb erwog Emil Fischer sogar diese Studienrichtung aufzugeben und sich für Physik einzuschreiben. Nach innerfamiliären Diskussionen über dieses Thema entschlossen sich die zwei Fischers, ihr Chemiestudium in Straßburg fortzusetzen, das seit dem Ende des deutschfranzösischen Krieges zu Deutschland gehörte. Dort war eine neue Universität gegründet worden, an der eine vorbildliche Ausbildung in Chemie stattfand. Emil Fischer entwickelte sich schnell zu einem so eifrigen Studenten, dass er bereits nach einem Jahr mit seiner Doktorarbeit beginnen konnte, die er 1874 mit sehr gutem Ergebnis abschloss. Nach der Promotion wurde Fischer von seinem Doktorvater Adolf von Baeyer als Assistent übernommen. Im Rahmen eines Praktikums in Organischer Chemie, das Fischer betreute, entdeckte er eher zufällig die hoch reaktive Verbindung Phenylhydrazin. Mit dieser interessanten Substanz und ihren Abkömmlingen arbeitete Fischer während seiner ganzen wissenschaftlichen Laufbahn. Sie bescherten ihm im Lauf der Jahre große Forschungserfolge, aber auch gravierende Gesundheitsprobleme.

Als von Baeyer 1875 einen Ruf an die Universität in München erhielt, nahm er Fischer mit an seine neue Wirkungsstätte. Dank seiner hervorragenden Leistungen in Forschung und Lehre konnte sich Fischer 1878 habilitieren und wurde schon ein Jahr später zum Professor ernannt. 1882 wurde Fischer nach Erlangen berufen und setzte dort seine Untersuchungen auf dem Gebiet der Phenylhydrazine fort, interessierte sich aber auch zunehmend für die Struktur von physiologisch wirksamen Substanzen wie z. B. die Purine Theobromin und Coffein. Er arbeitete dabei viel in einem schlecht belüfteten Labor mit Phosphorverbindungen, deren Dämpfe bei ihm eine chronische Bronchitis hervorriefen (weitere Einzelheiten im Abschnitt »*Bronchitis*«). Außerdem zog er sich vermutlich bei der Jagd eine unklare Darmverletzung zu, die eine Operation nötig machte. Fischer musste sich wegen seines angeschlagenen Gesundheitszustandes 1884 für zwei Semester beurlauben lassen. Seine Vertretung übernahm in dieser Zeit sein Vetter Otto Fischer, der sich inzwischen auch habilitiert hatte.

Kurz nach seiner weitgehenden Genesung erreichte Emil Fischer ein Ruf an die Universität Würzburg, den er nach kurzer Bedenkzeit annahm. Neben seinen umfangreichen Lehraufgaben widmete sich Fischer dort vor allem der Erforschung der Kohlenhydrate, genauer den Sacchariden. Ihm gelang die künstliche Synthese vieler Zucker, wobei das Phenylhydrazin sehr hilfreich war. Als Schlüsselsubstanz erkannte Fischer das vielseitige Glyzerin, das unter anderem von Alfred Nobel auch zur Herstellung von Dynamit verwendet wurde. In Würzburg entschloss sich Fischer nach langem Zögern zur Ehe mit einer jungen Frau, die er schon in Erlangen kennen gelernt hatte. In einem Brief an seinen ehemaligen Chef Adolf von Baeyer schrieb er dazu: »Ich war fest entschlossen, meinen Lebensweg allein zu wandern, und nun bin ich seit einigen Tagen Bräutigam von Frau Agnes Gerlach aus Erlangen. Die Geschichte ist alt, wurde aber rauh durch meine Krankheit unterbrochen. Das Mädchen hat aber nicht nachgelassen. Ein Zufall führte uns zusammen, und alle meine Prinzipien zerflogen wie Spreu vor dem Winde. Nun ... habe ich die feste Überzeugung, das Spiel gewonnen zu haben; denn das schöne, bescheidene und sanfte Mädchen wird dem launigen, eigenwilligen Gesellen die liebende, aufopfernde Gattin werden.« Aus der Ehe gingen drei Söhne hervor. Zwei wurden noch in Würzburg geboren, der dritte in Berlin. Fischer hatte nämlich 1892 von der dortigen Universität einen Ruf erhalten, den er allerdings erst nach längerem Zögern annahm, weil er sich in Würzburg sehr wohl fühlte.

In Berlin wartete sehr viel Arbeit auf Fischer, denn neben seiner umfangreichen Lehr-, Gutachter- und Forschungstätigkeit musste er intensiv an der Planung des Neubaus des chemischen Instituts mitwirken, dessen Fertigstellung und Inbetriebnahme sich bis 1900 hinzog. Die Verwaltungsaufgaben als Institutsdirektor und die akademischen Verpflichtungen als Ordinarius nahmen ebenfalls viel von seiner Zeit in Anspruch. Hinzu kamen bald noch starke private Belastungen durch eine schwere Erkrankung seiner Frau im Jahre 1895. Sie hatte sich eine Mittelohrentzündung zugezogen, die zu einer Gehirnhautentzündung führte, an der sie schließlich starb. Der tief erschütterte Witwer stand plötzlich mit drei noch kleinen Kindern allein da. Glücklicherweise fand Fischer bald eine tüchtige Haushälterin, die auch seine Söhne gut versorgte und erzog. Eine neue Ehe ging Fischer aber nicht mehr ein, sondern vergrub sich in seiner Arbeit. Insbesondere nachdem das neue Institut in Betrieb gegangen war, bestanden hervorragende Forschungsmöglichkeiten, die Fischer intensiv nutzte. Er wandte sich vor allem den Eiweißen (Proteinen) und ihren Bausteinen, den Aminosäuren, zu. Fischer arbeitete aber auch weiterhin mit Phenylhydrazin, dessen Giftigkeit er lange unterschätzte, weil er meinte, es hätte nur eine hautreizende Wirkung. Erst nachdem er mehrfach schwere Darmkoliken und Durchfälle erlitten hatte, wurde ihm die Gefahr voll bewusst. Über die Vergiftungssymptome berichtete er 1901 in einem Brief an den Toxikologen Louis Lewin: »... Viel schlimmer war bei mir die Wirkung auf Magen und Darm ... Auch hier stellte sich die Empfindlichkeit erst ein, als ich im Laufe der Arbeiten über Zucker 1 1/2 bis 2 Jahre fast täglich mit der Base zu thun hatte. Sie steigerte sich dann aber auch so sehr, daß schließlich ein halbstündiger Aufenthalt in einem Raum, wo überhaupt mit Phenylhydrazin gearbeitet wurde, schon ein Gefühl der Uebelkeit und hinterher Durchfall erzeugte. Thatsächlich war ich 5 Jahre halbkrank und bin den Zustand erst losgeworden, seit ich das Phenylhydrazin ganz aus meinem Privatlaboratorium verbannt hatte. Heute nach 4jähriger Pause kann ich es wieder leidlich vertragen.«

Die höchste Anerkennung seiner wissenschaftlichen Leistungen wurde Fischer 1902 zuteil, als ihm der Chemie-Nobelpreis für seine synthetischen Arbeiten auf dem Gebiet der Zucker und der Purine verliehen wurde. Aber auch danach forschte er voller Energie weiter und entwickelte verschiedene Syntheseverfahren, mit denen in seiner Arbeitsgruppe über 100 Polypeptide hergestellt wurden. Fischer erwarb sich damit den ehrenvollen Beinamen »Vater der Peptidchemie«. Unter seiner Führung erreichte das Berliner Chemieinstitut als Forschungsstätte Weltgeltung. Vier von Fischers Mitarbeitern wurden später ebenfalls mit dem Nobelpreis ausgezeichnet. Fischer förderte auch neu entstehende Forschungsrichtungen, wie z. B. die Radiochemie. 1906 ermöglichte er Otto Hahn die Einrichtung eines Labors für dieses noch junge Forschungsgebiet. Von Wissenschaftlerinnen hielt Fischer allerdings wenig. Deshalb reagierte er recht unfreundlich, als die Physikerin Lise Meitner in Hahns neuem Labor mitarbeiten wollte. Fischer gab schließlich zwar seine Erlaubnis, untersagte aber Frau Meitner den Zugang zu allen anderen Räumen seines Instituts. Erst als 1908 in Preußen auch die Frauen das Recht erhielten an einer Universität zu studieren, hob Fischer das diskriminierende Zugangsverbot auf. Dank seiner Berühmtheit durch die Verleihung des Nobelpreises hatte Fischer auch großen Einfluss auf die Forschungspolitik. Er war unter anderem maßgeblich am Aufbau des Kaiser-Wilhelm-Instituts für Chemie beteiligt, das 1912 in Berlin eingeweiht wurde. Es trägt heute den Namen Max-Planck-Institut für Chemie.

Mit Beginn des 1. Weltkriegs arbeitete Fischer vor allem an kriegswichtigen Projekten, wie z. B. der großindustriellen Erzeugung von Nitraten und Salpetersäure, durch die sichergestellt wurde, dass ausreichende Mengen von Explosivstoffen hergestellt werden konnten. Gegen Ende des Krieges trafen Fischer zwei schwere Schicksalsschläge, von denen er sich nicht wieder vollständig erholte: 1916 beging einer seiner Söhne infolge einer schweren Depression Selbstmord. Ein Jahr später starb ein weiterer Sohn an einer Fleckfieberinfektion, die er sich bei seiner ärztlichen Tätigkeit in einem Lazarett zugezogen hatte. Nur sein ältester Sohn Hermann überlebte den Weltkrieg und wurde wie der Vater ein erfolgreicher Chemieprofessor. Im Sommer 1917 verschlechterte sich Fischers Gesundheitszustand erheblich. Er litt wieder unter heftigen Darmbeschwerden. Im Winter kamen Gallenkrämpfe und eine Lungenentzündung dazu. Fischer absolvierte längere Kuraufenthalte, die ihm soweit Besserung brachten, dass er im Wintersemester 1918/19 seine Arbeit wieder aufnehmen konnte. Im darauf folgenden Sommer stellten sich erneut starke Bauchschmerzen ein. Die Ärzte stellten nach intensiven Untersuchungen fest, dass bei Fischer Darmkrebs in einem weit fortgeschrittenen Stadium vorlag. Da Phenylhydrazin heute nicht nur als blutschädigend, sondern auch als krebserregend eingestuft wird, kann man davon ausgehen, dass es für die Tumorentstehung bei Fischer zumindest mitverantwortlich war (weitere Einzelheiten im Abschnitt »*Darmkrebs*«).

Nach dieser niederschmetternden Diagnose beschloss Fischer Selbstmord zu begehen. Am Vormittag des 15. Juli 1919 diktierte er einem Notar über mehrere Stunden sein sehr ausführliches Testament und setzte dann im weiteren Verlauf des Tages seinem Leben durch Blausäure ein Ende. Einen großen Teil seines Vermögens vermachte er der Preußischen Akademie der Wissenschaften für die Gründung einer »Emil-Fischer-Stiftung« zur Förderung von Nachwuchswissenschaftlern. Drei Tage nach seinem Selbstmord wurde Fischer auf dem Friedhof in Berlin-Wannsee beerdigt. Der Künstler Fritz Klimsch erhielt den Auftrag »ein einfaches aber würdiges Denkmal zu entwerfen«, das allerdings erst 1921 nahe dem Chemischen Institut aufgestellt werden konnte. Es fiel im 2. Weltkrieg den Bombenangriffen zum Opfer. Nach dem Krieg wurden zwei Nachbildungen aus Bronze geschaffen und an verschiedenen Orten in Berlin aufgestellt. Die Universität Erlangen hat ein »Emil-Fischer-Zentrum« errichtet, in dem mehrere naturwissenschaftliche Institute untergebracht sind. Einige Städte (auch Fischers Geburtsstadt Euskirchen) haben Schulen oder Straßen nach diesem großen deutschen Forscher benannt.

Magenentzündung

Der Ausdruck Magenentzündung ist recht allgemein. Meist ist nur die innere Schicht der Magenwand, die aus Schleimhaut besteht, von einer Entzündung betroffen. Der medizinische Fachausdruck dafür ist Gastritis. Er leitet sich ab vom griechischen Wort *gaster* = Magen.

Nach dem Verlauf unterscheidet man eine akute Gastritis mit starken, aber nur kurz dauernden Krankheitserscheinungen und eine chronische Gastritis, die meist relativ wenige Symptome verursacht, aber sehr lange anhalten kann. Wenn die akute Form nicht schnell zur Abheilung gebracht wird, geht sie nicht selten in eine chronische Form über.

Krankheitserscheinungen

Typische Anzeichen für eine akute Gastritis sind plötzlich auftretende Schmerzen im Oberbauch, die sich meist noch verstärken, wenn man in diesem Bereich Druck ausübt. Oft treten zusätzlich Aufstoßen, Völlegefühl und Appetitlosigkeit sowie Übelkeit und Erbrechen auf. Eine chronische Gastritis macht häufig nur geringe Beschwerden, sodass die Erkrankung leicht übersehen wird. Wenn sie lange dauert, kann sie aber zu schwerwiegenden Komplikationen wie Magengeschwür, Magenblutungen und selten sogar zu Magenkrebs führen.

Häufigkeit und Ursachen

Von einer akuten Gastritis wird wohl fast jeder Mensch im Laufe seines Lebens mindestens einmal betroffen, z. B. durch den Konsum von verdorbenen Lebensmitteln oder von zu viel Alkohol, Kaffee und Zigaretten. Auch starke körperliche und seelische Belastungen können eine akute Gastritis auslösen.

Eine chronische Gastritis wird in ca. 85 % der Fälle von dem Bakterium *Helicobacter pylori* ausgelöst. Dieser gegen die Magensäure resistente Keim ist in Deutschland bei etwa einem Drittel der Bevölkerung vorhanden, in Ländern mit niedrigeren hygienischen Standards kommt er sogar noch häufiger vor. Aus noch weitgehend unbekannten Gründen ist die Infektion mit *Helicobacter pylori* aber nur für relativ wenige Betroffene wirklich gefährlich.

Behandlung

Bei einer leichten Form der akuten Gastritis genügt oft schon eine mehrtägige magenschonende Diät. Bei schwereren Formen können zusätzlich noch Medikamente eingesetzt werden, die hemmend auf die Magensäure einwirken und krampfartige Schmerzen vermindern. Die chronische Gastritis wird hauptsächlich mit Säurehemmern behandelt. Beim Vorliegen einer Infektion steht eine intensive Antibiotikabehandlung im Vordergrund, um das Bakterium *Helicobacter* auszurotten.

Bronchitis

Das Wort Bronchitis leitet sich von dem griechischen Wort *brónche* = Kehle ab. Als Bronchitis bezeichnet man die Entzündung der Schleimhaut, die den Bronchialbaum auskleidet. Er beginnt hinter der Luftröhre (Trachea), verzweigt sich immer stärker und mündet mit seinen kleinsten Ausläufern (Bronchioli) in den Lungenbläschen (Alveolen), wo der Gasaustausch stattfindet. Grundsätzlich wird nach der Dauer der Krankheitserscheinungen eine akute und eine chronische Bronchitis unterschieden.

Krankheitserscheinungen und Ursachen

Akute Bronchitis

Das Hauptsymptom ist ein mehr oder minder heftiger Husten, der anfangs oft noch »trocken« ist, weil die Bronchialschleimhaut zwar entzündlich gereizt und geschwollen ist, aber noch keine verstärkte Schleimsekretion eingesetzt hat. Ein »produktiver« Husten mit »Auswurf« (Sputum) ist ein Anzeichen für eine weiter fortgeschrittene Entzündung. Solange der Schleim klar bis graufarben bleibt, spricht man von einer katarrhalischen Bronchitis, die zu etwa 90 % von Viren verursacht wird. Aber auch Reizstoffe können sie auslösen. Ist der Schleim gelbgrün verfärbt, liegt eine schleimig-eitrige Bronchitis vor, die meist durch eine zusätzliche bakterielle Besiedlung entsteht. Infolge einer Überempfindlichkeit kommt es manchmal auch zur Verkrampfung der Bronchialmuskulatur. Man spricht dann von einer spastischen Bronchitis. Eine akute Bronchitis heilt meist in wenigen Wochen aus. Sie kann aber auch in eine chronische Bronchitis oder eine Lungenentzündung (Bronchopneumonie) übergehen.

Chronische Bronchitis

Die Weltgesundheitsorganisation gibt dafür die folgende Definition: »Husten und Auswurf an den meisten Tagen während mindestens drei Monaten in zwei aufeinanderfolgenden Jahren.« Die häufigste Ursache dafür ist das Inhalieren von Tabakrauch. Aber auch Luftverschmutzung, neblig-kaltes Klima und berufliche Belastung mit Stäuben und Reizgasen können ursächlich sein. Häufige Atemwegsinfekte führen ebenfalls nicht selten zu einer chronischen Bronchitis. Durch die lang andauernden Schädigungen kommt es fortschreitend zu Veränderungen in den Wänden der Bronchien, wodurch zunehmend Atemnot entsteht. Als Endzustand kann daraus eine chronisch obstruktive Lungenerkrankung (gebräuchliche englische Abkürzung COPD) entstehen, die zu dauerhafter Atemnot und starker Verminderung der Leistungsfähigkeit führt.

Häufigkeit

Eine akute Bronchitis wird sehr häufig diagnostiziert, obwohl sie oft nicht eindeutig von einem akuten Infekt der oberen Atemwege (Nasen-Rachenraum, Nebenhöhlen, Kehlkopf, Luftröhre) unterschieden werden kann. Auch die chronische Bronchitis ist nicht selten. Von den über 40-jährigen Rauchern ist sogar etwa jeder Zweite betroffen, aber bei Nichtrauchern kommt sie ebenfalls relativ häufig vor.

Behandlung

Eine akute Bronchitis heilt oft auch ohne Behandlung aus. Der Heilungsvorgang kann durch Inhalationen und reichliche Flüssigkeitszufuhr beschleunigt werden. Bei langer Dauer und starken Symptomen ist der Einsatz von schleimlösenden und hustenstillenden Mitteln hilfreich. Ein Antibiotikaeinsatz ist nur sinnvoll, wenn Anzeichen für eine bakterielle Infektion vorliegen. Bei einer chronischen Bronchitis sollte immer ein Arzt eingeschaltet werden, weil eine intensive Therapie nötig ist, um dauerhafte Schäden an Bronchien und Lungengewebe zu verhindern.

Darmkrebs

Wenn von Darmkrebs gesprochen wird, versteht man im Allgemeinen darunter bösartige Tumoren des Dickdarms, denn Krebserkrankungen des Dünndarms sind selten. Da der Darmkrebs meist in den Dickdarmabschnitten Grimmdarm (Kolon) und Mastdarm (Rektum) entsteht, unterscheidet man Kolonkarzinome und Rektumkarzinome. Wegen ihrer Ähnlichkeit werden sie aber auch nicht selten als kolorektales Karzinom zusammengefasst.

Krankheitserscheinungen

Der Darmkrebs entwickelt sich meist sehr langsam und macht lange keine spezifischen Beschwerden. Im fortgeschrittenen Stadium kommt es oft zu schmerzhaften Blähungen und Darmkrämpfen sowie zu Durchfällen, aber auch Verstopfungen. Außerdem entstehen im Tumorbereich häufig Blutungen, die bei größerem Umfang den

Stuhlgang schwarz färben können. Bei längerem Andauern dieser Blutungen kann es zur Blutarmut (Anämie) kommen, die zu Müdigkeit und verminderter körperlicher Leistungsfähigkeit führt. Im fortgeschrittenen Stadium der Krankheit magern die Patienten oft stark ab.

Häufigkeit

Der Darmkrebs ist in Deutschland sowohl bei Frauen als auch bei Männern die zweithäufigste Krebsform. In den letzten Jahrzehnten ist eine deutliche Zunahme der Erkrankung beobachtet worden. Derzeit kommt es jährlich zu mehr als 65 000 Neuerkrankungen. Man rechnet damit, dass etwa 6 % der Bevölkerung im Laufe des Lebens an Darmkrebs erkranken und ca. 3 % daran versterben. Hinsichtlich des Erkrankungsrisikos besteht eine deutliche Altersabhängigkeit, denn 90 % der Tumoren treten erst nach dem 50. Lebensjahr auf.

Entstehung

Darmkrebs entsteht in den allermeisten Fällen aus zunächst gutartigen Wucherungen der Dickdarmschleimhaut, die Polypen oder Adenome genannt werden. Sie wachsen üblicherweise nur langsam und die Gefahr, dass daraus ein Karzinom entsteht, ist erst gegeben, wenn ihr Durchmesser etwa einen Zentimeter erreicht hat. Ca. 95 % der Darmkrebsfälle entstehen sporadisch, das heißt es liegt keine erbliche Grundlage vor. Bei etwa 5 % der Patienten sind jedoch genetische Veränderungen nachweisbar, die mit der Krebsentwicklung in Zusammenhang stehen und die auf die Nachkommen vererbt werden können.

Vorsorge

Dabei wird vor allem versucht, möglichst frühzeitig das Auftreten von Polypen zu erkennen, die sich zu Karzinomen entwickeln könnten. Da diese Nachweisverfahren aber nicht sehr spezifisch sind, muss ein positiver Befund durch eine Darmspiegelung überprüft werden. Bei dieser Untersuchung können evtl. vorhandene Polypen gleich entfernt werden. Ab einem Alter von 55 Jahren wird die Darmspiegelung als Vorsorgemaßnahme von den Krankenkassen bezahlt.

Behandlung

Sie hängt stark von der Lokalisation und dem Entwicklungsstadium des Tumors ab. Zunächst wird fast immer versucht, das Karzinom möglichst vollständig zu entfernen, indem man den betroffenen Darmabschnitt und die zugehörigen Lymphknoten operativ entnimmt. Wenn der Tumor schon weiter fortgeschritten ist, wird die operative Behandlung meist durch Chemotherapie und/oder Bestrahlung ergänzt. Die Heilungschance, die als 5-Jahres-Überlebensrate definiert ist, liegt heute bei durchschnittlich etwa 50 %.

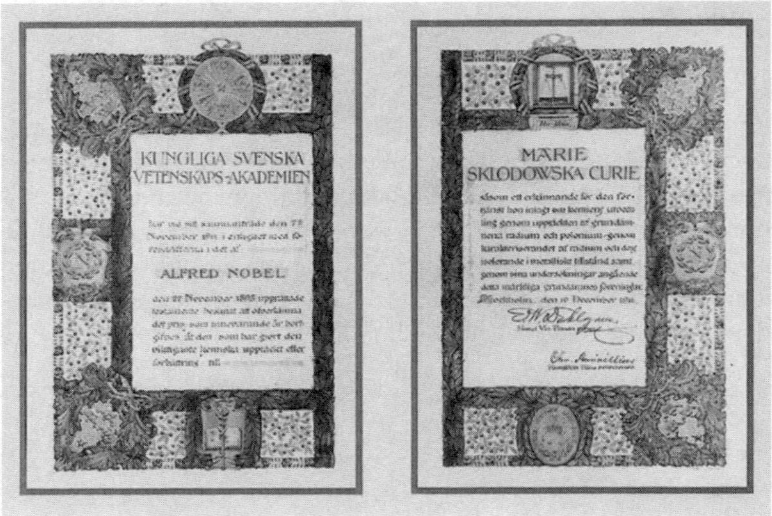

Nobelpreisurkunde von Marie Curie.
Quelle: http://commons.wikimedia.
org/ (Magnus Manske).

ausstellte, allerdings wurde nichts unterrichtet, was das polnische Nationalverständnis förderte. Es war Maria dort auch streng verboten, die Sprache ihrer Heimat zu sprechen. Im Alter von 15 Jahren schaffte Maria als Jahrgangsbeste ihren mit einer Goldmedaille ausgezeichneten Abschluss. Trotz dieses Erfolges war nicht sicher, ob sich Marias Wunsch eines Studiums erfüllen ließ, denn Frauen war der Zugang zur Universität damals noch verwehrt. Zunächst schickte sie der Vater zu einem Onkel aufs Land, wo sie sich ausruhen sollte, da die Zeit auf dem Gymnasium Maria sehr belastet hatte. In ihrer Selbstbiografie schrieb sie später: »Die Erschöpfung [fatigue] durch die Anstrengungen in jenem Entwicklungsalter zwang mich zu einer fast ein Jahr dauernden Erholung auf dem Lande.« Quinn fügt erklärend hinzu: »Auch später, als sie unter Depressionen litt, umschrieben sie selbst und andere dies als *fatigue* oder ›Erschöpfung‹« (Informationen zur Depression im Kapitel 21 über Max Weber). Vergnügliche Spiele, Schlittenfahrten und Tanzveranstaltungen hellten Marias Stimmung allmählich auf. Doch bei ihrer Heimkehr nach Warschau holten sie ihre Zukunftssorgen wieder ein: Sie musste in einer kleineren Wohnung leben und sehr sparsam sein, da der alte Vater den Privatunterricht aufgegeben hatte. Resigniert stellte Maria in dieser Zeit fest: »Das Leben ist es nicht wert, daß man sich den Kopf darüber zerbricht.«

Um ihren Lebensunterhalt bestreiten zu können, folgte sie den Konventionen und unterrichtete die Kinder einer wohlhabenden Familie als Hauslehrerin. Das widerstrebte ihr allerdings so sehr, dass sie sich in die Lektüre von Büchern flüchtete. Außerdem besuchte sie Vorträge der »Fliegenden Universität«, einer privat und im Verborgenen organisierten Bildungseinrichtung für Frauen, an der sich hochkarätige Wissenschaftler beteiligten. Bei ihrer zweiten Anstellung hatte Maria mehr Glück: Sie unterrichtete vor allem zwei Töchter einer ihr sympathischen Gutsverwalterfamilie. In ihrer freien Zeit lehrte sie einige Kinder von Bauern das Lesen und nahm damit sogar in Kauf Gesetze zu brechen. Sie selbst verzichtete oft auf ihren Nachtschlaf, um sich stattdessen autodidaktisch Wissen anzueignen und studierte sogar drei Bücher zugleich in verschiedenen Sprachen. Ihren Arbeitseifer begründete sie so: »Ich lese immer mehreres auf einmal: Die fortlaufende Beschäftigung mit ein und demselben Gegenstand könnte mein schon stark überanstrengtes Gehirn ermüden. Wenn ich mich absolut unfähig fühle, mit Nutzen zu lesen, löse ich algebraische und trigonometrische Aufgaben; die vertragen kein Nachlassen der Aufmerksamkeit und bringen mich wieder ins rechte Fahrwasser.«

Diese Anstrengungen nahm sie auf sich, um den erforderlichen Wissensstand für den Beginn eines Studiums zu erlangen. Durch ein Abkommen mit ihrer Schwester bestand für Maria zumindest die Hoffnung auf Verwirklichung ihres Wunsches: Bronia studierte in Paris, was ihr durch Marias finanzielle Zuwendungen ermöglicht wurde. Nach Abschluss des Studiums wollte Bronia im Gegenzug Maria bei der Ausbildung unterstützen. Als Maria sich in den ältesten Sohn ihres Arbeitgebers verliebte, der die Liaison der beiden aber wegen des großen Standesunterschiedes nicht akzeptierte, war sie schwer getroffen. Ihrer Schwester schrieb sie später wieder selbstsicher in einem Brief: »Oberstes Prinzip: sich nicht unterkriegen lassen, nicht von den Menschen und nicht von den Ereignissen.« Nach einiger Zeit konnte Maria bei einer anderen Familie arbeiten, war aber trotz der Tatsache, dass ihre Schwester sie wie verabredet nach Paris einlud, nicht in der Lage darüber glücklich zu sein und Zukunftspläne zu schmieden. Sie kehrte zunächst für einige Zeit zu ihrem Vater zurück nach Warschau. Dort leitete ein Cousin Marias das Museum für Industrie und Landwirtschaft, zu dem auch ein Chemielabor gehörte. Darin konnte Maria nun anhand von Büchern erstmals selbst experimentieren: »Gewöhnlich war ich dabei mir selbst überlassen … Diese ersten Versuche festigten meine Neigung zur experimentellen Forschung auf dem Gebiet der Physik und Chemie.«

Maria ließ sich dann doch überzeugen, den Plan von ihrem Studium in Paris in die Tat umzusetzen: 1891 zog sie bei Bronia und ihrem Mann ein, um sich an der Sorbonne für Physik immatrikulieren zu können. Mit diesem neuen Lebensabschnitt war auch die Änderung ihres Vornamens Maria in die französische Variante Marie verbunden. Da im Haus ihres Schwagers oft polnische Gäste zu Besuch waren, fand Marie dort ein Stück vertraute Heimat wieder. Doch schon 1892 richtete sie sich eine Dachgeschosswohnung im Quartier Latin ein, um ohne solche Ablenkungen studieren zu können. Zu lernen gab es für sie noch viel, denn sie musste ihre sprachlichen und praktischen Fertigkeiten verbessern. Außerdem hatten Maries französische Kommilitonen durch ihre schulische Ausbildung in einigen Fächern einen Wissensvorsprung, den es aufzuholen galt, damit sie den Vorlesungen so renommierter Professoren wie den Mathematikern Paul Appell und Henri Poincaré oder dem Physiker Gabriel Lippmann folgen konnte. Marie liebte das wissenschaftliche Arbeiten so sehr, dass sie sich häufig bis in die Nacht damit beschäftigte. Auch ihre Ernährung war ihr nicht wichtig genug, um auf ausgewogenes Essen und einige warme Mahlzeiten zu achten. Ihre Angewohnheiten schwächten sie einmal so sehr, dass Marie das Bewusstsein verlor und sie von Bronia, die selbst gerade Mutter geworden war, versorgt werden musste. Freizeit gönnte sie sich selten, reges Interesse zeigte sie bei wissenschaftlichen Diskussionsrunden und an den Forschungen, die Professor Lippmann ihr inzwischen übertrug. Im Sommer des folgenden Jahres stand für sie zusammen mit etwa 30 weiteren Studenten die Physik-Abschlussprüfung an, die Marie als Beste absolvierte.

Aufgrund dieser besonders guten Leistung bewilligte ihr eine polnische Stiftung ein Stipendium. Mit dem Geld mietete sie ein besseres Zimmer und verwirklichte einen weiteren Wunsch: Sie schrieb sich für ein Mathematik-Studium ein, da sie diese Wissenschaft in den bisherigen Vorlesungen begeistert hatte. An ihren Bruder schrieb sie: »Man muß daran glauben, für eine bestimmte Sache begabt zu sein, und diese Sache muß man erreichen, koste es, was es wolle.« Mit dieser Arbeitseinstellung forschte sie nicht nur, sondern erhielt schon im Sommer 1894 den Abschluss in Mathematik, wobei sie sogar das zweitbeste Ergebnis erzielte. Marie prüfte zu dieser Zeit für die Gesellschaft zur Förderung der Nationalindustrie, welche Arten von Stahl magnetische Eigenschaften besitzen. Bei ihrer Suche nach ausreichend Laborplatz dafür lernte sie ihren späteren Mann, Pierre Curie, kennen. Der 35-jährige Franzose war Dozent an der Schule für Industrielle Physik und Chemie und stand dem Labor vor, in dem Marie nun arbeiten konnte. Schnell lernten sich die beiden auch privat besser kennen: Marie nahm an der Prüfung zu Pierres Promotion, die sich ebenfalls mit magnetischen Phänomenen beschäftigte, teil und sie besuchten gemeinsam seine Familie. Pierre stieg an der Schule, an der er bereits lehrte, zum Professor auf und wiederholte seinen Heiratsantrag an Marie, die seinen ersten Antrag nicht angenommen hatte, nun aber doch in Paris bleiben wollte. Im Juli 1895 heirateten sie im Beisein von Maries Vater, zweier Schwestern und der Familie Curie. Nach der Hochzeit forschte Marie weiter an ihrem Projekt, während Pierre Untersuchungen an Kristallen begann. Um ihre Eigenständigkeit zu sichern, wollte Marie an einer höheren Mädchenschule unterrichten, was durch die Heirat möglich wurde. Im folgenden Jahr bestand sie die dafür notwendigen Prüfungen, auch dieses Mal mit dem besten Ergebnis.

Ihre Arbeiten musste sie 1897 allerdings wegen familiärer Ereignisse unterbrechen: Marie war zum ersten Mal schwanger, und ihr machte täglich starker Schwindel zu schaffen. Sie schrieb darüber: »... obwohl ich nicht schlecht aussehe, bin ich arbeitsunfähig und psychisch in schlechtem Zustand.« Hinzu kam noch die bedrückende Sorge um ihre an Brustkrebs erkrankte Schwiegermutter. Im Sommer fuhr Marie allein in die Bretagne, um sich zu erholen, während Pierre sich um seine Mutter kümmerte und weiter unterrichtete. Als er ihr schließlich nachreiste, schonten sich beide nicht: Er machte wie gewohnt mit seiner jetzt hochschwangeren Frau eine Fahrradtour. Glücklicherweise blieb dieser Ausflug ohne gesundheitliche Folgen für die Tochter Irène, die am 12. September 1897 zur Welt kam. Kurz darauf verstarb Pierres Mutter, weshalb sein Vater zu der jungen Familie zog. In diesem ereignisreichen Jahr schaffte es Marie dennoch, ihre erste Publikation zu den Stahl-Studien anzufertigen.

Kaum war diese abgeschlossen, fing sie Forschungen für ihre Doktorarbeit an: Der Physiker Wilhelm Conrad Röntgen hatte zu dieser Zeit die X-Strahlen entdeckt, die später unter seinem Namen bekannt wurden. Untersuchungen des Physikers Henri Becquerel zufolge verursachten auch Uranverbindungen Strahlung. Marie wollte diesen neuen Becquerel-Strahlen auf den Grund gehen. Bei ihren Experimenten arbeitete sie zunächst mit Pierre zusammen. Sie bauten in einem als Lager genutzten Raum eine »Ionisationskammer« zur Bestimmung der Energie auf. Mit dem Elektrometer setzten sie dabei auch eine Erfindung von Pierre und dessen Bruder Jacques ein. Anfangs interessierte sie, welche Elemente und Verbindungen Energie in Form von Strahlen abgeben. Bei ihren Messungen stellte sich heraus, dass durch Uran und Thorium Strom erzeugt wird, der proportional mit der untersuchten Menge des jeweiligen Elements zusammenhängt. 1898 fiel ihr jedoch eine Uranverbindung namens Pechblende auf, die nicht dieser Gesetzmäßigkeit entsprach, denn sie strahlte um ein Vielfaches stärker als Uran. Stärkere Strahlungsaktivität zeigte sich auch bei einer Thoriumverbindung, die kein Uran enthielt. Möglicherweise wegen der Temperaturschwankungen in ihrem Labor vergewisserte sich Marie keine Fehler gemacht zu haben und bestätigte das Ergebnis nach erneuten Messungen. Seine Bedeutung erklärte sie so: »Ich habe damals die Hypothese aufgestellt, daß die Minerale des Thoriums und Urans in geringer Menge eine Substanz enthalten, die wesentlich stärker radioaktiv sein mußte als Thorium oder Uran. Dabei konnte es sich um keines der bisher bekannten Elemente handeln, denn alle waren bereits untersucht, es mußte also ein neues chemisches Element sein.« Pierre Curie entschloss sich nach seiner erfolglosen Bewerbung um einen Lehrstuhl an der Sorbonne, seine Frau bei ihren weiteren Experimenten zu unterstützen.

Den ersten Bericht über die beobachtete Strahlung stellte Professor Lippmann, der Mitglied in der Akademie der Wissenschaften war, dort vor. Die anschließende chemische Isolation des unbekannten Elements war langwierig und schwierig. Bis zum zweiten Bericht im Juli war dem Ehepaar Curie die Isolierung noch nicht geglückt, die gewonnene Substanz war jedoch sehr viel aktiver als Uran. Sie nahmen an, dass das unbekannte Metall ähnliche Eigenschaften wie Bismut besitzt, und schlugen den Namen Polonium vor. Im Titel verwendete Marie den neuen Ausdruck radioaktiv. Maries bisherige Berichte und die Forschungen über Stahl waren Grund genug für die Akademie sie mit einem Preis auszuzeichnen, was sie allerdings von ihrem Ehemann erfahren sollte. Doch der nach den chemischen Abtrennungen verbliebene Rest gab weiter radioaktive Strahlung ab, weshalb sie mit der Suche nach einem zweiten radioaktiven Element begannen. Bei der dem Barium ähnlichen Verbindung gelang ihnen die Isolierung so weit, dass die Stärke der Strahlung eindeutige spektroskopische Signale ergab, wie ein hinzugezogener Spezialist ihnen versicherte. Da diese Daten mit keinem bekannten Element übereinstimmten, waren sie sich sicher, dass sie ein weiteres neues Element nachgewiesen hatten. Sie nannten es Radium und wollten es in nächster Zeit vollständig isolieren.

Die österreichische Regierung stimmte zu, dass Marie mehrere Tonnen Pechblende nutzen konnte, die als Abfallprodukt der Urangewinnung zur verbesserten Glasur von Keramik übrig blieb. Um aus diesen Mengen ausreichend Radium zu erhalten, musste das Ehepaar notgedrungen in einen großen Schuppen umziehen, wobei sie einige Widrigkeiten und Sicherheitsmängel in Kauf nahmen. Marie beschrieb den Arbeitsraum als »eine Bretterbaracke mit asphaltiertem Boden und einem Glasdach, das nur mangelhaft vor dem Regen schützte, ohne jegliche Einrichtung ... Es gab keine Abzugsrohre für die Versuche, bei denen schädliche Gase frei wurden.« Bei schönem

Wetter konnte Marie gefährliche Trennungsschritte draußen durchführen, ansonsten mussten offene Fenster als Abzug genügen. Ihre zweite Tochter Ève, die eine Biografie über ihre Mutter verfasste, erinnert sich, dass sie Gerätschaften mit Hilfe von Markierungen so auf den Arbeitstischen platzierte, dass diese nicht von Regentropfen getroffen wurden. Von dem großen gesundheitsschädigenden Potential der neuen und weitgehend unerforschten Elemente ahnte das Ehepaar Curie, das im selben Raum auch unbekümmert Mahlzeiten vorbereitete, nichts – ebenso wenig wie andere Wissenschaftler ihrer Zeit. Das fluoreszierende Leuchten, das von dem Radium ausging, faszinierte sie eher, als dass es sie vorsichtiger handeln ließ.

Über Maries Fortschritte bei der Isolierung sowie die von Pierre aufgestellten Theorien zu den physikalischen Eigenschaften der Strahlung und ihre Erkenntnisse zu »induzierter« Radioaktivität wurde die Akademie ständig unterrichtet. Außerdem erfuhr die Physikalische Gesellschaft durch Pierre Curie von dem Stand ihrer Forschungen. Anlässlich der Weltausstellung im Jahr 1900 trafen sich in Paris international renommierte Physiker zu einem Kongress. Dabei war Radioaktivität das Thema, das sie mit sehr großem Interesse verfolgten. Daher erhielt das Forscherehepaar dort die Möglichkeit, seine Pionierarbeit auf diesem Gebiet darzustellen. Zur Erklärung der Entstehung atomarer Strahlung entwickelte Pierre und später auch Marie verschiedene Hypothesen. Der Physiker Ernest Rutherford kam ihnen jedoch mit seinem bald allgemein anerkannten Atommodell zuvor, wonach die Energie durch eine Umwandlung des Atoms entsteht. Nach vier Jahren beharrlicher und körperlich schwerer Arbeit zahlte sich Maries Einsatz beim Nachweis von Radium aus: Im Sommer 1902 hatte sie ein Dezigramm davon gewonnen und konnte auch das Atomgewicht genau bestimmen. Nach diesem Erfolg widmete sie sich wieder ihrer Doktorarbeit, die sie 1903 mit Auszeichnung beendete.

Trotz ihres zunehmenden wissenschaftlichen Renommees genügte ihr Gehalt nur für eine eher bescheidene Lebensführung, obwohl Pierre auch am Polytechnikum als Assistent dozierte. Marie unterrichtete ebenfalls neben ihrer Labortätigkeit: Als erste Dozentin gab sie angehenden Lehrerinnen Physikstunden an einer weiterführenden Mädchenschule in Sèvres. Eine Berufung an den Lehrstuhl für Physik der Universität Genf, die auch seine Frau beschäftigen wollte, hatte Pierre Curie zuerst angenommen, um sie schließlich doch zugunsten der Arbeiten am Radium aufzugeben. Daraufhin bemühte man sich um eine Dozentenstelle für Pierre in einem Vorbereitungskurs an der Sorbonne, seine Bewerbung auf den Lehrstuhl für Mineralogie wurde 1902 jedoch nicht befürwortet. Auch bei der Akademie der Wissenschaften konnte er, der bisher nicht im hoch angesehenen Wissenschaftsnetzwerk etabliert war, nicht genug Unterstützung einwerben, um als Mitglied aufgenommen zu werden. Trotzdem erregten die Arbeiten der Curies von da an immer mehr Aufmerksamkeit.

Doch schon ein Jahr später ermahnte sie der junge Physiker Sagnac in einem ausführlichen Brief sehr deutlich, weil er sich nach einer Tagung besonders um Maries Gesundheit sorgte: »Sie essen beide kaum etwas ... Bitte, denken Sie ein bißchen nach. Glauben Sie nicht auch, daß selbst eine robuste Natur bei einer derart unzulänglichen Ernährung leiden müßte.« Er riet ihnen, auf geregelte Mahlzeiten zu achten und appellierte außerdem: »Sie müssen dem Körper erlauben, Luft zu holen.« Sein Eindruck täuschte ihn nicht, denn auch Marie berichtet von Pierres Müdigkeit, als deren Ursache sie die Doppelbelastung durch Forschung und durch die Dozentenstellen vermutete. Sie erklärte damit sogar die Schmerzen, an denen er litt. Damals könnten bei ihm erste Symptome der Strahlenkrankheit aufgetreten sein (Informationen im Abschnitt »*Strahlenkrankheit*«). Beide Wissenschaftler kamen bei der Laborarbeit mit hoher Radioaktivität in Kontakt, Pierre hatte 1901 außerdem eine Publikation über deren gesundheitliche Folgen überprüft: Dazu ließ er mehrere Stunden radioaktives Barium auf seinem Arm liegen, nur eine dünne Hülle diente als Schutz. Es kam zu einer kaum schmerzenden Rötung der exponierten Haut, die nach mehreren Tagen verkrustete. Dort entstand nach weiteren Tagen eine tiefe Wunde, die allmählich verheilte. Doch auch ohne Pierres absichtlich eingegangenes Risiko erlebten die Curies die durchdringende Wirkung der Strahlen, nachdem Marie radioaktives Material in einem versiegelten Glasröhrchen herumgetragen hatte, das sich außerdem noch in einer Metallschachtel befand. Die Folge war eine lang dauernde und zudem schmerzende Entzündung der Fingerspitzen. Im Sommer 1903 plagten Marie doch schwere Zweifel, ob sie sich nicht zu viel zugemutet hatte, denn sie war im fünften Monat schwanger gewesen, als sie eine Fehlgeburt erlitt (siehe Kapitel 1 über Isaac Newton). Sie brauchte mehrere Monate, um sich von diesem Schicksalsschlag zu erholen. Als sie im November einen Arzt zu Rate zog, diagnostizierte er eine Anämie. Blutarmut kann vielfältige

Ursachen haben, die Erkrankung kann jedoch bei Marie auch durch die Radioaktivität, der sie ausgesetzt war, hervorgerufen worden sein.

Aber es gab zur selben Zeit auch Anlass zur Freude: Die Royal Society honorierte die Forschungen der Curies mit der Davy-Medaille. Diese große Ehre wurde aber schon im folgenden Monat übertroffen: Ihnen wurde zusammen mit Henri Becquerel für »ihre gemeinsamen Forschungen über die Strahlungsphänomene« der Nobelpreis für Physik verliehen. Marie, die als erste Frau diese Auszeichnung erhielt, war noch zu krank, um den Preis in Stockholm entgegenzunehmen. Aber auch Pierre fuhr nicht zur Preisverleihung, sondern vertröstete das Komitee, den obligatorischen Vortrag später zu halten und begründete dies etwas ungeschickt auch mit Lehrverpflichtungen. Der anschließend über die beiden hereinbrechende Presserummel, der auch ihr Privatleben einbezog, erschwerte ihre dringend nötige Erholung erheblich. Zudem interessierten sich die Journalisten für Pierres Idee, radioaktive Strahlung zur Bekämpfung von Krebs zu nutzen. Diese Therapie kommt bei bestimmten Krebsarten heute noch zum Einsatz. Seine Bekanntheit öffnete Pierre nun sogar die Türen der Akademie der Wissenschaften, die ihn als Mitglied aufnahm. Auch die Sorbonne wurde allmählich aktiv und bot Pierre einen für ihn neu eingerichteten Lehrstuhl für allgemeine Physik an. Nachdem Pierre ablehnte, entsprach man seinem Wunsch nach einem Labor und stellte außerdem auch Marie in verantwortungsvoller Position ein. Zwar hatten sich damit die Arbeitsbedingungen sehr verbessert, Pierre behinderten aber immer häufiger große Schmerzen in Händen, Beinen und im Rücken verbunden mit dauernder Müdigkeit. Ärzte sahen damals noch nicht die Strahlung als Ursache, sondern gingen von Rheumatismus oder Neurasthenie aus (Informationen zu diesen Erkrankungen finden sich im Kapitel 10 über Dorothy Hodgkin bzw. im Kapitel 3 über Charles Darwin).

Da sie im Dezember 1904 ihre zweite Tochter Ève Denise gesund zur Welt bringen wollte, musste sich auch Marie schonen. Beide Wissenschaftler fanden mit der Zeit wieder neue Schaffenskraft. Aber schon im Frühjahr 1906 traf Marie ein weiterer harter Schicksalsschlag: Nach einem Zusammenstoß mit einem Pferdefuhrwerk verstarb ihr Ehemann. Sie begann wenige Tage nach dem schrecklichen Ereignis, ihre Gefühle und Gedanken an Pierre ein Jahr lang einem Trauertagebuch anzuvertrauen. An sich selbst zweifelnd erzählte sie Pierre darin auch, dass sie seine Lehrverpflichtungen an der Sorbonne und das Labor übernehmen sollte. Dort lehrte sie dann zwar als erste Frau, offiziell wurde ihr der Lehrstuhl jedoch erst 1908 anvertraut. Anlässlich ihrer ersten Vorlesung klagte sie: »Gestern habe ich die erste Stunde an Pierres Statt unterrichtet. Welcher Kummer und welche Verzweiflung! ... Ich kann nicht mehr daran denken, für mich selbst zu leben, ich habe weder den Wunsch danach noch die Fähigkeit dazu, ich fühle mich überhaupt nicht mehr lebendig und auch nicht mehr jung, ich weiß nicht mehr, was Freude ist oder wenigstens Vergnügen. Morgen werde ich 39 ...« Einer ihrer Studentinnen gesteht sie: »Niemand besucht mich, und ich besuche niemanden ... Ich habe vollkommen verlernt zu plaudern, mich ohne einen bestimmten Zweck damit zu verfolgen zu unterhalten.« Selbst ein Jahr nach Pierres Tod war die Trauer noch so präsent, dass sie für ihre familiären und beruflichen Pflichten lebte, sich jedoch wünschte zu entschlafen. Pierres Bruder sorgte sich und appellierte an sie »wieder lebendig« zu werden. Ein besonderes Anliegen zu dieser Zeit war die Erziehung ihrer Töchter. Da Marie fand, in herkömmlichen Schulen werde zu wenig naturwissenschaftlicher Unterricht erteilt und zu wenig auf ausreichende Bewegung geachtet, unterrichtete sie gemeinsam mit befreundeten Wissenschaftlern ihre und auch deren Kinder in einigen Fächern selbst. Wie schon ihre Mutter war auch Irène begeistert von Mathematik. Ève hingegen war musisch besonders begabt und wurde darin auch gefördert. Pierres Vater war eine wichtige Bezugsperson, der sich liebevoll um seine Enkel kümmerte und ihnen über ihre Trauer hinweghelfen wollte. Vor allem Ève litt aber darunter, dass ihre Mutter so unzugänglich war.

1910 war die nach wie vor schwer trauernde Marie nach dem Tod des Großvaters ganz auf sich gestellt, doch fand sie kurz darauf unverhofft neues Glück. Aus anfänglicher Sympathie füreinander entwickelte sich eine Affäre mit dem verheirateten Physiker Paul Langevin, der eine äußerst unglückliche Ehe führte. Als Langevins Frau dies entdeckte, rächte sie sich mit Morddrohungen gegen Marie. Trotz der nervlichen Belastung, die man ihr anmerkte, definierte Marie während einer Konferenz mit internationalen Kollegen die Maßeinheit Curie und wurde damit betraut, einen internationalen Standard zum Vergleich der Radioaktivität für Radium herzustellen. Ermutigt durch ihre Erfolge nahm sie nun auch die Herausforderung an, für die Akademie der Wissenschaften zu kandidieren, unterlag aber 1911 knapp einem Mitbewerber. Im selben Jahr erschien unter dem Titel *»Die*

Radioaktivität« ihre umfangreiche Publikation, die den Wissensstand der neuen Forschung wiedergibt. Doch privat hatte Maries Beziehung mit Langevin ein bitteres Nachspiel: Langevins Frau gab einem Journalisten gestohlene Briefe der beiden, der diese als Grundlage für eine sensationelle Skandalgeschichte benutzte. Trotz Gegendarstellungen entstand bald ein mächtiger Presserummel. Marie musste Anwälte bemühen, um der falschen Darstellung einigermaßen Einhalt zu gebieten und ihren Ruf nicht noch mehr schädigen zu lassen. Durch eine bevorstehende Gerichtsverhandlung und die Veröffentlichung einiger Passagen aus den Briefen wurde immer mehr Privates bekannt. Marie galt in der Berichterstattung als diejenige, die eine französische Familie zerstört hatte und so floh sie mit den Kindern sogar zu Freunden, als ihr Haus von Menschen belagert wurde, die sie als »Gattendiebin« beschimpften. Die Lage spitzte sich so weit zu, dass sich Langevin sogar duellierte. Für seine Eheprobleme fand er zu einer friedlichen, außergerichtlichen Lösung.

Währenddessen ging die Nachricht über Maries herausragende Ehrung fast unter: Zum ersten Mal in der Geschichte erhielt sie einen zweiten Nobelpreis. Die Auszeichnung in Chemie würdigte diesmal sie allein für die Entdeckung der radioaktiven Elemente Polonium und Radium. Marie hielt trotz der gravierenden Probleme den Nobel-Vortrag in Schweden. Sie musste aber noch vor Jahresende wegen einer Nierenbeckenentzündung ins Krankenhaus. Eine Operation war erforderlich und Marie war durch Schmerzen und einige Rückfälle so nachhaltig beeinträchtigt, dass sie begann ihren Nachlass zu regeln. Ève reagierte während dieser Zeit kränkelnd, die jugendliche Irène wurde hingegen selbstbewusster und reifer. Bald ergab sich für Irène die Gelegenheit ihre Stärke zu zeigen: Ihre Mutter wollte kurz nach Ausbruch des 1. Weltkrieges verwundeten Soldaten helfen. Dank ihres Fachwissens und unterstützt unter anderem durch das Rote Kreuz bildete Marie nicht nur Kollegen und Freiwillige radiologisch aus, sondern ließ radiologische Stationen und außerdem noch einige mobile Röntgenstationen in Autos einrichten, um dann selbst verwundete Soldaten direkt an der Front zu versorgen. Irène beteiligte sich ebenfalls tatkräftig bei diesem Vorhaben und schloss trotzdem sehr erfolgreich ihr Mathematik- und Physikstudium ab.

Während des Krieges richtete Marie ihr Labor im neu geschaffenen Radium-Institut in Paris ein, in dem auch ihre Tochter arbeiten sollte. Bereits seit 1914 stand Marie der Abteilung vor, die sich mit der Erforschung radioaktiver Substanzen befasste, während die Abteilung von Claudius Regaud die medizinische Nutzung untersuchte. Seine Arbeit wurde von der 1920 ins Leben gerufenen »Curie-Stiftung« gefördert. Anlässlich eines Interviewtermins lernte Marie Curie im Mai 1920 Marie Meloney kennen. Die amerikanische Journalistin war Herausgeberin bedeutender Zeitschriften. Sie schrieb im Anschluss an die Begegnung über Marie Curie, verlieh ihrer Faszination für die Chemikerin Ausdruck und machte deren Werdegang in Amerika bekannt. Damit begnügte sich Meloney aber nicht, sondern sie startete sogar eine Spendenaktion, damit Curie ein weiteres Gramm Radium erhalten konnte. Im folgenden Jahr organisierte Meloney für Marie und ihre Töchter eine Amerikareise. Innerhalb von sieben Wochen hielt Marie etliche Vorträge, besuchte Labore und nahm zahlreiche Auszeichnungen an. Die vielleicht wertvollste Ehrerbietung erhielt Marie während eines Festaktes im Weißen Haus, als Präsident Harding ihr symbolisch das Radium übergab. Doch obwohl Marie viele Termine wahrnahm, mussten auch ihre beiden Töchter einspringen, vor allem weil ihre Mutter durch die Anämie geschwächt war und an Schwindel und Kreislaufproblemen litt. Als Ursache hatte Marie inzwischen den Umgang mit radioaktiven Substanzen speziell in den Kriegsjahren erkannt. Außerdem berichtete sie ihrer Schwester Bronia von Augen- und Ohrenbeschwerden. Wie sich herausstellte, war für die mangelhafte Sehschärfe der Graue Star verantwortlich. Deswegen musste Marie in den kommenden Jahren mehrmals operiert werden, was sie aber geheimhielt. Auch bei der Laborarbeit versuchte sie mit Kennzeichnungen, ihrer Vorstellungskraft und gezielten Fragen unauffällig ihre visuelle Einschränkung auszugleichen. In einem Brief an Bronia gesteht sie 1927 nachdenklich: »Manchmal geht mir der Mut aus, und ich sage mir, ich sollte aufhören zu arbeiten … Doch tausend Bande halten mich fest … Ich weiß auch nicht, ob ich, selbst wenn ich wissenschaftliche Bücher schreibe, das Laboratorium entbehren könnte.«

Die Frage nach der Gefährlichkeit der Radioaktivität stellte sich erneut, als einige Fachleute an Anämien und Leukämien starben: Marie gehörte einer Kommission an, die Sicherheitsvorschriften erarbeiten sollte. Sie wurde außerdem 1922 zum Mitglied der neu geschaffenen »Internationalen Kommission für geistige Zusammenarbeit« berufen, in der sie auch zur Vizepräsidentin gewählt wurde und behielt diese Position mehrere Jahre. Ebenfalls im Jahr 1922 wurde sie zum

Mitglied der Akademie für Medizin berufen. Der französische Staat zahlte Marie anlässlich des 25-jährigen Jubiläums der Entdeckung des Radiums fortan jährlich eine lebenslange Pension. Um die Einrichtung eines zweiten Radium-Instituts in ihrer Heimatstadt zu unterstützen, reiste Marie 1929 noch einmal in die USA: Mit den Spenden, die ihr Präsident Hoover persönlich aushändigte, konnte das für die Experimente in Warschau benötigte Radium angeschafft werden. Drei Jahre später nahm sie an der offiziellen Einweihung der Forschungsstätte in Polen teil. In Paris führte Irène, die inzwischen die Doktorwürde in Physik erhalten hatte, nun das Institut in wissenschaftlichen Belangen. Irène konnte aber noch in weit größerem Ausmaß an die Erfolge ihrer Mutter anknüpfen: Zusammen mit ihrem Mann, dem Physiker Frédéric Joliot, entdeckte sie 1934, dass sich Radioaktivität gezielt erzeugen lässt, wenn Alpha-Strahlung auf Aluminium geschossen wird. Dann wird das stabile Element nach Abgabe eines Neutrons zu einem künstlichen, instabilen Isotop.

Während eines Urlaubs zog sich Marie eine Erkältung zu, die nicht abklingen wollte, sondern sich wochenlang hartnäckig in Fieberattacken und Schüttelfrost zeigte. Da die Ärzte zunächst von Tuberkulose ausgingen (Informationen zur Krankheit im Kapitel 19 über Karl Marx), verordneten sie ihr einen Sanatoriumsaufenthalt in den Schweizer Bergen. Der Befund bestätigte sich dort allerdings nicht. Die Blutwerte ergaben schließlich, dass Maries Beschwerden durch eine »perniziöse Anämie mit extremer Verlaufsform« verursacht wurden. Sehr geschwächt maß die Chemikerin nur einen Tag vor ihrem Tod noch selbst ihre Körpertemperatur. Sie starb am 4. Juli 1934 und wurde im engsten Familien- und Freundeskreis im Grab ihres Mannes beigesetzt. Zu ihrer Todesursache wurden folgende Angaben gemacht: »Das Knochenmark hat nicht reagiert, anscheinend weil es durch andauernde Einwirkung der Strahlungen Veränderungen erlitten hatte.« Irène führte die Forschungen ihrer Mutter erfolgreich weiter: Sie lehrte wie Marie als Professorin an der Sorbonne und wurde gemeinsam mit ihrem Mann 1935 für die Arbeit zur künstlichen Radioaktivität mit dem Chemie-Nobelpreis geehrt. Auch bei ihr zeigten sich wahrscheinlich die negativen Auswirkungen der Radioaktivität, denn Irène verstarb im März 1956 als 58-Jährige an einer Leukämie.

Strahlenkrankheit (Strahlensyndrom)

Als Strahlenkrankheit bezeichnet man einen Komplex von Symptomen, die auftreten, wenn der menschliche Organismus mit einer gesundheitsschädlichen Dosis energiereicher Strahlen belastet wird. Das kann in großem Umfang z. B. bei Atombombenexplosionen oder bei Unfällen in Kernkraftwerken geschehen. Dabei entstehen oft in kurzer Zeit hohe Strahlenbelastungen, die bei den betroffenen Personen ein akutes Strahlensyndrom auslösen können, das schon in wenigen Tagen zum Tod führen kann. Auch im Rahmen von Forschungsarbeiten oder bei der Strahlentherapie von Tumoren können einzelne Menschen einer erhöhten Strahlendosis ausgesetzt sein. In solchen Fällen tritt jedoch meist nicht das Vollbild einer Strahlenkrankheit auf, weil die Strahlendosis häufig relativ gering ist und nicht den ganzen Körper trifft. Diese mildere Form der Strahlenkrankheit wird oft auch »Strahlenkater« genannt. Besonders gefährlich ist, dass sich viele kleinere Strahlendosen in ihrer Wirkung aufsummieren und auch noch nach langer Zeit erhebliche Spätfolgen verursachen. So können z. B. durch Knochenmarksveränderungen Leukämien entstehen.

Verlauf

Eine geringe Strahlendosis pro Jahr durch natürliche oder medizinisch bedingte Strahlung trifft fast jeden Menschen und bewirkt im Allgemeinen keine gravierenden Gesundheitsschäden. Von der Höhe der aufgenommenen Dosis und vom Strahlungstyp hängt es weitgehend ab, wie schnell und mit welcher Intensität sich Symptome zeigen. Danach richtet sich außerdem, wie gut die Überlebenschancen sind und wie lange der Körper zur Erholung benötigt. Es ergeben sich auch Unterschiede hinsichtlich der Symptome, je nachdem, ob der ganze Körper oder nur einzelne Körperteile bestrahlt wurden. Bei sich schnell erneuerndem Gewebe treten Symptome frühzeitiger auf, da vor allem die Zellteilung durch die Strahlung betroffen ist. Außerdem beeinflusst die Energie der Strahlung den Krankheitsverlauf, und es spielt auch eine wichtige Rolle, ob die Strahlenquelle sich außerhalb oder innerhalb des Körpers befindet. Insbesondere das Einatmen radioaktiver Partikel ist sehr gefährlich.

Symptome

Eine hohe Strahlendosis kann recht schnell den Tod zur Folge haben. Eine geringere Strahlenbelastung führt zu sehr vielfältigen Beschwerden wie z. B. Haarausfall und Hautschäden in Form von schlecht heilenden Geschwüren, Hautblutungen und juckenden Rötungen. Fieber, Müdigkeit und Unfruchtbarkeit können ihre Ursache ebenso in einer Strahleneinwirkung haben. Auch das Nervensystem kann geschädigt werden, was sich in Benommenheit, Kopfschmerzen, Schwindel, Bewegungsstörungen, Zittern oder Krampfanfällen äußert. Die Strahlenschäden an der Schleimhaut des Verdauungsapparates führen vor allem zu vermindertem Appetit, Übelkeit, Erbrechen und Durchfall. Im Blutbild zeigt sich oft eine verminderte Anzahl roter und weißer Blutkörperchen, weil das Knochenmark auf Bestrahlung sehr sensibel reagiert. Dies kann insbesondere zu hoher Infektanfälligkeit, Spontanblutungen und Anämien oder Leukämien führen.

Vorsorge und Behandlung

Da die Behandlung von Strahlenschäden sehr schwierig ist, kommt der Vorsorge eine besonders wichtige Rolle zu. Wenn Strahlung z. B. während eines ärztlichen Diagnoseverfahrens oder als Therapie eingesetzt wird, werden schon vorher schützende Maßnahmen ergriffen, um die Gesundheitsschäden zu minimieren. Da insbesondere bei Reaktorunfällen viel radioaktives Jod freigesetzt werden kann, wird gefährdeten Personen möglichst schnell normales Jod zugeführt, um zu verhindern, dass die Schilddrüse das radioaktive Jod speichert. Falls das Knochenmark durch Strahlung stark geschädigt wird, kann die Übertragung von Blut- und Stammzellen hilfreich sein. Da ein deutlich erhöhtes Infektionsrisiko besteht, werden oft auch Antibiotika verabreicht. Derzeit wird untersucht, ob ein Eiweiß (Protein), das von bestimmten weißen Blutkörperchen gebildet wird, als Medikament gegen Strahlenschäden eingesetzt werden kann. Zumindest in Tierversuchen sind mit dem so genannten BPI (Bactericidal/permeability-increasing Protein) schon erstaunlich gute Erfolge erzielt worden.

9
Albert Einstein (1879–1955): krankes Genie?

In seiner frühen Kindheit machte Albert Einstein keinesfalls den Eindruck, er könnte sich später zu einem Genie entwickeln. Als er am 14. März 1879 in Ulm zur Welt kam, glaubte die Mutter zunächst, ihr Sohn habe eine Fehlbildung des Schädels, denn er wies einen außergewöhnlich großen eckigen Hinterkopf auf. Die Sorge erwies sich jedoch zunächst als unbegründet, denn der Knabe entwickelte sich normal. Als Albert 15 Monate alt war, zog der jüdische Vater Hermann Einstein mit seiner Ehefrau Pauline (geb. Koch) nach München. Der Umzug musste erfolgen, weil das väterliche Elektrogeschäft in Ulm zu wenig einbrachte, um die Familie zu ernähren. In München gründete Hermann Einstein mit seinem Bruder Jakob einen Betrieb, in dem sie Elektrogeräte und Beleuchtungseinrichtungen herstellten. 1881 wurde Alberts Schwester Maria (genannt Maya) geboren. Der inzwischen zweieinhalbjährige Albert interessierte sich nicht besonders für sie, nachdem er festgestellt hatte, dass sie als Spielzeug ziemlich ungeeignet war. Über Alberts Entwicklung machten sich die Eltern in dieser Zeit große Sorgen, denn er zeigte keinerlei Neigung mit dem Sprechen zu beginnen. Da er sich auch ansonsten recht merkwürdig verhielt und außerdem sehr jähzornig war, nannte ihn das Hausmädchen ziemlich grob einen »Depperten«. Nach einer späteren Beschreibung seiner Schwester Maya wurde Albert bei seinen berüchtigten Zornausbrüchen zunächst ganz weiß im Gesicht und griff dann blindwütig an. Einmal wurde auch die Hauslehrerin Opfer einer solchen Attacke, die Maya später so schilderte: »... ergriff er einen Stuhl und schlug damit nach der Lehrerin, die darob solchen Schrecken empfand, dass sie entsetzt fortlief und sich nie wieder blicken ließ.«

Diese besorgniserregenden Ausbrüche wurden aber im Lauf der Zeit deutlich seltener und verschwanden etwa im siebten Lebensjahr. Auch Alberts Sprachentwicklung machte nach seinem drittem Ge-

Trotzdem genial Erste Auflage. Heinrich Zankl und Katja Betz.

burtstag große Fortschritte. Dabei fiel jedoch auf, dass er nicht wie andere Kinder mit kurzen Silben und Wörtern zu sprechen begann, sondern gleich ganze Sätze bildete, die er erst leise übte, bevor er sie dann laut aussprach. Da ein solches Verhalten auch bei autistischen Kindern vorkommt, wurde insbesondere von dem britischen Psychologieprofessor Simon Baren-Cohen der Verdacht geäußert, Einstein könnte unter einer abgeschwächten Form des Autismus, dem so genannten Asperger-Syndrom gelitten haben (Informationen zu diesem Krankheitsbild sind im Kapitel 13 über Temple Grandin). Thomas Sowell von der amerikanischen Stanford University kam in seinem Buch »*The Einstein Syndrome – bright children who talk late*« sogar zu dem Schluss, dass die bei Einstein beobachteten Störungen als ein eigenständiges Krankheitsbild angesehen werden müssen (siehe Abschnitt »*Einstein-Syndrom?*«).

Ab Herbst 1885 besuchte Albert eine katholische Volksschule. Von seinen Mitschülern bekam er bald den Spitznamen »Bruder Langweil«, weil er sich nicht an den üblichen Spielen und Rangeleien beteiligte, sondern meist versonnen irgendwo herumsaß. Das erste Schuljahr schloss Albert als Klassenbester ab und auch in den Folgejahren hatte er meist gute Noten. Allerdings zeigte sich ein deutlicher Unterschied zwischen seinen eher mittelmäßigen Noten im sprachlichen Bereich und den ungewöhnlich hohen Leistungen in Mathematik und Naturwissenschaften. Daheim wurde Albert zusätzlich noch in jüdischer Religion unterwiesen und er erhielt Violinenunterricht. Außerdem lernte er zu Hause viel Technik kennen, denn die Einsteins wohnten direkt neben der Elektrofabrik, in der Albert immer wieder neue Maschinen und Beleuchtungsinstallationen bestaunen konnte. Vor allem sein Onkel Jakob begann schon früh damit, dem wissbegierigen Knaben technische und mathematische Grundlagen zu erklären, wodurch er wohl eher unbewusst ein wichtiges Fundament für Alberts spätere Karriere als Physiker legte.

Im Oktober 1888 trat Albert in das Luitpold-Gymnasium ein. Wenig später lernte er den jüdischen Medizinstudenten Max Talmud kennen, der einmal pro Woche bei Einsteins zum Essen eingeladen wurde. Er animierte Albert zum Lesen von vielen populärwissenschaftlichen und philosophischen Büchern. Über diese ihn sehr prägende Zeit schrieb Albert Einstein später in seinen autobiografischen Notizen: »Da gab es draußen diese große Welt, die unabhängig von uns Menschen da ist und vor uns steht wie ein großes, ewiges Rätsel.«

Im Alter von 12 Jahren beschäftigte sich Albert eingehend mit einem Geometriebuch, dessen Inhalt so großen Eindruck auf ihn machte, dass er es später für »heilig« erklärte. Im Gegensatz zu diesem intensiven Eigenstudium gab die Schule Albert kaum Anregungen. Nach seiner Aussage wurde dort »die Freude, die heilige Neugier des Forschens« erdrosselt, »denn dies delikate Pflänzchen bedarf neben Anregung hauptsächlich der Freiheit«.

Das Jahr 1894 brachte für die Familie Einstein einschneidende Veränderungen. Die Fabrik, die Alberts Vater mit seinem Bruder einige Jahre erfolgreich betrieben hatte, musste aus Mangel an rentablen Aufträgen schließen. In der Hoffnung, bessere berufliche Möglichkeiten zu finden, zogen die Einsteins nach Italien. Albert blieb jedoch in München, weil er dort noch das Abitur machen sollte. Der 15-Jährige konnte aber die Trennung von seiner Familie nur schwer ertragen und war auch vom Schulunterricht so frustriert, dass er im Dezember 1894 München ohne Schulabschluss verließ und seinen Eltern nach Mailand folgte. Nachdem er fast ein Jahr bei seiner Familie verbracht hatte, ohne irgendeine Schule zu besuchen, entstand bei Albert der Wunsch, in Zürich am Polytechnikum zu studieren. Dort musste er allerdings wegen seines fehlenden Abiturs erst eine Aufnahmeprüfung bestehen, vor der er wohl ziemlichen Respekt hatte. Es wurde dann auch schnell klar, dass Albert zu Recht besorgt war, denn er fiel durch das Examen, weil seine Leistungen in den sprachlichen Fächern und in Biologie nicht ausreichend waren. Wie aus seinen Aufzeichnungen hervorgeht, trug er das schlechte Ergebnis mit Fassung: »Daß ich durchfiel, empfand ich als voll berechtigt. Tröstlicher war es, daß der Physiker H. F. Weber mir sagen ließ, ich dürfe seine Kollegien hören, wenn ich in Zürich bliebe. Der Rektor ... aber empfahl mich an die Kantonsschule in Aarau.« Diesem Vorschlag folgte Albert und bereute es nicht, denn er fand dort eine freundliche Aufnahme in der Familie Winteler, und auch die Schule gefiel ihm um einiges besser als das deutsche Gymnasium: »Diese Schule hat durch ihren liberalen Geist und durch den schlichten Ernst der auf keinerlei äußerliche Autorität sich stützenden Lehrer einen unvergesslichen Eindruck bei mir hinterlassen ...«

Nachdem Einstein das Abitur in Aarau bestanden hatte, begann er im Oktober 1896 das Studium am Polytechnikum in Zürich mit dem Ziel mathematisch-physikalischer Fachlehrer zu werden. Der Physikprofessor Jean Pernet bezweifelte allerdings Einsteins Eignung für diese Fächerkombination und fragte ihn: »Warum studieren Sie nicht lieber Medizin, Juristerei oder Philologie?« Einstein antwortete darauf: »Weil mir dazu erst recht die Begabung fehlt, Herr Professor, warum soll ich es mit der Physik nicht wenigstens probieren?« Diese Argumentation überzeugte Pernet zumindest teilweise, aber das Verhältnis zu Einstein blieb gespannt, weil dieser sich oft nicht an die Vorschriften hielt. Als er sich einmal bei einer Explosion verletzt hatte, fragte Pernet den Assistenten, der das Praktikum betreute: »Was denken Sie eigentlich von Einstein? Der macht ja etwas ganz anderes, als ich angeordnet habe!« Die Antwort lautete: »Tatsächlich, Herr Professor, aber seine Lösungen sind richtig und die von ihm angewandten Methoden immer interessant.« Auch der Physikprofessor Heinrich Friedrich Weber, den Einstein bereits bei seiner erfolglosen Aufnahmeprüfung kennen gelernt hatte, übte ernste Kritik: »Sie sind ein gescheiter Junge, Einstein, ... Aber sie haben einen großen Fehler: Sie lassen sich nichts sagen!« Sogar der berühmte Professor Hermann Minkowski, der später einen wichtigen mathematischen Beitrag zu Einsteins Relativitätstheorie lieferte, erinnerte sich: »... früher war Einstein ein richtiger Faulpelz. Um Mathematik hat er sich überhaupt nicht gekümmert.« Dass er nicht gerade ein Musterstudent war, hat Einstein später in seiner *»Autobiographischen Skizze«* durchaus zugegeben: »Ich merkte bald, daß ich mich damit zu begnügen hatte, ein mittelmäßiger Student zu sein. Um ein guter Student zu sein, muss man eine Leichtigkeit der Auffassung haben, Willigkeit, seine Kräfte auf all das zu konzentrieren, was einem vorgetragen wird; Ordnungsliebe, um das Dargebotene ... gewissenhaft auszuarbeiten. All diese Eigenschaften fehlten mir gründlich, was ich mit Bedauern feststellte. So lernte ich allmählich ... mir das Studium so einzurichten, wie es meinem intellektuellen Magen ... entsprach.«

Als im Frühjahr 1900 die Diplomprüfung bevorstand, machte sich Einstein ernsthafte Sorgen, ob er sie bestehen würde, zumal er sich wegen des unregelmäßigen Besuches von Pflichtveranstaltungen sogar einen offiziellen Verweis eingehandelt hatte. Die Rettung kam von seinem Freund Marcel Großmann, der ihm für die Examensvorbereitung seine gut ausgearbeiteten Vorlesungsunterlagen lieh. Dank dieser wertvollen Hilfe bestand Einstein die Prüfung mit ganz guten Noten. Trotzdem bekam er keine der sehr begehrten Assistentenstelle am Polytechnikum, vermutlich weil er zu viele Professoren verärgert hatte. Es dauerte einige Zeit, bis Einstein eine zeitlich befristete Anstellung als Aushilfslehrer am Technikum in Winterthur fand. Dank der erneuten Hilfe seines Freundes Großmann erhielt Einstein 1902 schließlich eine Stelle als »Technischer Experte III. Klasse« am Schweizer Patentamt, das damals noch den Namen »Amt für geistiges Eigentum« trug. Das Gehalt erschien Einstein, der nur geringe materielle Ansprüche hatte, so hoch, dass er den Direktor angeblich fragte: »Ja, was soll ich denn mit dem vielen Geld anfangen?« Einstein fand dann aber doch bald eine durchaus sinnvolle Verwendung für sein monatliches Einkommen, denn er bezog mit Mileva Maric, die er schon während des Studiums kennen und lieben gelernt hatte, eine relativ große Wohnung in Bern.

Die geistig hoch begabte, aber körperlich leicht behinderte Mileva stammte aus Serbien und war die einzige Frau, die am Züricher Polytechnikum in Einsteins Jahrgang Physik studierte. Schon 1901 erwartete sie ein Kind von ihm und konnte deswegen ihr Studium nicht abschließen. Da Einstein sich aber, vor allem auf Drängen seiner Eltern, nicht zu seiner Vaterschaft bekennen wollte, sah sich Mileva gezwungen, ihre uneheliche Tochter Liesl in Serbien zur Welt zu bringen und sie bei ihren Eltern zu lassen. Danach kehrte sie zu Einstein zurück, der sie 1903 heiratete. Ein Jahr später wurde der Sohn Hans Albert geboren, der zweite Sohn Eduard kam 1910 zur Welt. Auch für seine Söhne zeigte Einstein kein großes Interesse und das Verhältnis zu seiner Frau gestaltete sich ebenfalls nicht gerade liebevoll. Er war nach seiner Arbeit im Patentamt meist so in seine wissenschaftlichen Gedanken versunken, dass er seine Familie kaum wahrnahm. Ungeklärt blieb bis heute, wie stark Mileva an Einsteins Arbeiten beteiligt war. In einem Brief vom 27. März 1901 schrieb Einstein an sie immerhin diese Zeilen: »Wie glücklich und stolz werde ich sein, wenn wir beide zusammen unsere Arbeit über die Relativbewegung siegreich zu Ende geführt haben!« Und wenige Wochen später folgte der Satz: »Sehr neugierig bin ich, ob sich unsere konservativen Molekularkräfte auch für Gase bewähren werden.«

Die ersten Früchte seiner äußerst intensiven Auseinandersetzung mit grundlegenden Fragen der theoretischen Physik konnte Einstein 1905 ernten. Er promovierte an der Universität Zürich mit einer Arbeit über eine neue Bestimmung der Molekülgrößen. Innerhalb kurzer Zeit veröffentlichte er außerdem in der berühmten Fachzeitschrift *Annalen der Physik* drei bedeutende Arbeiten über die Entdeckung von Lichtquanten, die Brown'sche Molekularbewegung und die Elektrodynamik bewegter Körper. Die letztgenannte Arbeit enthielt bereits die wesentlichen Gedanken der Speziellen Relativitätstheorie. Über die zweifellos erfolgte Mitarbeit von Mileva findet sich in den Arbeiten allerdings kein einziges Wort. Die Fachwelt war sehr verblüfft über die hoch interessanten Arbeiten eines weitgehend unbekannten Mitarbeiters des Schweizer Patentamtes. Sein Arbeitgeber belohnte Einsteins Promotion mit der Beförderung zum Technischen Experten II. Klasse, wodurch sich auch sein Gehalt deutlich erhöhte. 1907 wollte sich Einstein mit seiner Arbeit »Elektrodynamik bewegter Körper« an der Universität Bern habilitieren. Professor Aimé Förster, bei dem er die Arbeit einreichte, gab sie ihm aber zurück und sagte dazu: »Was Sie da geschrieben haben, versteh ich überhaupt nicht.« Der zweite Habilitationsantrag war ein Jahr später dann aber doch erfolgreich.

Im Wintersemester 1908/1909 konnte Einstein als Privatdozent seine erste Vorlesung in Bern halten. Als Thema hatte er »Die Theorie der Strahlung« gewählt. Es fanden sich dazu allerdings nur drei Hörer ein. Im darauf folgenden Sommersemester fiel Einsteins Vorlesung aus, weil sich nicht genügend Studenten dafür interessierten. Das dürfte auch daran gelegen haben, dass Einstein nur geringe pädagogische Fähigkeiten hatte und auch wenig Interesse für die Bedürfnisse der Studenten zeigte. In der Fachwelt war inzwischen aber ein großes Interesse an dem jungen Physikdozenten entstanden und er wurde als außerordentlicher Professor nach Zürich berufen. Seine viel beachtete Antrittsvorlesung hatte den Titel: »*Über die Rolle der Atomtheorie in der neueren Physik*«. 1911 wurde Einstein ordentlicher Professor in Prag, nur ein Jahr später berief ihn die ETH Zürich auf einen Lehrstuhl für Theoretische Physik. Dort erarbeitete er, gemeinsam mit seinem Studienkollegen Marcel Großmann, einen »*Entwurf einer verallgemeinerten Relativitätstheorie und eine Theorie der Gravitation*«. Inzwischen war Einstein so berühmt, dass er zum ordentlichen Mitglied der Preußischen Akademie der Wissenschaften zu Berlin gewählt wurde. Parallel dazu erhielt er das Angebot, Direktor des Forschungsinstituts für Physik der Kaiser-Wilhelm-Gesellschaft zu werden. Einstein war sehr an dieser Position interessiert, denn sie war mit keinerlei Lehrverpflichtung verbunden, die er als Universitätsprofessor nie sonderlich gern erfüllt hatte. Allerdings kamen ihm während der Berufungsverhandlungen gewisse Bedenken wegen der großen Erwartungen, die auf dem Amt lasteten. Er soll dazu Folgendes gesagt haben: »Die Herren Berliner spekulieren mit mir wie mit einem Leghuhn. Aber ich weiß nicht, ob ich noch Eier legen kann.« Schließlich wurde man sich aber doch einig und Einstein trat im Frühjahr 1914 seine neue Stellung in Berlin an.

Bei dieser Entscheidung könnte auch eine Rolle gespielt haben, dass Einstein inzwischen eine Liebschaft mit seiner Cousine Elsa Löwenthal begonnen hatte, die in Berlin wohnte. Seiner Frau eröffnete er, dass er sie nur nach Berlin mitnehmen würde, wenn sie zahlreiche Bedingungen erfüllte, die er in einem umfangreichen Schriftstück präzise festhielt. Darin stand unter anderem: »A. Du sorgst dafür, ... dass ich drei Mahlzeiten IM ZIMMER ordnungsgemäß vorgesetzt bekomme ... B. Du verzichtest auf alle persönlichen Beziehungen zu mir ... Insbesondere verzichtest Du darauf, dass ich mit Dir zusammen ausgehe oder verreise ... C. Du verpflichtest Dich ausdrücklich, im Verkehr mit mir folgende Punkte zu beachten: ... Du hast weder Zärtlichkeiten von mir zu erwarten noch mir irgendwelche Vorwürfe zu machen ... D. Du verpflichtest Dich, weder durch Worte noch durch Handlungen mich in den Augen meiner Kinder herabzusetzen.« Die völlig verzweifelte Mileva nahm diese menschenunwürdigen Vorschriften zunächst sogar an, konnte die Situation aber dann doch nur wenige Monate ertragen und reiste im Juli 1914 mit den beiden Kindern zurück nach Zürich. Es war eine Trennung für immer, die offizielle Scheidung erfolgte allerdings erst fünf Jahre später. Zumindest finanziell sorgte Einstein einigermaßen anständig für seine Familie, indem er seiner Frau etwa die Hälfte seines Gehalts überließ.

Schon bald nach der Abreise von Mileva schrieb Einstein einem Freund, er genieße »das äusserst wohlthuende, wirklich hübsche Verhältnis« zu seiner Cousine, »dessen Dauercharakter durch die Unterlassung einer Ehe garantiert ist«. Allerdings hatte er Elsa damals bereits die Ehe versprochen, die er jedoch erst 1919 mit ihr einging. Aber schon vorher behandelte er sie ähnlich schlecht wie Mileva. So schnauzte er sie beispielsweise an: »Du störst. Du weißt gar nicht wie Du störst«, als sie sich etwas länger mit einem neu eingetroffenen Gast unterhielt als es Einstein genehm war. Bei anderer Gelegenheit wies er sie zurecht: »Sprich von dir oder mir, aber nicht von uns!« Auch begann er bald neue Liebschaften, die Elsa noch mehr verletzten als sein schlechtes Benehmen, insbesondere da er nicht einmal davor zurückschreckte, Elsas Tochter aus erster Ehe den Hof zu machen. Trotz aller Demütigungen blieb Elsa bei Einstein, bis sie 1936 verstarb.

Einstein betätigte sich in seinen ersten Berliner Jahren aber nicht nur als Schürzenjäger, sondern trieb auch seine wissenschaftliche Arbeit sehr erfolgreich voran und publizierte weitere wichtige Artikel. 1918 veröffentlichte er ein Buch mit dem Titel *»Über die Spezielle und Allgemeine Relativitätstheorie«*, das ihn auch außerhalb der engeren Fachkreise bekannt machte. Einen Höhepunkt seines öffentlichen Ruhmes erreichte Einstein ein Jahr später, als seine Hypothese über die Raumkrümmung durch sehr große Massen im Rahmen einer Sonnenfinsternis bestätigt werden konnte. Darüber wurde in den Zeitungen auf der ganzen Welt berichtet und Einstein wurde zu einem echten Medienstar. Dabei spielte vermutlich auch sein oft eher kindlich-naives Verhalten eine große Rolle, das in einem merkwürdigen Gegensatz zu seinen großartigen geistigen Leistungen stand. 1921 erhielt Einstein den Nobelpreis für Physik, nachdem er bereits mehrfach erfolglos vorgeschlagen worden war. Erstaunlicherweise bezog man sich in der Begründung aber nicht auf die Entwicklung der Relativitätstheorie, sondern belohnte ihn »für seine Verdienste um die theoretische Physik, insbesondere die Entdeckung des Gesetzes des Photoelektrischen Effekts«. Diese merkwürdige Entscheidung kam zustande, weil Allvar Gullstrand, der Vorsitzende der Sektion Physik im Nobelpreis-Komitee, weiterhin an der Relativitätstheorie zweifelte. Auch in Deutschland gab es noch einige prominente Kritiker, darunter insbesondere die nationalistisch geprägten Nobelpreisträger Philip Lenard und Johannes Stark, die sich als Gründer der »deutschen Physik« hervortaten und die Relativitätstheorie als »jüdische Physik« bezeichneten.

Durch das Aufkommen des Nationalsozialismus wurde für Einstein das Leben und Arbeiten in Berlin wegen seiner jüdischen Abstammung in den Folgejahren immer schwieriger. Im Dezember 1932 trat er gemeinsam mit seiner Frau eine längere Vortragsreise nach Amerika an. Unterwegs erreichte ihn die Nachricht von der Machtübernahme durch die Nazis, sodass er sich entschloss nicht mehr nach Deutschland zurückzukehren. Er übernahm eine Professur in Princeton, wo er bis zu seinem Tod tätig war. Trotz seiner pazifistischen Grundeinstellung befürwortete Einstein den Bau der ersten Atombomben durch die USA. Nach dem Zweiten Weltkrieg trat er aber für die Abrüstung der Kernwaffen ein. Seine Befürchtungen fasste er sehr drastisch in dem Satz zusammen: »Ich weiß nicht, welche Waffen im nächsten Krieg zur Anwendung kommen, wohl aber, welche im übernächsten: Pfeil und Bogen.«

Auch nach seinem Tod am 18. April 1955 infolge innerer Blutungen nach einer Ruptur der Bauchschlagader fand Einstein keine Ruhe. Trotz seiner Verfügung, seinen Leichnam umgehend zu verbrennen, entnahm der amerikanische Pathologe Thomas Harvey widerrechtlich das Gehirn und konservierte es. Bei seinen diversen Umzügen nahm Harvey das Gehirn immer in zwei Einweckgläsern mit. Erst 1995 wurde es an das Princeton Hospital zurückgegeben. Dort hat man es inzwischen mehrfach eingehend untersucht und darüber auch publiziert. Kanadische Hirnforscher berichteten beispielsweise 1999, dass vor allem ein bestimmter Bereich der Scheitelregion des Großhirns ungewöhnlich stark entwickelt ist. Dort vermutet man Zentren für mathematisches Denken und optische Erkennung. 2012 analysierten mehrere Neuroanatomen auch noch 14 bisher unveröffentlichte Fotos von Einsteins Gehirn, die Thomas Harvey direkt nach dem Tod gemacht hatte. Das Fazit der Fachleute: »Die Gestalt einiger Teile von Einsteins Gehirn ist schon sehr ungewöhnlich.« Durch solche Analysen lassen sich allerdings weder Einsteins Genialität noch seine deutlichen Verhaltensauffälligkeiten erklären. Über sein ungewöhnliches Denkvermögen hat er einmal selbst gesagt hat, dass »Worte dabei keine Rolle spielten«, sondern in seinem Kopf ein »assoziatives Spiel mit mehr oder minder klaren Bildern« ablief. Seine Fähigkeit die Relativitätstheorie zu entwickeln hat Einstein so erklärt: »Der Erwachsene denkt nicht über Zeit-Raum-Probleme nach … Ich dagegen habe mich so langsam entwickelt, dass ich erst anfing, mich über Raum und Zeit zu wundern, als ich erwachsen war. Naturgemäß bin ich dann tiefer in die Problematik eingedrungen.« Jürgen Neffe, der 2005 eine umfangreiche Biografie über Einstein veröffentlicht hat, sieht gerade in der erhalten gebliebenen Kindlichkeit und Naivität eine Voraussetzung für seine Genialität. Der Autor schreibt: »Nicht zuletzt dieser Wesenszug verleiht ihm Kraft und schützt ihn vor allem Dogmatischen – da gibt es nichts, was nicht in Frage gestellt werden kann.«

Einstein-Syndrom?

Die Bezeichnung »Einstein-Syndrom« wird bisher in der Schulmedizin nicht allgemein anerkannt. Der Name wurde 2002 von Professor Thomas Sowell eingeführt. Sowell ist zwar eigentlich Wirtschaftswissenschaftler, beschäftigt sich aber auch intensiv mit der geistigen Entwicklung von Kindern. Anlass dafür sind seine eigenen Söhne, die ebenfalls eine verzögerte Sprachentwicklung hatten. In seinem Buch über das Einstein-Syndrom vertritt Sowell die Meinung, dass außer Einstein noch eine ganze Reihe berühmter Persönlichkeiten wie zum Beispiel die Physiker Edward Teller und Richard Feynman und der Musiker Arthur Rubinstein an diesem Syndrom litten.

Krankheitsbild

Charakteristisch soll eine erheblich verzögerte Sprachentwicklung sein gepaart mit hoher Intelligenz und einem auffälligen Rückzugsverhalten. Die Betroffenen sollen außerdem einen starken Willen zeigen, sehr selektive Interessen entwickeln und eine extrem hohe Konzentrationsfähigkeit besitzen. Das männliche Geschlecht ist nach Sowells Angaben sehr viel häufiger betroffen als das weibliche. Während einige namhafte amerikanische Kinderärzte und Psychiater das Einstein-Syndrom als eigenständiges Krankheitsbild bezeichnen, sind die meisten anderen Fachleute nicht dieser Meinung. Soweit den Symptomen überhaupt Krankheitswert beigemessen werden kann, herrscht überwiegend die Ansicht, dass es sich um eine Variante des Asperger-Syndroms handelt (siehe Kapitel 13 über Temple Grandin).

10

Dorothy Hodgkin (1910–1994): tapfere Chemikerin

Die britische Chemikerin Dorothy Mary Hodgkin leistete Pionierarbeit auf dem Gebiet der Röntgenstrukturanalyse. Mit Hilfe dieser neuen Technik ermittelte sie die dreidimensionale atomare Struktur einiger physiologisch relevanter Moleküle wie Insulin, Cholesterin und Vitamin B12. Ihre Arbeit wurde 1964 mit dem Nobelpreis honoriert.

Dorothy kam als älteste Tochter von John Winter und Grace Mary, genannt Molly, Crowfoot am 12. Mai 1910 in Kairo zur Welt. Der Vater war dort als Altertumsforscher für das Department of Education tätig, wurde später aber Direktor für Erziehung im Sudan, wohin ihn die Familie begleitete. 1914 vertrauten die Eltern Dorothy mit ihren Schwestern Joan und Elizabeth wegen der Gefahren des 1. Weltkrieges einem Kindermädchen an, das mit ihnen in England in der Nähe der Großmutter leben sollte. Nach Kriegsende wurden die Kinder zunächst von der sehr belesenen Mutter unterrichtet, die mit ihnen und der jüngsten Tochter Diana ein Familiengut bei Lincoln bewohnte. Zwar hatte Molly Crowfoot ihren Mann bei seiner Arbeit gesellschaftlich unterstützt, eignete sich aber selbst auch fundiertes Wissen in Botanik und alten Webtechniken an. Ihr Wissen gab sie an die Kinder weiter, indem sie ihnen z. B. im Garten und bei Spaziergängen Tiere und Pflanzen erklärte, sie selbst beobachten oder Bücher zur englischen Geschichte gestalten ließ. Weil die Mutter bald wieder in den Sudan reisen wollte, zog sie nach Norfolk, wo hauptsächlich Freunde und Verwandte sich um die Kinder kümmerten.

In privat organisiertem Unterricht hörte Dorothy erstmals im Alter von zehn Jahren etwas über Chemie und durfte sogar selbst Kristalle züchten. »Von der Eleganz und Schönheit der Kristalle war ich augenblicklich gefangen«, erzählte sie ihrem Biografen Jürgen Neffe. Später ging sie auf eine staatliche Schule in Beccles. Wegen Geldmangels konnte an der Schule bald kein Physiklehrer mehr beschäftigt werden. Dieser Tatsache war es zu verdanken, dass Dorothy auch

Trotzdem genial Erste Auflage. Heinrich Zankl und Katja Betz.

dort Chemiestunden erhielt. Sie war davon schließlich so begeistert, dass sie das Fach beibehielt und zusammen mit einer Freundin weiter am Unterricht der Jungen teilnehmen durfte. Einem Tagebuch zufolge verbrachte Dorothy das Frühjahr 1923 bei ihrer Großmutter in San Remo und ging dort in eine Konventschule. Ob der Schulwechsel notwendig war, weil sie möglicherweise überarbeitet oder gesundheitlich angeschlagen war, geht daraus allerdings laut der Biografin Georgina Ferry nicht hervor. Ebenfalls 1923 fiel Dorothy im Garten, während eines Besuchs bei ihren Eltern im Sudan, ein funkelnder Stein auf. Seine Zusammensetzung untersuchte sie gleich im Labor von »Onkel« Joseph, der mit ihrem Vater befreundet war, und fand auch alle Bestandteile bis auf Titan. Bei dessen Bestimmung half ihr dann der Chemiker. Außerdem schenkte er ihr für weitere Experimente ein paar Chemikalien, Geräte und Reagenzgläser, die sie zu Hause in ihrem Labor auf dem Dachboden eifrig benutzte. Wie Ferry berichtet, konnte Dorothy sogar sonntags das Experimentieren nicht lassen, wobei einmal versehentlich etwas konzentrierte Salpetersäure auf ihr Seidenkleid tropfte und es verfärbte. Bereits in dieser Zeit las sie zwei Bücher, die sie mit ihren späteren Forschungsgebieten, der Röntgenstrukturanalyse und der Biochemie, in Berührung brachten.

Nach ihrem hart erarbeiteten Schulabschluss, den sie mit Auszeichnung absolvierte, wollte Dorothy am Oxford Somerville College Chemie studieren, musste sich aber noch Kenntnisse in Latein, angewandter Mathematik und Botanik als Wahlprüfungsfach aneignen. Ihre Mutter und Freunde der Eltern halfen ihr dabei, sodass sie 1928 die Aufnahmeprüfung bestand. Anfangs besuchte sie auch Vorlesungen in Archäologie, da sie zuvor ihren Vater bei einer Forschungsreise begleitet hatte und von den Fußbodenmosaiken byzantinischer Kirchen in Jordanien fasziniert war. Dorothy zeichnete sie und nahm neben ihren Studien und in den Ferien noch chemische Analysen von Mosaikstückchen vor. Dafür eignete sie sich experimentelles Wissen an, das in ihrem Semester noch nicht vorgesehen war. In Oxford stand außerdem in den ersten Semestern Kristallografie nicht auf dem Lehrplan, weshalb sie zusätzlich aktuelle Publikationen darüber las. Sie erkannte die Möglichkeiten dieser Technik bei der Erforschung der dreidimensionalen Struktur von Molekülen und berücksichtigte dieses Wissen bereits in ihren Studienessays. Nach den Prüfungen und einem Praktikum in Heidelberg, wo sie in den Ferien erste Erfahrungen in einem Kristallografie-Labor sammelte, arbeitete sie 1931 in Oxford als Forschungsstudentin von Professor Bowman im neuen Röntgenkristallografie-Labor an der Aufklärung der Struktur von Thalliumdialkylhalogeniden. »Ich selbst war von der Idee besessen, daß es möglich sein müßte, durch Röntgenstrukturanalyse fast ohne Hilfe anderer physikalischer oder chemischer Beobachtungen die chemische Formel einer Verbindung exakt zu ermitteln«, schilderte sie ihre Motivation. Mit sehr gutem Abschluss wechselte sie in die Arbeitsgruppe von John Desmond Bernal nach Cambridge, der mit der neuen Technik bereits biologische Moleküle untersuchte. Dort wurde Dorothy schnell mit verantwortungsvollen Aufgaben betraut und arbeitete unter anderem an der Strukturaufklärung des Verdauungsenzyms Pepsin. Schließlich entschied sie sich zu promovieren und analysierte dazu Sterole. Diese physiologisch bedeutsame Substanzgruppe stammt vom Cholesterin ab. Zu ihr gehören unter anderem einige Vitamine und Hormone. Während dieser Zeit bemerkte Dorothy Schmerzen in den Händen, weswegen sie einen Arzt konsultierte. Da der Arzt die genaue Ursache aber nicht fand, riet er ihr zur Erholung. Dorothy hielt sich allerdings nicht daran, sondern arbeitete unbeirrt weiter. Wahrscheinlich zeigten sich bereits erste Symptome ihrer später ausbrechenden rheumatischen Erkrankung.

Auch wenn ihr ihre Tätigkeit in Cambridge gefiel, ergriff sie die für Frauen selten sich bietende Chance eines Forschungsstipendiums, das vorsah, zunächst für ein Jahr in Cambridge weiterzuarbeiten, dann aber mit Lehrverpflichtungen 1934 nach Oxford an das College zurückzukommen, das sie selbst einmal besucht hatte. Von einem Chemiker hatte Dorothy kleine Kristalle von Insulin bekommen, einem Hormon der Bauchspeicheldrüse zur Regulation des Blutzuckerspiegels, die sie untersuchen wollte. Zu diesem Zweck reiste sie auch an die Royal Institution nach London und lernte dort den ehemaligen Regierungsbeamten Thomas Lionel Hodgkin kennen. Ihn heiratete sie 1937, allerdings ohne danach ihre wissenschaftliche Karriere in Oxford aufzugeben. Als ein Jahr später ihr erstes Kind Luke geboren wurde, konnten die Eheleute noch nicht in einem gemeinsamen Haushalt leben. Thomas, der an Narkolepsie litt, war nämlich in Cumberland als Lehrer in der Erwachsenenbildung tätig. Durch seine chronische Erkrankung geriet sein Schlaf-Wach-Rhythmus so außer Kontrolle, dass er tagsüber oft einschlummerte. Deswegen hatte er sogar einmal einen Verkehrsunfall, bei dem er sich ernstlich verletzte.

Bereits vor der Geburt von Luke war Dorothy durch eine Streptokokken-Infektion gesundheitlich angeschlagen gewesen. Ein angeschwollener Finger brachte den behandelnden Arzt noch nicht auf die Spur ihrer Erkrankung. Nach der Geburt verschlimmerten sich die entzündlichen Symptome: Ein Abszess an der Brust musste aufgestochen werden, doch die Infektion klang zunächst nicht ab. Dorothy wurde operiert, infizierte sich aber erneut. Diesmal zeigte Fieber sogar eine Allgemeininfektion an. Schließlich konnte man die Infektion erfolgreich bekämpfen. Nur wenige Monate später litt sie aber am ganzen Körper unter heftigen Schmerzen, die ein akuter Anfall rheumatoider Arthritis hervorgerufen hatte (weitere Informationen im Abschnitt »*Rheumatoide Arthritis*«). Dorothy konnte sich in dieser Zeit nur unter großen Schwierigkeiten selbst anziehen. Zur Unterstützung im Haushalt stellte sie einen Koch und ein Kindermädchen ein. Denn obwohl der Anfall noch nicht ausgestanden war, hielt Dorothy an ihrem Entschluss fest zunächst wieder zu lehren. Im Sommer besserte sich die Steifheit ihrer Gelenke nach einem Aufenthalt in einer Spezialklinik. Für den behandelnden Arzt war die Krankheitsgeschichte der noch jungen Frau im Stress und vor dem Hintergrund der Infektionen nichts Ungewöhnliches. Daher verordnete er ihr neben Bädern, Schlammpackungen und Injektionen von Goldpartikeln auch Ruhe. Seitdem ließ sich Dorothy immer wieder wegen der Gelenkentzündungen in der Klinik behandeln. Im Gespräch mit Neffe sagte sie zu der Herausforderung sich mit der Erkrankung zu arrangieren: »Irgendwann habe ich einen ganz starken Willen entwickelt, daß nicht die Arthritis mich beherrschen dürfe, sondern ich sie in den Griff bekommen müsse.«

Mit deformierten Gelenken wurde die Laborarbeit für sie deutlich schwieriger: Ihr Forschungsstudent Riley erinnerte sich an das Labor als »seltsames Zimmer, in dem ich immer einen Hauch von Klaustrophobie verspürte. Bedingt durch das Design dieses Museums, in dem wir untergebracht waren, eine verspielte, unpraktische viktorianische Struktur, war der Platz für unsere Beugungsmessungen eine Zwitterangelegenheit aus Unter- und Erdgeschoß. … Auf Fensterniveau gab es einen kleinen Balkon, den man über eine steile Leiter erreichte. Dort oben stand das Mikroskop, unter dem wir die Kristalle auf die Meßköpfe setzten.« Den Hauptschalter des Röntgengeräts konnte Dorothy nur noch mit Hilfe eines extra angebrachten Hebels bedienen. Da es an Platz mangelte, wurden zunächst ohne Abschirmung im selben Raum auch die Daten ausgewertet, obwohl sich die Wissenschaftler dadurch gesundheitsgefährdender Röntgenstrahlung aussetzten. Dorothy Hodgkin war sich des damit einhergehenden Risikos durchaus bewusst: »Natürlich wußten wir alle durch Marie Curies Gesundheitsschäden von den Gefahren. Es gab mir schon zu denken, daß mein wissenschaftliches Vorbild, die Physikerin Kathleen Lonsdale, an Leukämie erkrankte.« Dorothy arbeitete weiter an der dreidimensionalen Strukturaufklärung der Sterolverbindung Cholesterin. Es wird vom Körper benötigt, um bestimmte Hormone herzustellen und um die Membran der Zellen zu festigen.

Dorothys Tochter Elizabeth kam 1941 zur Welt. Dieses Mal konnte die junge Mutter aber bald ihre Tätigkeit im Labor wieder aufnehmen. Sie hatte die Technik der Röntgenstrukturanalyse inzwischen so weit etabliert, dass sie zu dieser Zeit bei der Untersuchung einer gerade isolierten, sehr vielversprechenden Substanz zu Rate gezogen wurde: Mit dem Antibiotikum Penicillin ließen sich in Laborversuchen Infektionen erfolgreich bekämpfen. Man erhoffte sich, es durch Kenntnisse über seine chemische Zusammensetzung bald mit größerer Ausbeute synthetisch herstellen und damit auch die im 2. Weltkrieg verwundeten Soldaten besser versorgen zu können. Wie die Biografin Ferry berichtet, konnte Dorothy bei der Datenauswertung für die komplizierte Strukturformel des Antibiotikums erstmals die Leistung einer Hollerithmaschine mit Lochkarten in Anspruch nehmen. Schließlich fand sie heraus, dass die Atome des Penicillins als Beta-Lactam-Ring angeordnet sind, was sie 1949 in einem allgemein verständlich geschriebenen Buchkapitel veröffentlichte. Ihre Ergebnisse brachten Dorothy Hodgkin, die inzwischen zur wissenschaftlichen Assistentin aufgestiegen und Mitglied der Royal Society geworden war, in Fachkreisen großes Ansehen. John Cornforth bezweifelte Hodgkins Daten jedoch trotzdem so stark, dass er einer Anekdote zufolge gesagt haben soll, im Fall ihrer Richtigkeit die Chemie aufgeben und Pilze züchten zu wollen.

1946 war Dorothys Sohn Toby gesund zur Welt gekommen, nachdem sie einige Zeit zuvor eine Fehlgeburt hatte verkraften müssen (weitere Informationen zu Fehlgeburten siehe Kapitel 1 über Isaac Newton). Neben ihren beruflichen Verpflichtungen kümmerte sich die junge Frau auch noch liebevoll um Familie und Kinder. Die Studentinnen hatten sie schon 1936 zu ihrer Vertrauensdozentin bestimmt. Auch ihr Team schätzte Dorothy als fähige, warmherzige

Wissenschaftlerin, die sogar bei der Arbeit eine »familiäre Atmosphäre« schuf. Ihr Mitarbeiter John Robertson führte weiter aus: »Sie war so gut wie jeder im Labor und besser als die meisten – und das trotz ihrer schrecklich verkrüppelten Finger und Handgelenke.« Brachte ihr jemand eine neue Röntgenaufnahme, genügte Dorothy ein Augenblick und sie konnte »fröhlich verkünden, wie die Raumverteilung in etwa aussehen würde. Sehr zur Konsternierung des jungen Menschen, der das Bild gerade erst entwickelt hatte.«

Nach dem 2. Weltkrieg brach Dorothy zu einer mehrmonatigen Forschungsreise in die USA auf, während der sie einige renommierte Institute besuchte, und ein paar Jahre danach reiste sie auch in die Sowjetunion. 1951 wohnte nach einem Umzug der Hodgkins auch ein Ehepaar in ihrem Haushalt. Es übernahm unter anderem die Fahrdienste für Dorothy, da das neue Anwesen viel weiter entfernt von der Universität lag als die Strecke, die sie trotz ihrer Erkrankung bisher zu Fuß bewältigt hatte. Ihr Ehemann reiste beruflich längere Zeit nach Afrika. Mit der Veröffentlichung der Strukturformel von Vitamin B12 im Jahr 1955 hatte Dorothy erneut einen wichtigen Erfolg erzielt, den der Chemiker Bernal als »größten Triumph für die Kristallographie« würdigte. Das Vitamin wird bei der Zellteilung benötigt, weshalb ein Mangel daran eine spezielle Art der Anämie mit neurologischen Störungen auslöst. Hodgkins Arbeiten enthüllten ein bisher unbekanntes Corrin-Ringsystem, das auch ein Cobalt-Ion enthält. Ihre Ergebnisse ermöglichten später die Synthese des Vitamins. Die notwendigen umfangreichen Strukturanalysen, die sie 1948 begonnen hatte, konnte sie schließlich schnell abschließen, indem sie zu Testzwecken einen neuartigen SWAC-Computer der University of California per Post mitbenutzte.

Mit ihrer Schwester Joan zog sie 1957 in ein gemeinsames Haus. So wusste Dorothy den sehr gastfreundlichen Haushalt in guten Händen, wenn sie auf Reisen ging, und konnte auch wieder zu Fuß ihr Labor erreichen. Von der Royal Society erhielt sie 1960 den Titel »Wolfson-Professorin«, der ihr mehr Freiheiten beim Forschen bot, und auch die Oxford-Universität ernannte sie zur Professorin, nachdem sie und ihr Team zuvor schon modernere Laborräume zugewiesen bekommen hatten. 1964 wurde ihr »für die Strukturaufklärung biologisch wichtiger Substanzen mit Röntgenstrahlen« auch die wahrscheinlich höchste Ehrung zuteil, die ein Wissenschaftler anstreben kann: der Nobelpreis für Chemie. Das Ereignis war auch insofern herausragend, weil vor ihr nur die beiden Wissenschaftlerinnen Marie Curie und Irène Joliot-Curie (siehe Kapitel 8) diese Auszeichnung bekommen hatten. Wie selten wissenschaftliche Errungenschaften von Frauen so honoriert wurden, verdeutlicht folgender Auszug aus Dorothys Rede vor Studenten im Rahmen der Feierlichkeiten: »Ich bin als einzige Frau (unter den diesjährigen Preisträgern) ausgewählt worden, zu Ihnen zu sprechen – eine Position, die hoffentlich in Zukunft nicht mehr so ungewöhnlich sein wird, daß sie irgendeine Bemerkung hervorruft.« Doch bereits im folgenden Jahr wurde ihr auf nationaler Ebene eine ähnlich seltene Ehrung zugesprochen, die zuvor als einzige Frau nur Florence Nightingale erhalten hatte: Königin Elisabeth II. würdigte Dorothys wissenschaftliche Verdienste mit dem »Order of Merit«, eine Auszeichnung für herausragende Leistungen, mit der höchstens 24 lebende Personen des britischen Empire gleichzeitig ausgezeichnet sind.

Bei ihren Forschungen zur Struktur des Insulins sollte sich der Erfolg nicht so schnell einstellen. Begonnen hatten sie mit ersten Röntgenaufnahmen größerer Rhombohedren-Kristalle. Doch obwohl inzwischen der Biochemiker Frederick Sanger die Aminosäuresequenz entschlüsselt hatte, gaben die Daten der Röntgenbeugungsmuster verschiedener Derivate weiterhin Rätsel auf, die man mit einer neuen mathematischen Methode und immer besserer Computertechnik zu lösen versuchte. Schließlich gelang die Erstellung einer Elektronendichtekarte, aus der Dorothy und zwei ihrer Mitarbeiter, wie Ferry berichtet, ein dreidimensionales Molekülmodell innerhalb von nur zwei Tagen bauen konnten. Dorothys Anstrengung war umso bemerkenswerter, weil sie währenddessen wegen ihrer geschwollenen Füße große Schmerzen aushalten musste. Ihr Durchhaltevermögen zahlte sich aber aus, denn sie konnte das Ergebnis in einer noch groben Auflösung 1969 in einem für die wissenschaftliche Zeitschrift *Nature* geschriebenen Artikel bekannt geben. Immer detailreichere Untersuchungen von Insulin beschäftigten Dorothy sogar bis 1988.

Einen ähnlich starken Willen bewies Dorothy Hodgkin auch bei der Bewältigung ihres Arbeitspensums während der zahlreichen Reisen, z. B. nach China, Ghana, Japan, Australien und Vietnam. In Indien hielten sie weder ihre Herzrhythmusstörungen noch eine schwere Erkrankung ihres Mannes davon ab Vorträge zu halten. In Ämtern, die sie übernahm, engagierte sie sich, indem sie sich aktiv für die Ziele einsetzte: Von 1972 bis 1975 war sie Präsidentin der International

Union of Crystallography und 1977 Präsidentin des Council of the British Association for the Advancement of Science. Außerdem machte sie sich für studentische Belange stark, als sie 1970 zur Kanzlerin der Universität in Bristol ernannt wurde. Doch ihr Interesse galt nicht nur wissenschaftlichen Aufgaben. Ihre Erlebnisse und Kontakte während der Reisen und sicher auch ihre Erziehung vor allem durch die Mutter, die ihre Tochter immer wieder auf gesellschaftliche Probleme aufmerksam gemacht hatte, führten dazu, dass Dorothy Hodgkins Aktivitäten sich auch auf politische Themen erstreckten. So nahm sie Einladungen zu Konferenzen von »Pugwash« an: Benannt nach einem Ort in Kanada ist das Bestreben der 1995 mit dem Friedensnobelpreis ausgezeichneten Organisation, mit namhaften Wissenschaftlern Gefährdungen der globalen Sicherheit, Konflikte und nukleare Bedrohungen zu diskutieren. Durch ihren Dialog mit amerikanischen und sowjetischen Wissenschaftlern trug Dorothy, die in beiden Ländern Mitglied der Akademie der Wissenschaften war, dazu bei, ein Ende der Atombombentests zu erzielen. Sie stimmte schließlich auch zu, als man ihr die Präsidentschaft von Pugwash antrug. Ihr Verdienst für Frieden und Völkerverständigung wurde 1987 von der Sowjetunion mit dem »Internationalen Lenin-Friedenspreis« honoriert. Dorothy Hodgkin wurde auch zur Präsidentin der Medical Aid Foundation for Vietnam ernannt, die auf die Kriegsverbrechen in Vietnam aufmerksam machte, Opfer unterstützte und beim Wiederaufbau half. Auch bei diesem Amt kamen ihr ihre Reiseeindrücke zugute und die Gabe, bei schwer zugänglichen politischen Themen Schicksale und persönliche Gedanken einfließen zu lassen und sie dadurch anschaulicher zu machen. Außerdem ermutigte sie ihre Forschungsstudenten, die aus Entwicklungsländern stammten und in ihrem Labor arbeiteten, einmal in die Heimat zurückzukehren und sich dort für die Wissenschaft einzusetzen.

Dorothy Hodgkin nahm durch ihre Ämter und die zahlreichen Vortragsreisen auch nach ihrer Pensionierung 1977 noch regen Anteil am wissenschaftlichen Leben. Der Tod ihres Ehemannes Thomas fünf Jahre später bedeutete für sie einen großen Verlust. Aber auch dieses Ereignis konnte ihre Schaffenskraft nicht auf Dauer beeinträchtigen. Im Alltag bekam sie nun Unterstützung von ihrer großen Familie, vor allem von ihrer Tochter Elizabeth. Während dieser Zeit war sie mit Aufzeichnungen für ihre Biografie beschäftigt, die sie aber nicht mehr zu Ende bearbeiten konnte. Sie hielt ihr Fachwissen auf dem

Laufenden und blieb auch mit den Studenten im Gespräch, denn sie hatte weiterhin ein Büro an der Universität. Jürgen Neffe schilderte seine Eindrücke während eines solchen Bürotages im Jahr 1989: »Bereitwillig erklärt sie einer polnischen Studentin technische Details, zeigt mir das ganze Institut, kocht uns schließlich einen Kaffee. Immer wieder lasse ich mich von ihrem Körper täuschen. Ich sehe eine greise Weißhaarige, die krumm auf ihrem Stuhl sitzt, sich einen Bleistift zwischen die deformierten Finger schiebt und langsam eine Notiz auf einen Zettel schreibt. Doch dann spüre ich wieder die alte Ungeduld, die in ihr brennt, ihren ›starken Willen‹.« An anderer Stelle bemerkte er zudem: »Wer sich einlässt auf ihr Tempo beim Reden und Gehen, der erfährt bald, dass der Eindruck von Müdesein und Beschwerlichkeit die unveränderte Wachheit ihres wichtigsten Organs, des Gehirns, nur verdeckt.«

Der Künstler Henry Moore zeichnete einmal die von der Arthritis verformten Hände der Chemikerin. Eigentlich sollte er von der Royal Society den Auftrag bekommen, ein Porträt ihres Mitglieds anzufertigen, den er aber ablehnte. Auch das Porträt von Maggi Hambling, das Besucher in der National Portrait Gallery sehen können, zeigt Dorothys Hände. Auf dem Ölgemälde aus dem Jahr 1985 sitzt die Chemikerin zu Hause hinter ihrem Schreibtisch, auf dem dreidimensionale Modelle der von ihr erforschten Moleküle stehen, und analysiert Daten.

Sie beklagte sich nicht über die Schmerzen, die die stetig voranschreitende Arthritis ihr häufig verursachen musste. Auch jetzt verzichtete sie nicht auf Vortragsreisen, sondern schränkte sie lediglich ein und nahm Familienmitglieder mit. Wenn ihr das Gehen von weiten Strecken zu schwer fiel, bewegte sie sich in einem Rollstuhl fort. Ihrer Gesundheit wegen legte sie aber ab 1988 ihre Ämter nach und nach nieder. Sie reiste 1990, im Alter von 80 Jahren, noch einmal nach Bordeaux, um am Internationalen Kongress für Kristallografie teilzunehmen. Doch musste sie sich hin und wieder erholen, da es für sie in der sommerlichen Hitze zu anstrengend wurde, bei allen Programmpunkten dabei zu sein. Nach einem Bruch der Hüfte gegen Ende des Jahres, wovon Dorothy sich nur noch ganz allmählich erholte, konnte sie nicht mehr selbst gehen. Die notwendige Pflege zu Hause übernahmen die Familie und eine Krankenschwester. Seitdem schien auch ihre Stimme gebrochen zu sein, denn ihre leise gesprochenen Worte waren bei offiziellen Feierlichkeiten, die sie besuchte, nur noch schwer zu vernehmen. Gegen alle Ratschläge ihres Arztes, der Familie und Freunden blieb Dorothy bei ihrem Vorhaben, 1993 an der Tagung der International Union of Crystallography in China teilzunehmen. Durch dieses Ziel gewann sie einen Teil ihrer Kraft zurück, sodass sie kurz zuvor auch eine Rippenfellentzündung überstand. Auf der Heimreise war ihr allerdings die Anstrengung deutlich anzumerken. Im kommenden Jahr setzte Dorothy ein zweiter Hüftbruch so schwer zu, dass sie zunächst das Bewusstsein nicht wieder erlangte. Nach einer weiteren Krise starb sie im Beisein ihrer großen Familie am 29. Juli 1994 in ihrem Haus in Crab Mill.

In seiner Ansprache anlässlich eines Gedenkgottesdienstes 1995 in Oxford erinnerte der befreundete Chemiker und Nobelpreisträger Max Ferdinand Perutz an das, was Dorothy Hodgkin auszeichnete: »Sie strahlte Liebe aus: für Chemie, ihre Familie, ihre Freunde, ihre Studenten, ihre Kristalle und ihr College, dem sie großzügig einen Teil ihres Nobelpreises zur Unterstützung von Studenten und vom College-Personal gab. Ihre Liebe war kombiniert mit einem brillanten Geist und einem eisernen Willen erfolgreich zu sein, ungeachtet ihres gebrechlichen und später ernstlich verkrüppelten Körpers … Dorothy wird als eine großartige Chemikerin, eine heilige, tolerante und sanftmütige Menschenfreundin und eine hingebungsvolle Protagonistin für Frieden im Gedächtnis bleiben.«

Rheumatoide Arthritis

Unter rheumatoider Arthritis (auch als chronische Polyarthritis und oft nur als Rheuma bezeichnet) versteht man in der Medizin ein Krankheitsbild, bei dem Gelenke schmerzhaft entzündet sind und anschwellen. Zusätzlich zur charakteristischen Überwärmung kann eine Rötung auftreten. Die rheumatoide Arthritis beginnt meist an den kleinen Zehen- oder Fingergelenken (mit Ausnahme der jeweiligen Endgelenke). Im Laufe der oft schubweise auftretenden, fortschreitenden Erkrankung können auch Handwurzelknochen, Knie-, Hüft-, Fuß- oder die Schultergelenke betroffen sein. Häufig ist ein beidseitiges Auftreten der Entzündung und die so genannte Morgensteife zu beobachten. Dieser Begriff beschreibt die zu Tagesbeginn besonders stark auftretenden Beschwerden.

Häufigkeit

Die Zahl der von rheumatoider Arthritis Betroffenen liegt deutschlandweit schätzungsweise bei 800 000. Damit gilt sie als zweithäufigste entzündliche Erkrankung der Gelenke nach der entzündlich bedingten Arthrose. Rheumatoide Arthritis kann in jedem Alter auftreten, Frauen erkranken daran allerdings etwa dreimal häufiger als Männer. Bei den meisten Frauen treten die Symptome zwischen dem 55. und 64. Lebensjahr auf, bei Männern etwa 10 Jahre später. Es besteht ein Zusammenhang zwischen der Wahrscheinlichkeit an rheumatoider Arthritis zu erkranken und dem Lebensalter. Wenn die Krankheit bereits im Kindesalter ausbricht, bezeichnet man sie als juvenile idiopathische Arthritis.

Verlauf

Bisher gibt es zu den Auslösern der schleichend oder plötzlich auftretenden Erkrankung lediglich verschiedene Hypothesen. So könnte es sich dabei um eine Autoimmunkrankheit handeln, bei der die Immunabwehrzellen des Körpers die Gelenke angreifen. Zwillingsstudien zeigen außerdem, dass Gene eine Rolle spielen, die für die Immunantwort wichtig sind. Eine weitere Hypothese besagt, dass Viren und Bakterien die Krankheit verursachen.

Geht man von einer Autoimmunerkrankung aus, setzen körpereigene, falsch gesteuerte Abwehrzellen im Gelenk verschiedene Botenstoffe frei, die eine Entzündungsreaktion hervorrufen. Einige dieser Zytokine sind in so großen Mengen vorhanden, dass dadurch knorpel- und knochenabbauende Zellen aktiv werden. Außerdem verursachen sie eine Gewebswucherung, den so genannten Pannus, an der Gelenkinnenhaut. Durch ihn werden Knorpel und Knochen des Gelenks in Mitleidenschaft gezogen. Neueren Forschungen zufolge sind entartete, aggressive Zellverbände der Gelenkinnenhaut, die in Knorpel und Knochen einwandern, für die zunehmende Zerstörung des Gelenks durch enzymatischen Abbau verantwortlich. Zwar können die nur kurze Zeit überlebenden, gefährlichen Zellen vom Immunsystem beseitigt werden, aber auch dabei entsteht ein Pannus, jedoch ohne Entzündung. Durch die Freisetzung von Kollagenasen können außerdem sogar gefäßarme, kollagenhaltige Strukturen wie Sehnen fern vom betroffenen Gelenk angegriffen werden. Rheumatoide Arthritis tritt schubweise in Erscheinung. Ein solcher Schub kann Wochen, aber auch Monate anhalten, unterbrochen von Intervallen der Besserung.

Diagnose

Einen Hinweis auf rheumatoide Arthritis kann das Vorhandensein so genannter Rheumafaktoren im Blutbild geben. Ebenfalls im Blut kann das C-reaktive Protein als Entzündungsparameter bestimmt und eine als ACPAs bezeichnete Antikörperklasse nachgewiesen werden. Um den Zustand der befallenen Knochen beurteilen zu können, sind Röntgen- oder MRT-Aufnahmen notwendig.

Behandlung

Mit Hilfe von Schmerzmitteln und entzündungshemmenden Medikamenten können die Symptome der rheumatoiden Arthritis gemildert und kontrolliert werden. Auch Goldverbindungen können zur Therapie genutzt werden. Außerdem stehen seit einigen Jahren »Biologika« zur Verfügung, biologisch relevante Moleküle, die die Wirkung der Zytokine eindämmen. Je nach Schwere der Gelenkzerstörung kann eine Operation notwendig sein, bei der beispielsweise die Gelenksauskleidung entfernt wird, ein Gelenk versteift oder durch ein künstliches ersetzt wird. Da die Symptome nach einem überstandenen Schub von selbst abklingen, fällt es oft schwer, den Einfluss der Behandlung eindeutig zu beurteilen.

11
John Nash (1928): schizophrener Nobelpreisträger

»Johnny« war schon als kleiner Junge deutlich anders als die meisten seiner Altersgenossen. Er tollte nicht herum und spielte wenig mit anderen Kindern. Stattdessen saß er oft allein in einer Ecke, träumte vor sich hin und redete mit sich selbst. Seine Verhaltensauffälligkeiten führten auch in der Schule schnell zu Problemen. Trotz seiner zweifellos hohen Intelligenz stuften ihn die Lehrer zunächst als schwachen Schüler ein, weil er im Unterricht oft unaufmerksam und undiszipliniert war. In der vierten Klasse wurden insbesondere seine Leistungen in Mathematik als schlecht bewertet. Das beruhte allerdings zum Teil darauf, dass er bei der Lösung von Aufgaben oft andere Wege beschritt als der Lehrer vorgegeben hatte. Im Zeugnis stand dann auch die Bemerkung, bei Johnny wäre »eine Verbesserung seiner Leistungen, seiner Lerngewohnheiten und seines Respekts vor den Regeln« notwendig. Vor allem Johnnies Mutter bemühte sich sehr, die Forderungen der Schule zu erfüllen, hatte damit aber nur geringen Erfolg, weil ihr Sohn sich als wenig beeinflussbar erwies. Immerhin schaffte sie es, dass er einen Schönschreibkurs besuchte, wodurch sich seine kaum leserliche Handschrift verbesserte. Die Schreibschwäche hing vermutlich auch mit seiner Veranlagung zur Linkshändigkeit zusammen, die sein Vater jedoch ignorierte und darauf bestand, dass Johnny nur mit der rechten Hand schrieb.

Neben dem Lesen war Johnnies Lieblingsbeschäftigung das Experimentieren. Im Alter von etwa zwölf Jahren sah sein Zimmer bereits aus wie ein technisches Labor. Er beschäftigte sich vor allem mit der damals noch recht jungen Radiotechnik und bastelte sogar am Telefon seiner Eltern herum. Während sein Vater John Nash senior, der den Beruf eines Elektroingenieurs ausübte, die technischen Interessen seines Sohnes durchaus mit Wohlwollen sah, machte sich seine Mutter, eine ehemalige Lehrerin, zunehmend Sorgen, weil ihr Sohn außerhalb der Familie fast keine sozialen Kontakte hatte. Sie versuch-

Trotzdem genial Erste Auflage. Heinrich Zankl und Katja Betz.

te alles, um Johnny in dieser Hinsicht zu fördern und setzte dafür sogar seine Schwester Martha ein, die darüber später so berichtete: »… (Meine Eltern) wussten, dass er anders war. Und sie wussten, dass er klug war. Er wollte immer alles auf seine Weise machen. Mutter bestand darauf, dass ich etwas für ihn tat, dass ich ihn in meine Freundschaften einbezog. Sie wollte, dass ich ihm Rendezvous beschaffte. Sie hatte ja recht. Aber ich hatte keine große Lust, mit meinem etwas sonderbaren Bruder anzugeben.« Johnny interessierte sich auch in der Pubertät nicht besonders für das andere Geschlecht, aber seine Experimentierfreudigkeit bekam eine aggressivere Komponente. Er setzte beispielsweise einen Schaukelstuhl unter Strom und versuchte seine Schwester zu überreden darauf Platz zu nehmen. Noch kritischer waren seine Versuche mit Sprengstoff, die zu einer kleineren Explosion in der Schule führten und ihm einen Tadel des Direktors einbrachten. Im Alter von 15 Jahren bastelte Johnny mit zwei Knaben aus der Nachbarschaft sogar kleine Rohrbomben. Als einer von ihnen allein versuchte eine solche Bombe zu bauen, kam es zu einer Explosion, die ihn das Leben kostete. Da Johnny nicht direkt beteiligt war, hatte dieser schreckliche Vorfall für ihn keine schwerwiegenden Konsequenzen, aber seine Eltern setzten danach seiner Experimentierfreudigkeit wesentlich engere Grenzen. Johnnies Interesse an der Chemie blieb jedoch weiterhin groß und er zeigte erstaunliche Fähigkeiten, die sein Lehrer so beschrieb: »Wenn ich eine Chemieaufgabe an die Tafel schrieb, holten alle Schüler einen Stift und ein Blatt Papier heraus. John hingegen rührte sich nicht. Er starrte nur auf die Tafel. Dann stand er höflich auf und verriet uns die Lösung. Er konnte alle Aufgaben im Kopf lösen …«

Den ersten intensiven Einblick in die Welt der mathematischen Wissenschaft gewann John Nash junior nach eigenen Angaben, als er das Buch »*Men of Mathematics*« las. Der Autor dieses faszinierenden Werkes war der ungewöhnlich sprachbegabte Mathematikprofessor Eric Temple Bell, der damit in Johnny vor allem die Begeisterung für die Zahlentheorie weckte. Schon während seiner High-School-Zeit besuchte Nash Mathematikkurse am College in seinem Heimatort Bluefield (West Virginia). Aufgrund seiner hervorragenden schulischen Leistungen erhielt er ein Stipendium für ein Studium am Carnegie Institute of Technology (CIT) in Pittsburgh. Im Sommer 1945 begann er dort Chemie zu studieren, musste aber bald feststellen, dass ihm der praktische Teil der Ausbildung Probleme bereitete.

Er wählte daher Mathematik als Hauptfach und war darin so brillant, dass man ihm gestattete, das Bachelor- und Masterexamen gleichzeitig abzulegen. Während viele Professoren Nashs außergewöhnliche Begabung erkannten und ihn während des Studiums intensiv förderten, sahen die meisten seiner Kommilitonen in ihm nur einen komischen Kauz, den man nach Belieben verspotten und drangsalieren konnte. Einer von ihnen sagte später in einem Interview über Nash: »Er war ein Typ, der in sozialer Hinsicht unterentwickelt war und sich recht kindisch aufführte ... Wir quälten den armen John ... Wir spürten, dass er ein psychisches Problem hatte.« Da außerdem der Verdacht bestand, dass er homosexuell war, wurde er oft »Schwuli« oder »Homo« genannt.

Nash war daher sehr froh, als sich 1948 sein Studium am CIT dem Ende näherte und er gleich von vier renommierten Universitäten die Zusage für ein Promotionsstipendium in Mathematik erhielt. Er entschied sich schließlich für die Princeton University, weil die finanziellen Bedingungen am günstigsten waren. Dort konnte Nash seine genialen Gedanken zu sehr verschiedenen Gebieten der Mathematik weiterentwickeln. Er interessierte sich insbesondere für Topologie, algebraische Geometrie, Logik und Spieltheorie. Nash hatte auch keinerlei Hemmungen, Professoren spontan in intensive Diskussionen über diese Bereiche zu verwickeln. Bereits im ersten Semester vereinbarte er sogar ein Treffen mit Einstein, um ihm eine Idee über »Schwerkraft, Reibung und Strahlung« vorzutragen. Die Unterredung dauerte etwa eine Stunde, wobei Nash fast ununterbrochen redete und zahlreiche Formeln an die Tafel schrieb. Einstein war aber wohl doch nicht ganz von deren Stichhaltigkeit überzeugt, denn er verabschiedete Nash mit den Worten: »Sie sollten noch mehr Physik studieren, junger Mann.«

Nicht alle Professoren waren allerdings so geduldig wie Einstein. Einige beschwerten sich über Nashs anmaßendes Verhalten und beantragten, dass sein Stipendium nicht verlängert werden sollte. Eine knappe Mehrheit vertrat jedoch in der Fakultät die Meinung, man müsste »seine Eigenartigkeit aufgrund seiner kreativen Fähigkeiten tolerieren«. Auch unter den anderen Doktoranden war Nash nicht sonderlich beliebt, aber durchaus respektiert. Insbesondere nachdem er ein auch mathematisch hoch interessantes Strategiespiel erfunden hatte, wurde ihm allgemein eine recht große Wertschätzung entgegengebracht. Sogar der damals schon sehr berühmte Mathematiker

John von Neumann war von dem »Nash-Spiel« sehr angetan. Er beschäftigte sich schon lange mit der Spieltheorie und hatte 1944 darüber mit Oskar Morgenstern ein vielbeachtetes Buch mit dem Titel *»Spieltheorie und wirtschaftliches Verhalten«* geschrieben. Nash war von dem Seminar, das von Neumann über diese Forschungsrichtung in Princeton abhielt, fasziniert und beschloss seine Dissertation darüber zu schreiben. Allerdings war er sich nicht sicher, ob seine Arbeit über dieses für Mathematiker eher ungewöhnliche Thema von der Fakultät auch anerkannt würde. Ein zusätzliches Risiko sah Nash darin, dass der sehr einflussreiche von Neumann ihm recht kritisch gegenüberstand. Deshalb bereitete sich Nash darauf vor, im Falle einer Ablehnung seiner Arbeit eine Dissertation aus der algebraischen Geometrie einzureichen. Das erwies sich aber als nicht notwendig, denn seine Doktorarbeit über *»Nicht kooperative Spiele«* wurde nach einigen Korrekturen sehr gut bewertet, sodass der erst 22 Jahre alte Nash bereits 1950 promovieren konnte.

Ab 1951 übernahm Nash eine Dozentenstelle am Massachusetts Institute of Technology (MIT), nachdem sein Versuch Assistant Professor in Princeton zu werden am Widerstand einiger Fakultätsmitglieder gescheitert war. Am MIT wandte Nash sich verstärkt der Differentialgeometrie und den partiellen Differentialgleichungen zu. Dabei war er so erfolgreich, dass er in den späten 1950er Jahren erwartete die Fields-Medaille zu erhalten, die auch als Nobelpreis für Mathematiker bezeichnet wird. Als daraus nichts wurde, war Nash sehr enttäuscht und beschuldigte Kollegen, sie hätten ihm Ideen gestohlen. Nash arbeitete nebenberuflich auch mehrere Jahre bei der RAND Corporation an einem geheimen Forschungsprojekt über die Anwendung der Spieltheorie auf strategische Situationen. RAND war eine Art Denkfabrik, die der US-Luftwaffe angegliedert war, und die vor allem Strategien für den Umgang mit Atomwaffen entwickeln sollte. Nashs anfangs sehr erfolgreiche Tätigkeit bei RAND ging jedoch abrupt zu Ende, als er auf einer Männertoilette wegen unsittlichen Verhaltens verhaftet wurde. Da die RAND Corporation Homosexualität als Sicherheitsrisiko einstufte, kündigte man den Beratervertrag mit Nash fristlos und wies ihn an, sein Büro sofort zu räumen. Nash leugnete zwar den von der Polizei gemeldeten Vorfall und zeigte seinem Vorgesetzten bei RAND sogar ein Foto einer Frau mit Kind. Dazu sagte er: »Das ist die Frau, die ich heiraten werde und das ist mein Sohn.« Die Angaben stimmten weitgehend, denn

Nash hatte tatsächlich ein Kind mit seiner Freundin Eleanor Stier, die er allerdings ziemlich schlecht behandelte und nie heiratete. Auch um seinen Sohn kümmerte er sich wenig. 1956 heiratete Nash dann Alicia Larde, die aus einer gut situierten Familie stammte und am MIT Physik studierte. Inzwischen war Nash zum Assistant Professor ernannt worden und erreichte Anfang 1959 als Associate Professor eine unbefristete Anstellung am MIT.

Diese Position gab Nash aber schon bald wieder auf, nachdem bei ihm eine paranoide Schizophrenie diagnostiziert worden war (weitere Informationen zu dieser psychischen Krankheit im Abschnitt »*Schizophrenie*«). Wann die Erkrankung begann, war nicht sicher feststellbar, da Nash schon lange recht exzentrische Verhaltensweisen gezeigt hatte. Im Frühjahr 1959 wurden die Symptome aber immer deutlicher. Bei einer Zusammenkunft von Kollegen sagte er plötzlich, dass fremde Mächte über einen Artikel in der *New York Times* mit ihm in Kontakt getreten wären. Mitte Februar schrieb er an einen französischen Kollegen einen vierfarbigen Brief, indem er beklagte, dass Außerirdische seine Karriere zerstören würden. Wenig später fanden sich im Postkasten der Fakultät Briefe an die Botschafter vieler Länder, in denen Nash die Bildung einer Weltregierung ankündigte. Der Dekan teilte daraufhin den Kollegen mit, er müsste Nash für das gerade beginnende Semester wegen eines Nervenzusammenbruchs von seinen Lehrverpflichtungen entbinden. Seine inzwischen schwangere Ehefrau Alicia bekam zunehmend Angst vor ihrem total verwirrten und durchaus auch aggressiven Mann. Da er eine freiwillige Behandlung ablehnte, kam es schließlich unter Mitwirkung von Psychiatern zu einer Zwangseinweisung von Nash in eine psychiatrische Klinik. Dort besuchte ihn ein Kollege und fragte Nash, wie er denn so irrationale und unlogische Dinge denken könne. Nash antwortete: »Diese Ideen hatten die gleiche Quelle wie meine mathematischen Ideen. Sie waren spontan.« Nach mehrwöchiger Behandlung schienen sich die Symptome soweit gebessert zu haben, dass eine Entlassung in Erwägung gezogen werden konnte. Die behandelnden Psychiater befürchteten allerdings, Nash wäre immer noch krank, verberge aber seine Halluzinationen. Mit Hilfe eines Rechtsanwaltes erreichte Nash schließlich Ende Mai 1959 seine Entlassung, blieb aber unter psychiatrischer Aufsicht. Er kehrte zu seiner Frau zurück, die eine Woche vorher einen Sohn geboren hatte.

Nash kündigte umgehend seine Stellung am MIT und ließ sich trotz aller Warnungen seine Pensionsgelder auszahlen. Mit seiner Frau begab er sich dann im Juli 1959 auf eine Europareise, wobei der erst wenige Wochen alte Sohn zunächst bei Alicias Mutter zurückblieb. Alicia fiel diese Trennung von ihrem Kind sehr schwer, aber sie befürchtete, ihr Mann könnte die von ihm so dringend gewünschte Reise alleine nicht durchstehen. Nach einigen unbeschwerten Tagen in Paris fuhr Nash allein nach Luxemburg, um dort demonstrativ seinen amerikanischen Pass abzugeben, da er weiterhin das Ziel verfolgte ein »Weltbürger« zu werden. Einem Botschaftsangehörigen gelang es jedoch Nash klar zu machen, dass er ohne seinen Pass nicht mehr nach Paris zu seiner Frau zurückkehren könnte. Nash fuhr wieder nach Paris und beschloss nach Genf zu reisen, weil dort viele internationale Organisationen ihren Sitz haben. Seine Ehefrau begleitete ihn, fuhr dann aber weiter nach Italien. Nash versuchte in Genf monatelang vergeblich seinen Pass abzugeben und als Asylant anerkannt zu werden. Schließlich verbrannte er seinen Pass. Als ihm danach die Abschiebung drohte, entschloss sich seine Frau ihn in Genf abzuholen und nach Paris zu bringen. Dort beantragte Nash wieder Asyl, das aber abgelehnt wurde. Daraufhin nahm er Kontakt zu den Behörden der DDR auf und schaffte es 1960 ohne Papiere einzureisen. Aber auch in der DDR wollte man Nash bald wieder los werden. Durch komplizierte diplomatische Verhandlungen wurde erreicht, dass er nach Paris ausreisen konnte, wo ihn seine Frau Alicia in Empfang nahm und in die USA brachte.

Während Alicia versuchte eine Arbeitsstelle zu finden, um die Familie ernähren zu können, lungerte Nash, der sich jetzt Johann von Nassau nannte, in der Princeton University herum. Er weigerte sich mehrmals einen Arbeitsvertrag für eine Stelle zu unterschreiben, die Freunde für ihn mühsam organisiert hatten. Als sich immer mehr Universitätsangestellte von Nash bedroht fühlten, griff die Polizei ein und bewirkte eine erneute Einweisung in eine Nervenklinik. Dort wurde er über mehrere Wochen mit einer Insulinschocktherapie behandelt, die damals sehr in Mode war. Nachdem sich gewisse Erfolge zeigten, verlegte man Nash zunächst in eine Rehabilitations-Klinik und entließ ihn im Juli 1961 nach Hause. Aber schon bald verschlechterte sich Nashs Zustand erneut. Er reiste 1962 wieder nach Europa, aber seine Frau begleitete ihn diesmal nicht. Sie war am Ende ihrer Kräfte und reichte die Scheidung ein, die im August 1963 rechtskräftig wurde. Bei seiner Rückkehr in die USA musste Nash erneut in eine Klinik eingewiesen werden. Nach der Entlassung folgten Jahre, in denen Nash zeitweilig fast normal erschien, aber immer wieder von Wahnvorstellungen ergriffen wurde.

1970 entschloss sich Nashs geschiedene Frau Alicia, ihn wieder bei sich aufzunehmen, da seine Mutter gestorben war und seine Schwester Martha sich nicht in der Lage sah, sich intensiv um ihren kranken Bruder zu kümmern. Alicia schrieb in dieser Zeit in einem Brief an Martha: »Ich glaube, daß ich seine Schwierigkeiten heute viel besser verstehen kann als je zuvor, da ich einige seiner Probleme nun am eigenen Leib erfahren habe.« Während Nash in der neuen Umgebung ruhiger und vernünftiger wurde, braute sich über seiner Familie neues Unheil zusammen. Der gemeinsame Sohn, der wie sein Vater John hieß, und allgemein auch Johnny genannt wurde, zeigte nicht nur ein großes Talent für Mathematik, sondern entwickelte ebenso wie sein Vater Zeichen einer Schizophrenie. Er musste ebenfalls in einer Nervenklinik behandelt werden, wo er sich aber relativ schnell erholte. Danach begann er ein Mathematikstudium, das er 1985 mit der Promotion abschloss. Im folgenden Jahr kehrte die Krankheit aber zurück, sodass Johnny keine berufliche Tätigkeit ausüben konnte. Er bekam Medikamente, die es ermöglichten, dass er nicht gleich wieder in eine Klinik musste, sondern bei seinen Eltern leben konnte. Da er sich aber manchmal weigerte, seine Arznei einzunehmen, kam es immer wieder zu schwerwiegenden Zwischenfällen, sodass mehrfach auch die Polizei einschreiten musste. Einmal prügelte der inzwischen über 30-jährige Johnny sogar mit einem Stock auf seine Eltern ein. Anlass dafür war sein Versuch, an einem Geldautomaten der Sovereign-Bank Geld abzuheben, obwohl er dort kein Konto hatte. Da er sich als »Sovereign« (Monarch) fühlte und deshalb auch eine Krone trug, konnte er nicht verstehen, warum die Geldentnahme nicht funktionierte. Als seine Eltern ihn in der Bank abholen wollten, reagierte er aggressiv.

Während sich der Gesundheitszustand seines Sohnes in den 1980er Jahren zunehmend verschlechterte, verschwanden bei John Nash langsam die Symptome der Schizophrenie, sodass er wieder arbeitsfähig wurde. Schon 1985 vermerkte ein Kollege nach einem Mittagessen mit Nash: »Er sah sehr viel besser aus. Er beschrieb seine Arbeit auf dem Gebiet der Primzahlentheorie. Mein Wissen reicht nicht aus, um das zu beurteilen, aber es sah nach echter Mathematik, nach echter Forschung aus. Das hat mich gefreut.« Ein anderer Mathematikprofessor, der Nash bis 1990 häufig im Rechenzentrum antraf, stellte fest: »Ich hatte den Eindruck, dass sich sein Zustand allmählich verbesserte. In den Frühphasen bildete er von Begriffen abgeleitete Zahlen und war über seine Entdeckungen beunruhigt ... Dann betrieb er eine Art mathematische Zahlenmystik. Er spielte mit Formeln und Faktoren. Diese Aktivitäten ... hatten zumindest nichts Bizarres mehr an sich. Später betrieb er dann richtige Forschungen.« Langsam wurde weltweit bekannt, dass Nash inzwischen weitgehend gesund geworden war und sich wieder wissenschaftlich betätigte. Man erinnerte sich an seine bahnbrechenden Arbeiten zur Spieltheorie, die inzwischen im Bereich der Wirtschaftswissenschaften eine so wichtige Rolle spielten, dass sie für nobelpreiswürdig gehalten wurden. Besonders bekannt wurde die Theorie dadurch, dass 1994 einige aus ihr abgeleitete Regeln in den USA bei der Versteigerung der Rundfunklizenzen angewandt wurden. Im gleichen Jahr entschloss sich das Nobelpreiskomitee dazu, für diese Forschungsrichtung den wirtschaftswissenschaftlichen Preis zu verleihen. Gemeinsam mit John F. Nash wurden noch der US-Wirtschaftswissenschaftler John C. Harsanyl und der deutsche Mathematiker Reinhard Selten ausgezeichnet. Die Preisverleihung erfolgte »für die Analyse des Gleichgewichts in der Theorie nicht kooperativer Spiele«.

Nash war verständlicherweise höchst erfreut über die hohe Auszeichnung und entschloss sich trotz seines noch labilen Gesundheitszustandes nach Stockholm zu reisen, um den Preis persönlich in Empfang zu nehmen. Vorher wurde er allerdings noch unauffällig von einem Psychiater begutachtet, der feststellen sollte, ob Nash psychisch stabil genug sei, um die anstrengenden Feierlichkeiten durchzustehen. Nachdem der Test gut ausgefallen war, konnte Nash sogar am Empfang durch den schwedischen König teilnehmen, mit dem er sich gut über schnelle Autos unterhielt. Einen offiziellen Nobel-Vortrag hielt Nash zwar nicht, aber er schrieb den von jedem Preisträger erwarteten autobiografischen Aufsatz, der vom Nobelpreiskomitee veröffentlicht wird.

In dieser Autobiografie findet sich am Ende auch die folgende Einschätzung seiner zukünftigen wissenschaftlichen Arbeitsmöglichkeiten: »In statistischer Hinsicht ist es unwahrscheinlich, dass irgendein Mathematiker oder Naturwissenschaftler im Alter von 66 Jahren durch Wiederaufnahme seiner Forschungstätigkeit an frühere Leistungen anknüpfen kann. Dies versuche ich aber, und möglicherweise ist meine Situation atypisch, da meine Pause von 25 Jahren, in der mein Denken wahnhafte Züge aufwies, eine Art »Urlaub« war. Somit habe ich die Hoffnung, durch meine gegenwärtigen Studien oder durch zukünftige neue Ideen etwas Nützliches vollbringen zu können.« Das gelang ihm in der Tat, denn 1996 gab er gemeinsam mit Edward Elgar das Buch »*Essays on Game Theory*« heraus. Nash machte auch bereitwillig Angaben dazu, wie er sich seine Gesundung erklärte, die bei Schizophrenie doch eher selten ist: »Nach und nach begann ich, einige vom Wahn beeinflusste Gedanken, die für meine Orientierung charakteristisch waren, in geistiger Hinsicht zu verwerfen. Dies wird dadurch am deutlichsten, dass ich politisch inspirierte Vorstellungen verbannte, weil sie mir im Grunde als fruchtlose Vergeudung des Intellekts vorkamen.« Bei anderer Gelegenheit stellte Nash einen auf den ersten Blick eher verblüffenden Vergleich auf: »Tatsächlich besteht eine Analogie zur Funktion der Willenskraft bei einer erfolgreichen Schlankheitskur. Wenn man sich darum bemüht, seine Gedanken ›rational‹ zu erklären, kann man die irrationalen Hypothesen der wahnhaften Denkweise schnell erkennen und verwerfen.«

Der höchst ungewöhnliche Lebensweg von Nash rief auch bei den Medien großes Interesse hervor. Die Wirtschaftsjournalistin Sylvia Nasar publizierte 1998 eine Biografie, in der sie die verschiedenen Phasen in Nashs Leben ausführlich darstellte. Im Vorwort schrieb sie unter anderem: »Eine Schizophreniedisposition war vermutlich für seine unkonventionelle Denkweise als Mathematiker von grundlegender Bedeutung, doch die vollständig ausgebrochene Krankheit zerstört seine Fähigkeit, schöpferisch zu arbeiten.« Die Biografie bildete die Basis für einen Spielfilm, der 2001 unter dem Titel »*A Beautiful Mind*« in die Kinos kam. Er wurde ein großer Publikumserfolg und gewann vier Oskars. Ein Jahr später folgten zwei Dokumentarfilme, die Nashs Leben wesentlich genauer widerspiegelten als der Spielfilm. Nash blieb vom Medienrummel, der um ihn herum entstand, weitgehend unbeeindruckt. Auf die Frage, wie ihm der Spielfilm über sein Leben gefallen habe, antwortete er: »Es war nicht angenehm, den Film zu sehen. Es war schmerzhaft, auch wenn manches aus dramaturgischen Gründen erfunden wurde ...« Neben seiner wissenschaftlichen Arbeit widmete sich Nash mit seiner Frau, die er 2001 zum zweiten Mal heiratete, vor allem der Betreuung seines schizophrenen Sohnes Johnny, bei dem bis zu diesem Zeitpunkt noch keine deutlichen Anzeichen einer dauerhaften Gesundung feststellbar waren. John Nash war trotz seines inzwischen fortgeschrittenen Alters auch immer noch in verschiedenen Institutionen aktiv, die sich für eine verbesserte Betreuung von psychisch Kranken einsetzen. 2002 wurde er dafür mit dem »O. Spurgeon English Humanitarian Award« ausgezeichnet.

Schizophrenie

Der Begriff »Schizophrenie« wurde erst 1908 von dem Schweizer Psychiater Eugen Bleuler eingeführt. Die Bezeichnung setzt sich zusammen aus den griechischen Worten *s'chizein* = spalten und *phrén* = Geist, Gemüt. Im Deutschen wird von Laien manchmal auch noch der veraltete Name »Spaltungsirresein« verwendet. Die ebenfalls nicht selten gebrauchte Bezeichnung »gespaltene Persönlichkeit« ist irreführend, weil sie zur Verwechslung mit einer anderen psychischen Störung führen kann. Wegen der Vielgestaltigkeit der Symptome ist bis heute noch nicht endgültig geklärt, ob alle Formen der Schizophrenie als Krankheitseinheit anzusehen sind, oder ob es sich dabei um mehrere Krankheiten mit unterschiedlichen Ursachen handelt. Deshalb wird die Bezeichnung Schizophrenie oft auch als Oberbegriff für die endogenen Psychosen benutzt, die durch ein Nebeneinander von gesunden und veränderten Verhaltens- und Erlebensformen gekennzeichnet sind (siehe auch Kapitel 1 über Isaac Newton).

Häufigkeit

Die Schizophrenie ist durchaus nicht selten. Weltweit leidet etwa 1 % der Bevölkerung daran. Pro Jahr treten allein in Deutschland ca. 8000 Neuerkrankungen auf. Männer und Frauen werden etwa gleich häufig betroffen, wobei die Krankheit beim männlichen Geschlecht jedoch im Durchschnitt fünf Jahre früher auftritt als beim weiblichen.

Ursachen

Sie sind noch nicht vollständig geklärt. Es gibt begünstigende Erbfaktoren, aber auch geburtsbedingte Hirnschädigungen oder Infektionen können eine Rolle spielen. Gifteinwirkungen (insbesondere durch Drogen) kommen als auslösende Faktoren ebenso in Frage wie hormonelle Störungen und starke psychische Belastungen.

Symptome

Sie sind sehr unterschiedlich. Man unterscheidet so genannte »Positivsymptome« wie z. B. Halluzinationen (Sinnestäuschungen) und Wahnvorstellungen von »Negativsymptome«, die beispielsweise als Denk- und Antriebsstörungen oder emotionale Verflachung in Erscheinung treten.

Krankheitsformen

Die Untergliederung wird durch viele Mischformen erschwert und ist deshalb nicht einheitlich.

Hebephrene Schizophrenie (Hebephrenie)

Sie tritt meist schon im Jugendalter auf und führt oft zu einer weitgehenden Veränderung der Persönlichkeitsstruktur. Im Vordergrund stehen die oben erwähnten Negativsymptome. Eine Abgrenzung von noch als normal einzustufenden Pubertätsschwierigkeiten ist oft schwierig. Die Prognose ist relativ ungünstig.

Katatone Schizophrenie (Katatonie)

Sie tritt ebenfalls oft schon bei Jugendlichen auf und wird hauptsächlich charakterisiert durch so genannte Haltungsstereotypien (eigenartige Haltungen werden über lange Zeit eingenommen) oder Katalepsie (Patient kann wie eine Gliederpuppe bewegt werden). Es kann aber auch ein plötzlicher Bewegungssturm auftreten. Die Katatonie tritt in den westlichen Industrieländern wesentlich seltener auf als in den Entwicklungsländern.

Paranoide Schizophrenie (Paranoia)

Sie ist die häufigste Schizophrenieform und wird insbesondere geprägt von den oben genannten Positivsymptomen. Die Patienten entwickeln oft einen Verfolgungs- oder Größenwahn und religiöse bzw. politische Wahnvorstellungen.

Schizophrenia simplex (blande Psychose)

Bei dieser Form entwickeln sich die Symptome meist erst schleichend im Erwachsenenalter, wobei Halluzinationen und Wahnvorstellungen oft fehlen. Die Patienten zeigen zunehmend seltsamere Verhaltensweisen und bauen ihre Sozialkontakte immer weiter ab. Wegen des Fehlens auffälliger Symptome ist dieser Schizophrenietyp besonders schwer diagnostizierbar. Die Prognose ist ziemlich ungünstig, weil Therapieversuche meist erfolglos sind und eine hohe Selbstmordgefahr besteht.

Therapie

Bei akuten schizophrenen Schüben, in denen vor allem Positivsymptome auftreten, helfen Medikamente (Psychopharmaka) oft recht gut, wobei allerdings auch unerwünschte Nebenwirkungen auftreten können. Bei chronischen Verläufen mit Negativsymptomen sind die Erfolge deutlich geringer. Alle Patienten bedürfen einer intensiven psychiatrischen Betreuung, die in den meisten Fällen aber ambulant erfolgen kann. Wichtig ist vor allem eine neue Tagesstruktur aufzubauen, die insbesondere durch Sozial-, Arbeits- und Bewegungstherapie erzielt werden kann. Recht gute Erfolge werden auch mit dem Metakognitiven Training (MKT) erreicht, das darauf abzielt, dem Patienten seine verzerrte Gedanken- und Gefühlswelt bewusst zu machen und sie durch geeignete Strategien wieder in normale Bahnen zu lenken.

12
Stephen Hawking (1942): großer Geist in schwachem Körper

Stephen William Hawking wurde 1942 in der berühmten Universitätsstadt Oxford in England geboren. Seine Eltern waren aus London dorthin gezogen, um den Bombardierungen durch die deutsche Luftwaffe zu entgehen. Sechs Jahre später kehrte die Familie wieder in die Nähe von London zurück. In der Stadt St. Albans besuchte Stephen die Schule, wobei er von seinem Mathematiklehrer besonders stark beeinflusst wurde. Nach dem Abitur nahm Stephen an der Aufnahmeprüfung für ein Studium der Naturwissenschaften an der Universität Oxford teil und erzielte dabei ein so gutes Ergebnis, dass ihm ein Stipendium gewährt wurde. Mit 17 Jahren begann Stephen das Studium der Physik, das er nach drei Jahren mit dem Bachelor-Examen abschloss. Seine Noten im schriftlichen Teil des Examens waren allerdings nur mittelmäßig, sodass er noch eine mündliche Prüfung absolvieren musste, die er mit Bravour bestand. Einer der Professoren sagte später zum Ablauf dieser Prüfung: »… die Prüfer waren intelligent genug, um zu bemerken, dass sie mit jemandem sprachen, der viel gescheiter war als die meisten von ihnen«. Trotz seines bereits stark ausgeprägten Interesses an wissenschaftlichen Theorien war Stephen in Cambridge aber durchaus auch sportlich aktiv. Er ist heute noch stolz darauf, dass er sogar einmal zum Steuermann des berühmten College-Achters gewählt wurde war, der sich jedes Jahr ein Traditionsrennen mit dem Boot der Universität Cambridge liefert.

1962 verließ Hawking Oxford, um in Cambridge am altehrwürdigen College Trinity Hall ein Promotionsstudium in Astronomie und Kosmologie zu beginnen. Schon in den ersten Wochen verlor er auf einer Treppe die Balance und stürzte schwer. Möglicherweise handelte es sich dabei schon um eines der ersten Anzeichen der heimtückischen Erkrankung, die bald bei ihm ausbrechen sollte.

Wegen zunehmender körperlicher Schwächezeichen unterzog er sich einige Monate später einer ärztlichen Untersuchung. Dabei wurde der Verdacht geäußert, dass er an einer degenerativen Erkrankung des Nervensystems leidet. Eine intensive Zusatzdiagnostik ergab schließlich den niederschmetternden Befund: Amyotrophe Lateralsklerose (ALS). Es handelt sich dabei um eine fortschreitende und bis heute unheilbare Krankheit, die Gehirn und Rückenmark befällt (weitere Informationen im Abschnitt »*Amyotrophe Lateralsklerose*«).

Die Ärzte gaben Hawking zu verstehen, dass seine Lebenserwartung wahrscheinlich nur noch ein paar Jahre betrüge und er damit rechnen müsse, schon relativ bald ein Pflegefall zu werden. Verständlicherweise war der gerade erst zwanzigjährige Hawking von dieser Nachricht völlig geschockt und sah zunächst keinen Sinn darin, an seiner Doktorarbeit weiterzuarbeiten. Es war vor allem der intensiven Unterstützung durch seine Freundin Jane White zu verdanken, dass er trotzdem bald wieder Mut fasste und beschloss seine Doktorarbeit so schnell wie möglich fertigzustellen. Auch sein Doktorvater unterstützte ihn sehr, sodass Hawking innerhalb von nur drei Jahren promovieren konnte, was unter den gegebenen Umständen eine höchst außergewöhnliche Leistung darstellt. Da Hawking zu dieser Zeit schon nicht mehr richtig schreiben konnte, diktierte er seine Doktorarbeit verschiedenen Hilfskräften.

1965 heiratete Hawking seine Freundin Jane Wilde, die damals Sprachen studierte. Ihre Eltern warnten sie vor der Ehe mit dem bereits pflegebedürftigen Hawking, von dem allgemein erwartet wurde, dass er innerhalb weniger Jahre sterben werde. Auf die Frage eines Reporters, warum sie sich trotz dieser schlechten Aussichten zu der Ehe entschlossen habe, antwortet sie später einmal: »Das waren damals die Tage der atomaren Bedrohung und Düsternis, sodass wir alle eine ziemlich kurze Lebenserwartung hatten.« Aus der Ehe, die 25 Jahre hielt, gingen drei Kinder hervor. Auch beruflich ging es für Hawking aufwärts. 1966 wurde er wissenschaftlicher Mitarbeiter an dem sehr renommierten Gonville & Caius College, das zur Universität Cambridge gehört und aus dem bereits zwölf Nobelpreisträger hervorgegangen sind. Hawking beschäftigte sich in dieser Zeit vor allem mit den theoretischen Voraussetzungen der allgemeinen Relativitätstheorie. Für die Arbeit, die er darüber mit seinem Kollegen Roger Penrose publizierte, erhielten die beiden Wissenschaftler 1966 den wissenschaftlich sehr angesehenen Adams-Preis der Universität Cambridge. Hawkings Nervenkrankheit schritt aber unaufhaltsam voran, sodass er ab 1968 einen Rollstuhl benötigte. Er ließ sich davon aber nicht aus der Bahn werfen, sondern nahm sogar eine neue Stelle am Institut für Theoretische Astronomie an. Später wechselte er ans Institut für Angewandte Mathematik und Theoretische Physik. Hawking entwickelte eine quantenmechanische Interpretation der Schwarzen Löcher des Weltalls. Dabei spielte auch die Vorstellung eine wichtige Rolle, dass Schwarze Löcher in Abhängigkeit von ihrer Masse Strahlung abgeben und dadurch langsam ihre Energie verlieren. Diese Strahlung wird in der wissenschaftlichen Literatur heute oft als »Hawking-Strahlung« bezeichnet. 1974 wurde Hawking als eines der jüngsten Mitglieder in die traditionsreiche Royal Society aufgenommen, die eine der ältesten wissenschaftlichen Akademien der Welt ist. Im selben Jahr mutete Hawking sich die starke Belastung einer Gastprofessur am berühmten Caltech-Institut in den USA zu. 1975 erhielt er gemeinsam mit seinem Kollegen Penrose von der Royal Astronomic Society die Eddington-Medaille für hervorragende Leistungen auf dem Gebiet der theoretischen Astrophysik. Zu dieser Zeit war bei Hawking die ALS schon so weit fortgeschritten, dass er nicht mehr in der Lage war allein zu essen oder aus dem Bett aufzustehen. Seine Sprachfähigkeit war bereits so reduziert, dass ihn nur noch Leute verstehen konnten, die ihn schon länger kannten. Mit ungeheurer Willensstärke arbeitete Hawking trotzdem weiter an seinen wissenschaftlichen Projekten und erbrachte so große Leistungen, dass er weitere Auszeichnungen erhielt: den Dannie-Heineman-Preis, die Hughes-Medaille der Royal Society und die Albert-Einstein-Medaille. 1979 wurde Hawking schließlich sogar auf einen der ältesten britischen Lehrstühle für Mathematik berufen, der schon seit 1663 an der Universität Cambridge existiert. Er trägt den Namen des Stifters Henry Lucas und ist besonders berühmt, weil zeitweilig auch das Jahrhundertgenie Isaac Newton diese Professur innehatte.

In den Folgejahren entwickelte Hawking gemeinsam mit seinem Kollegen Jim Hartle das Modell eines grenzenlosen Universums. Für dieses Weltmodell interessierte sich auch der Vatikan und lud Hawking 1981 zu einer kosmologischen Tagung nach Rom ein. Papst Johannes Paul II. gewährte ihm sogar eine Audienz, bei der er Hawking ermunterte, das Universum weiter zu erforschen. Allerdings soll der Papst ihn bei dieser Gelegenheit gebeten haben, den Urknall auszuklammern, da dieser mit dem Augenblick der Schöpfung gleichzusetzen sei. Der Papst dürfte sich aber über Hawkings Vortrag nicht gefreut haben, denn es kam darin auch unter anderem die folgende Formulierung vor: »Wenn das Universum einen Anfang hätte, könnten wir von der Annahme ausgehen, dass es durch einen Schöpfer geschaffen worden ist. Doch wenn das Universum wirklich völlig in sich selbst abgeschlossen ist, wenn es wirklich keine Grenze und keinen Rand hat, dann hätte es auch weder einen Anfang noch ein Ende; es würde einfach sein. Wo wäre dann noch Raum für einen Schöpfer?«

Hawking erhielt in den nächsten Jahren weitere Auszeichnungen: Commander of the British Empire, Goldmedaille der Royal Astronomical Society, Mitgliedschaft der Päpstlichen Akademie der Wissenschaften. 1985 verschlechterte sich Hawkings Gesundheitszustand bei einem Aufenthalt im Forschungszentrum CERN in Genf plötzlich so rapide, dass akute Lebensgefahr bestand. Infolge einer Lungenentzündung trat extreme Atemnot auf, die einen Luftröhrenschnitt notwendig machte. Daraufhin verlor Hawking seine ohnehin schon eingeschränkte Sprechfähigkeit. Er konnte sich mit seiner Umgebung zeitweilig nur noch durch das Heben und Senken der Augenbrauen verständigen. Um seine Kommunikationsfähigkeit zu verbessern, wurde für Hawking ein spezieller Sprachcomputer entwickelt. Mit einem Handtaster wählte er auf einem Bildschirm Begriffe aus, die dann in Sprache umgesetzt wurden. Nach einiger Übung konnte Hawking damit bis zu 15 Worte pro Minute von sich geben. Als auch seine Hände zu schwach wurden, um den Computer noch zu bedienen, erhielt er eine Spezialbrille, an der ein Infrarotsender befestigt ist. Durch die Bewegung seines rechten Wangenmuskels konnte er damit auf dem Bildschirm weiterhin Begriffe auswählen und in Sprache umsetzen. Als er einmal gefragt wurde, wie er mit dem Apparat zufrieden sei, antwortet Hawking, er funktioniere recht gut. Ihn störe nur der amerikanische Akzent seiner künstlichen Stimme.

Im Jahr 1990 kam es zu einer einschneidenden familiären Veränderung für Hawking: Seine Ehe wurde geschieden, nachdem es in ihr schon länger gekriselt hat. Hawking wandte sich seiner Krankenschwester Elaine Mason zu, die ihn schon seit Jahren gepflegt hatte. Sie war zuvor mit David Mason verheiratet gewesen, der den ersten Sprachcomputer für Hawking entwickelt hatte. Nach ihrer Scheidung ging Hawking mit ihr seine zweite Ehe ein, die bis 2006 hielt. Seine Exfrau Jane, die auch wieder heiratete, veröffentlichte knapp zehn Jahre nach der Scheidung von Hawking ein dickes Buch, in dem sie über ihre erste Ehe eine bittere Bilanz zieht. Unter anderem schrieb sie ganz offen: »Es war sehr schwierig, sogar unnatürlich, für jemanden Verlangen zu empfinden, der den Körper eines Holocaust-Opfers und die Pflegebedürfnisse eines Kindes hat.« Sie gestand auch ein, schon während der Ehe mit Hawking ein Verhältnis mit ihrem späteren zweiten Ehemann gehabt zu haben. Die Ehekrise trat nach ihren Angaben auf, als es ab 1985 wegen des schlechten Gesundheitszustandes von Hawking notwendig wurde, Krankenschwestern zu beschäftigen, die sich Tag und Nacht um ihn kümmerten. Dadurch entstand eine Situation, die Jane in ihrem Buch sehr drastisch so beschrieb: »Wir, seine Familie, waren die Niedrigsten der Niedrigen, zusammengekauert am Fuße einer Leiter, an deren Spitze die Engel (Stephens Pflegerinnen) die Gottheit umsorgten, den Herrn des Universums.« Die Tochter Lucy erklärte das Scheitern der Ehe ihrer Eltern später einmal etwas einfacher und vielleicht auch treffender: »Meine Mutter wurde es leid, immer nur für meinen Vater da zu sein; mein Vater hatte es satt, immer dankbar sein zu müssen. Beide haben andere Partner gefunden.« Seit auch die zweite Ehe von Hawking geschieden war, verbesserte sich das Verhältnis zwischen Hawking und seiner ersten Frau wieder deutlich. In der stark überarbeiteten Neuauflage ihres Buches aus dem Jahr 2008 ging sie mit ihrem früheren Ehemann nicht mehr so hart ins Gericht.

Auch die Beziehungen zu seinen Kindern, insbesondere zu seiner Tochter Lucy wurden in dieser Zeit wieder intensiver. Mit ihr schrieb Hawking sogar zwei sehr erfolgreiche wissenschaftliche Kinderbücher, die auch ins Deutsche übersetzt wurden: 2007 erschien *»Der geheime Schlüssel zum Universum«* und 2009 *»Die unglaubliche Reise ins Universum«*. Er half seiner Tochter damit auch als Journalistin wieder Fuß zu fassen, nachdem sie 2004 wegen Depressionen und Alkoholismus für längere Zeit stationär behandelt worden war. Für diesen psychischen Absturz war vermutlich vor allem das Scheitern ihrer Ehe nach der Geburt eines autistischen Sohnes verantwortlich. Auch ihre schwierige Kindheit mit einem genialen, aber schwer kranken Vater hatte wohl dazu beigetragen, dass sie keine allzu stabile Persönlichkeit entwickeln konnte. Während eines Interviews bei der Vorstellung ihres neuesten Kinderbuchs antwortete sie auf eine entsprechende Frage: »Das Kind eines Prominenten zu sein ist vermutlich nie einfach ... Lange Zeit hatte ich tatsächlich das Gefühl eine einzige Enttäuschung zu sein. Irgendwann habe ich begriffen, dass ich das ausklammern und denken muss: ›Was soll's! Ich werde nie so gut wie er, aber mein Leben ist trotzdem etwas wert‹.« Die Erfahrungen mit der Krankheit ihres Vaters bewirkten aber bei seiner Tochter auch etwas Positives: Sie konnte mit dem Autismus ihres Sohnes relativ gut umgehen. Im Interview sagte sie dazu: »Ja, das hilft mir sehr. Mein Vater führt mir immer wieder vor Augen, wie wichtig es ist, hartnäckig zu sein und nie aufzugeben.«

Auch im beruflichen Bereich veränderte sich für Hawking ab 1985 einiges: Er wurde durch sein populärwissenschaftliches Buch *»Eine kurze Geschichte der Zeit«* weltweit einer breiten Öffentlichkeit bekannt. Obwohl das Buch keinesfalls einfach zu lesen ist, erreichte es eine Millionenauflage und wurde in 45 Sprachen übersetzt. Es folgten weitere ähnliche Bücher, die Hawking zum Teil mit Koautoren schrieb und die ebenfalls fast alle Bestseller wurden (z. B. *»Einsteins Traum«* 1996, *»Raum und Zeit«* 2000, *»Das Universum in der Nussschale«* 2003, *»Die kürzeste Geschichte der Zeit«* 2005 und *»Der große Entwurf«* 2010). Der britische Fernsehsender BBC drehte mit Hawking eine sechsteilige Reihe über Astronomie. Hawking scheute sich auch nicht in der Science-Fiction-Serie »Raumschiff Enterprise« aufzutreten. In einer dreiminütigen Szene spielt er in einer Folge mit Isaac Newton und Albert Einstein Poker. Ein Shuttle des Raumschiffs Enterprise trägt sogar den Namen Hawking. In den Zeichentrickfilmen »Die Simpsons« und »Futurama« hatte Hawking ebenfalls als Zeichenfigur Gastauftritte. In dem Song »Keep Talking« der Pop-Gruppe »Pink Floyd« sprach Hawking mit seinem Sprachcomputer die Einleitung, die übersetzt so lautet: »Für Millionen von Jahren lebten die Menschen wie die Tiere. Dann passierte etwas, das die Kraft unserer Fantasie entfesselte. Wir lernten sprechen.«

Anlässlich seines 65. Geburtstags verkündete Hawking am 8. Januar 2007, dass er einen Schwerelosigkeitsflug plane, um sich auf einen suborbitalen Raumflug im Jahr 2009 vorzubereiten, dessen Kosten in Höhe von etwa 100 000 Euro der Milliardär Richard Branson übernehmen wollte. Zur Begründung dieses für ihn zweifellos nicht ungefährlichen Vorhabens sagte Hawking: »Ich mache das aus verschiedenen Gründen. Zu allererst glaube ich, dass das Leben auf der Erde das laufend ansteigende Risiko trägt, ausgelöscht zu werden durch eine Katastrophe wie ein plötzlicher nuklearer Krieg, ein gentechnisch hergestelltes Virus oder andere Gefahren. Ich denke, die menschliche Rasse hat keine Zukunft, wenn sie nicht in den Weltraum vordringt. Ich will deshalb das öffentliche Interesse am Weltraum fördern.« Schon drei Monate später unternahm Hawking tatsächlich den Flug, erreichte dabei als erster Gelähmter insgesamt achtmal den Zustand der Schwerelosigkeit und kehrte wohlbehalten zurück. Der für 2009 geplante Ausflug ins All fand allerdings nicht statt, denn Hawking erlitt einen schweren gesundheitlichen Rückschlag und musste ins Krankenhaus. Er erholte sich zwar wieder, gab aber seinen Lehrstuhl auf und ging offiziell in Pension. Er blieb aber weiter wissenschaftlich aktiv und feierte im Januar 2014 seinen 72. Geburtstag. Hawking wurde des Öfteren gefragt, wie er sich seine weltweite Popularität erklärt. In einem Interview mit der BBC sagte er einmal dazu: »Ich bin der Archetypus eines behinderten Genies. Die Menschen sind fasziniert vom Gegensatz zwischen meinen extrem eingeschränkten körperlichen Fähigkeiten und den gewaltigen Ausmaßen des Universums, mit dem ich mich beschäftige.« Über seine Krankheit sagte er: »Ich bemühe mich ein normales Leben zu führen, nicht zu viel über meinen Zustand nachzudenken und nicht zu bedauern, dass ich manchmal Dinge nicht tun kann. Es sind ohnehin nicht viele Dinge.«

Hawking wurde zwar weiterhin mit wissenschaftlichen Auszeichnungen und Ehrungen überhäuft, aber es wurde auch Kritik an seinen Theorien und Publikationen laut. Insbesondere Leonard Susskind, der als Professor für Theoretische Physik an der berühmten Stanford-University in Kalifornien tätig war, führte mit Hawking einen jahrelangen Disput. Susskind lehnte vor allem Hawkings so genanntes »Informationsparadox« ab, wonach sich Schwarze Löcher durch Strahlungsabgabe langsam auflösen. Dabei sollen auch alle Informationen verschwinden, obwohl das der Quantentheorie widerspricht. 2004 gab Hawking schließlich seinen Irrtum zumindest teilweise zu. Susskind hatte über diese Auseinandersetzung, an der auch die Medien großen Anteil genommen hatten, ein Buch geschrieben, das 2010 auch ins Deutsche übersetzt wurde. Es trägt den Titel: »*Der Krieg ums Schwarze Loch – Wie ich mit Stephen Hawking um die Rettung der Quantenmechanik rang*«. Auch die weltanschauliche Unterfütterung von Hawkings Weltall-Hypothesen wurde kritisiert. Im Januar

2011 schrieb der bekannte Schweizer Physiker und Philosoph Eduard Kaeser in einem langen Artikel der *Zeit* über Hawking: »Physik aus der Gottesperspektive – Stephen Hawking verkauft Wissenschaft als Religionsersatz. Das hat ihn berühmt gemacht. Seine Fachkollegen denken längst weiter.« Im folgenden Text wurde Kaeser noch kritischer, indem er unter anderem schrieb: »Wissenschaft ist und bleibt eine zentrale Autorität moderner Gesellschaften. Das Problem, das in der Gestalt von Autoren wie Hawking aufbricht, liegt darin, dass sie diese Autorität in deren eigenem Namen unterminieren. Nicht nur, dass Hawking sich mit seinen theologischen Eskapaden zum Teil lächerlich macht; er bringt über seine Person hinaus eine ganze Disziplin, ein über dreihundertjähriges Ethos in Verruf ...« Diese Kritik ist wahrscheinlich in gewissem Umfang sogar berechtigt, aber sie ändert nichts daran, dass Hawking trotz schlechtester physischer Voraussetzungen eine geradezu unfassbar große Lebensleistung vollbracht hat. Manchmal wird sogar die Vermutung geäußert, dass ihn erst seine körperlichen Gebrechen in die Lage versetzt haben, sich so absolut auf seine geistigen Fähigkeiten zu konzentrieren und sie voll auszuschöpfen.

Amyotrophe Lateralsklerose (ALS)

Die ALS wird auch als Charcot-Krankheit bezeichnet, weil der berühmte französische Neurologe Jean-Martin Charcot (1825–1893) das Krankheitsbild erstmalig beschrieben hat. Im englischen Sprachraum findet sich oft die Bezeichnung »Motor Neuron Disease«. Die US-Amerikaner verwenden außerdem auch noch den Namen »Lou-Gehrig's Disease«, da der große Baseball-Star Lou Gehrig 1941 im Alter von nur 37 Jahren an dieser Nervenkrankheit verstorben war.

Häufigkeit

Die ALS ist zwar weltweit verbreitet, betrifft aber insgesamt nur relativ wenige Menschen. Man schätzt die Häufigkeit der Erkrankung auf 3 bis 8 Fälle pro 100 000 Einwohner. Das Haupterkrankungsalter liegt zwischen dem 50. und 70. Lebensjahr. Nur 10 % der ALS-Patienten sind bei Ausbruch der Erkrankung unter 40 Jahre alt. Männer sind etwas häufiger betroffen als Frauen.

Verlauf

Die ALS ist eine chronisch fortschreitende Erkrankung des motorischen Nervensystems, deren Ursachen noch weitgehend unbekannt sind. Es kommt zu einer zunehmenden Schädigung der Nervenzellen im Gehirn und Rückenmark, die für die Bewegungssteuerung der Skelettmuskulatur notwendig sind. Dadurch verlieren die Patienten mehr und mehr die Kontrolle über die Muskeln ihres Körpers. Die mittlere Überlebenszeit beträgt etwa vier Jahre, wobei in Einzelfällen auch eine sehr viel längere Krankheitsdauer möglich ist.

Bei weniger als 5 % der Patienten liegt eine familiäre Form der ALS vor, die mit FALS abgekürzt wird. Aber nur bei einem kleinen Teil der FALS-Patienten kann bisher eine Veränderung im Erbgut nachgewiesen werden.

Diagnostik

Das klinische Bild der ALS ist vor allem anfangs sehr variabel. Je nachdem welche Motoneuronen geschädigt sind, kommt es zu Funktionseinschränkungen verschiedener Muskelgruppen an den Extremitäten, am Rumpf und nicht selten auch im Kopfbereich, wodurch Sprech- und Schluckstörungen auftreten können. Besonders gefährlich ist die zunehmende Lähmung der Atemmuskulatur. Typisch ist, dass neben Muskellähmungen, die zu Muskelschwund führen, auch Muskelkrämpfe und Muskelzuckungen auftreten. Zur endgültigen Absicherung der Diagnose sind aufwendige Untersuchungen nötig.

Therapie

Eine Heilung ist bisher noch nicht möglich, aber man kann den Verlauf der ALS durch Medikamente etwas verlangsamen. Wichtig ist im fortgeschrittenen Stadium der Krankheit vor allem auch eine Behandlung der Symptome, insbesondere der Schluck- und Sprechstörungen, sowie eine Unterstützung der Atemfunktion.

Lebensqualität

Trotz stärkster Behinderungen scheint die subjektive Lebensqualität von ALS-Patienten nicht so schlecht zu sein wie man allgemein annimmt. Eine 2008 veröffentlichte Studie hat ergeben, dass dauerhafte schwere Depressionen nur bei 10 % der ALS-Patienten vorliegen. Das ist ein um etwa die Hälfte niedrigerer Prozentsatz als bei Patienten, die an Multipler Sklerose leiden. In der Normalbevölkerung zeigen ca. 5 % vergleichbare Depressionen.

13
Temple Grandin (1947): eine autistische Tierwissenschaftlerin

Temple Grandin kann sich auch heute noch deutlich an viele Ereignisse aus ihren ersten Lebensjahren erinnern. Das ist sehr ungewöhnlich, denn normalerweise reichen die Erinnerungen an die eigene Kindheit bis frühestens zum dritten Lebensjahr zurück. In ihrem Buch »*Ich bin die Anthropologin auf dem Mars*« berichtet Temple Grandin ausführlich über die ersten Jahre ihres Lebens und daraus geht hervor, dass sie ein sehr schwieriges Kind gewesen sein muss: »Ich war das erste Kind meiner Mutter und ich war wie ein wildes Tier. Wenn ich gehalten wurde, kämpfte ich, um mich zu befreien, aber wenn man mich allein im Kinderwagen ließ, machte ich selten Theater. Meine unablässigen Wutanfälle und meine Neigung, alles mit meinen Exkrementen zu beschmieren, machten mich zu einer schrecklichen Zweijährigen.« Da bei Temple auch keine Fortschritte beim Sprechenlernen zu beobachten waren, dachte ihre Mutter zunächst ihre Tochter wäre gehörlos. Als sich jedoch bei einem Hörtest herausstellte, dass Temple nicht taub war, vermuteten die Ärzte, ihre mangelhafte geistige Entwicklung und ihr sehr merkwürdiges Verhalten wären die Folge eines Hirnschadens, der während der Geburt entstanden sei. Auch das Vorliegen einer frühkindlichen Schizophrenie erschien möglich. Die Diagnose »Autismus« wurde erst sehr viel später gestellt. Informationen zu den verschiedenen Krankheitsformen finden sich im Abschnitt »*Autismus*«.

Temples Eltern wurde empfohlen, ihr Kind in ein Heim für geistig Behinderte zu geben, da man es für weitgehend bildungsunfähig hielt. Der Vater Richard Grandin, ein erfolgreicher Immobilienmakler, stimmte dem Vorschlag zu, aber die Mutter Eustacia Cutler, eine aufstrebende Schauspielerin und Sängerin, wehrte sich heftig dagegen. Sie versuchte mit unendlicher Geduld ihrem Kind einzelne Worte beizubringen. Im Alter von zweieinhalb Jahren wurde Temple in einen Kindergarten für sprachbehinderte Kinder aufgenommen,

Trotzdem genial Erste Auflage. Heinrich Zankl und Katja Betz.

wo erfahrene Sprachtherapeuten sich intensiv mit ihr beschäftigten. Über diese Zeit schreibt sie in ihrem bereits erwähnten Buch: »Ich kann mich erinnern, wie frustriert ich war, als ich im Alter von drei Jahren noch nicht sprechen konnte. Das löste so manchen Wutanfall bei mir aus. Ich konnte verstehen, was die Leute zu mir sagten, aber ich konnte meine Worte nicht herausbringen. Es war wie ein schweres Stottern und es war mühsam, die Sprache in Gang zu bringen ... Ich kann mich erinnern, daß ich bei mir selbst folgerichtig dachte, ich müsse schreien, da ich keine andere Möglichkeit zu kommunizieren hatte. Zu Wutanfällen kam es auch, wenn ich müde wurde ... Ich kann mich an den Tag erinnern, als ich meine Lehrerin ins Bein biß. Es war am späten Nachmittag und ich wurde müde. Es ging einfach mit mir durch. Aber erst als ich mich beruhigt hatte, als ich ihr blutendes Bein sah, erkannte ich, dass ich sie gebissen hatte. Die Wutanfälle ereigneten sich unvermittelt, wie epileptische Anfälle.«

Temples Mutter fand schließlich heraus, dass sie diesen aggressiven Erregungszuständen vorbeugen konnte, indem sie ihre Tochter, wenn sie müde wurde, an einen ruhigen Ort brachte, wo keine starken akustischen Reize auf sie einwirkten. Wenn ein Wutanfall bereits eingetreten war, erwies es sich als wirksamste Strategie, nicht heftig darauf zu reagieren, sondern einfach abzuwarten bis er vorüberging. Dank des unermüdlichen Einsatzes ihrer Mutter, die ihre speziellen erzieherischen Erfahrungen auch an die Betreuer und Therapeuten ihrer Tochter weitergab, lernte Temple schließlich sprechen und konnte eingeschult werden. Obwohl ihre Lernerfolge durchaus zufriedenstellend waren, ergaben sich in der Schule viele neue Schwierigkeiten, weil Temple von den anderen Kindern viel geärgert wurde. Sie erinnert sich heute noch, dass man sie als »Idiot« oder als »Kassettenrekorder« bezeichnete, weil sie alles Gehörte zwanghaft wiederholte. Sie fing deswegen oft eine Prügelei an, was zu verschiedenen disziplinarischen Maßnahmen und einmal sogar zu einem Schulverweis führte. Mit viel Geschick und Ausdauer gelang es aber ihrer Mutter immer wieder die auftretenden Probleme zu meistern, sodass Temple Grandin 1966 die Highschool in einem Internat abschließen konnte. Dieser Erfolg wäre ohne die Unterstützung durch einige sehr engagierte Lehrer kaum möglich gewesen. Insbesondere der Wissenschaftslehrer Carlock verstand es ausgezeichnet, Grandin immer wieder zu besonderen Leistungen zu motivieren. Er betreute sie auch noch während ihres Psychologiestudiums, das sie am Franklin Pierce College absolvierte und mit dem Bachelor-Examen abschloss. Danach studierte Temple Tierwissenschaften an der Arizona State University und erwarb den Titel eines Master of Science. Ihre Promotion im gleichen Fach erfolgte 1989 an der University of Illinois.

Bei der Entscheidung für die Tierwissenschaften spielte eine wichtige Rolle, dass Temple Grandin ihre Ferien oft auf einem Bauernhof bei ihrer Tante Ann in Arizona verbrachte. Grandin fühlte sich dort sehr wohl, weil sie bemerkte, dass sie mit Tieren wesentlich besser umgehen konnte als mit Menschen. Auf diesem Bauernhof machte Grandin auch eine Entdeckung, die für ihr weiteres Leben eine große Hilfe war. Sie beobachtete, wie Rinder zum Impfen in eine so genannte Klappfalle getrieben wurden, in der man sie durch das Anlegen von Seitenflächen und Kopfhaltebalken fixierte. Grandin sah, dass viele Kühe sich darin nach kurzer Zeit deutlich entspannten. Da kam ihr eine Idee, die sie später so beschrieb: »Ich glaube damals stellte ich die erste Verbindung zwischen diesen Kühen und mir selbst her, denn ein paar Tage später, ich hatte gerade eine große Panikattacke erlitten, kroch ich in die Klappfalle auf der Ranch. Seit der Pubertät litt ich unter ständigen Furcht- und Angstzuständen, verbunden mit schweren Panikattacken, die in Intervallen … auftraten … Ich bat meine Tante Ann, die Seiten gegen mich zu pressen und die Haltebalken für den Kopf um meinen Nacken zu schließen. Anfangs geriet ich für einige Augenblicke in reine Panik … Fünf Sekunden später spürte ich eine Welle der Entspannung … Dies war das erste Mal, dass ich mich wirklich wohl in meiner Haut fühlte.« Nach ihrer Rückkehr in die Schule baute Grandin sich eine eigene Drückmaschine, in die sie hineinkroch, wenn sie das Gefühl hatte, sich entspannen zu müssen. Im Laufe der Jahre verbesserte sie die Maschine immer weiter, sodass sie den ausgeübten Druck genau steuern konnte. Grandin verwendet diese höchst ungewöhnliche Vorrichtung bis heute, wobei sie festgestellt hat, dass sie für ihre Entspannung inzwischen weniger Druck benötigt als früher. Sie erklärt das vor allem mit der Einnahme von Medikamenten, die ihr Nervensystem weniger erregbar machen.

Nach ihren sehr persönlichen Erfahrungen mit der Klappfalle beschloss Grandin, ihre Master-Arbeit über das Verhalten von Rindern in verschiedenen Arten von Festhaltevorrichtungen zu schreiben. Mit dieser Idee stieß sie jedoch bei den Professoren für Verhaltensforschung auf weitgehendes Unverständnis. Grandin war aber so auf dieses Gebiet fixiert, dass sie das Thema auch Professoren anderer Fachbereiche vorstellte und schließlich einen Ingenieur fand, der ihre Betreuung übernahm. In aufwendigen und mit großer Akribie durchgeführten Versuchsreihen konnte Grandin feststellen, dass schon kleinere Konstruktionsänderungen an den Geräten die Verletzungsgefahr von Tieren deutlich verringerte und man außerdem eine größere Zahl von Rindern bei einer Impfaktion durchschleusen konnte. Grandin wies auch Verhaltensunterschiede bei einzelnen Rinderrassen nach, die eine Anpassung der Haltegeräte notwendig machen könnten. Diese Ergebnisse waren die Basis für einige Publikationen, die Grandin in Fachkreisen bekannt machten und ihr den beruflichen Einstieg ermöglichten. Sie selbst meinte zu diesem Erfolg: »In mancherlei Hinsicht schreibe ich es meinem Autismus zu, daß ich in der Lage bin, Rinder zu verstehen. Schließlich hätte ich, wenn ich die Klappfalle nicht an mir selber ausprobiert hätte, möglicherweise nicht die Frage gestellt, wie sie sich auf Rinder auswirkte. Das war mein Glück, denn mein Verständnis für Tiere und mein bildhaftes Denken haben mir die Tür zu einem erfüllenden Berufsleben geöffnet ...«

Die Firma Corral Industries, ein großer Hersteller von Viehhalteanlagen, war Grandins erster Arbeitgeber. Sie hatte dort auf Grund ihrer auffälligen Verhaltensweisen zwar einige Probleme im Umgang mit Kollegen und Kunden, aber wegen ihrer beeindruckenden planerischen Fähigkeiten fand sie die Unterstützung ihres Vorgesetzten. Er half ihr vor allem dabei, sich besser in ihr soziales Umfeld zu integrieren. Trotzdem kündigte Grandin nach einiger Zeit, weil sie zu der Überzeugung gekommen war, dass sie als selbständige Designerin für Viehhalteanlagen weniger persönliche Schwierigkeiten haben würde. Sie gründete die Firma »Grandin Livestock Handling Systems« und dank ihres enormen Fachwissens und ihrer großen Ausdauer gelang es ihr, sich in der rauen Männerwelt der Viehwirtschaft durchzusetzen. Da sie gleichzeitig auch weiter an wissenschaftlichen Projekten arbeitete und hoch bewertete Fachpublikationen verfasste, ergab sich für Grandin schließlich auch die Gelegenheit zu promovieren. 1990 wurde sie an der Colorado State University zur Professorin für das Fach Tierwissenschaften ernannt. Ihr Ruf als hervorragende Konstrukteurin von Viehhalteanlagen und Schlachthöfen verbreitete sich so weit, dass in den USA heute ein Großteil dieser

Einrichtungen nach Grandins Plänen gebaut und betrieben wird. Sie legt dabei besonderen Wert auf tierschützende Maßnahmen, die oft auch zu einer Verbesserung und Beschleunigung der betrieblichen Abläufe führen. Ihre besonderen Leistungen auf diesem Gebiet haben Grandin inzwischen mehrere wissenschaftliche Preise und Ehrendoktorwürden eingetragen.

Neben den anspruchsvollen Tätigkeiten als Professorin und Leiterin ihrer Firma fand Grandin aber auch noch Zeit, um sich intensiv mit den Ursachen und Folgen des Autismus zu beschäftigen. 1994 erschien ihr erstes Buch zu diesem Thema, das unter dem Titel »*Durch die gläserne Tür. Lebensbericht einer Autistin*« auch ins Deutsche übersetzt worden ist. Durch dieses Buch wurde der bekannte Neurologe und Schriftsteller Oliver Sacks (siehe Kapitel 15) auf Grandin aufmerksam. Er besuchte sie, führte zahlreiche intensive Gespräche mit ihr und war davon fasziniert, wie der Autismus Grandin zwar im Umgang mit Menschen behindert, sie aber gleichzeitig auch zu besonderen Leistungen befähigt. Mit ihrer Einwilligung schilderte er ihren Lebenslauf anschließend in einem Buch, das in seiner deutschen Übersetzung den Titel »*Eine Anthropologin auf dem Mars*« trägt. Diese Formulierung stammt von Grandin, die damit in einem Gespräch mit Sacks eindrücklich beschrieben hat, wie fremd sie sich in menschlicher Gesellschaft manchmal fühlt. Das Buch, in dem noch andere ungewöhnliche Persönlichkeiten mit besonderen Fähigkeiten vorgestellt werden (siehe auch Kapitel 15), erreichte mehrere Auflagen und wurde in zahlreiche Sprachen übersetzt. Grandin wurde dadurch weltweit bekannt und schrieb in den Folgejahren mehrere erfolgreiche Bücher, nicht nur über Tierwissenschaften, sondern auch über Autismus. Sie galt inzwischen in beiden Bereichen als wissenschaftliche Kapazität und wurde so berühmt, dass das *Time Magazine* sie 2010 zu den 100 einflussreichsten Menschen auf der ganzen Welt zählte. Im gleichen Jahr erschien in den USA ein Film über ihr Leben, der mit fünf Emmys (bedeutendster Fernsehpreis der USA) ausgezeichnet wurde. Einen dieser Preise erhielt auch die bekannte britische Schauspielerin Julia Omond, die in dem Film Temple Grandins Mutter darstellt. Bei einer Autismus-Konferenz gab Omond in höchst großzügiger Weise diesen Preis an Eustacia Cutler, Grandins echte Mutter, weiter. Zur Begründung wies Omond darauf hin, dass Frau Cutler ihre eigene Karriere als Schauspielerin zugunsten einer möglichst guten Erziehung und Ausbildung ihrer Tochter aufgegeben hatte und außerdem ihr ganzes Leben lang eine Kämpferin für die Verbesserung der Lebensumstände von Autisten geblieben war.

Autismus

Der Begriff »Autismus« ist abgeleitet von den griechischen Worten *autos* = selbst und *ismos* = Zustand. Er wurde 1911 von dem Schweizer Psychiater Eugen Bleuler geprägt, der ihn auf Patienten mit Schizophrenie anwendete, die eine starke Selbstbezogenheit und eine weitgehend reduzierte Kommunikationsfähigkeit aufwiesen. Erst 1943 grenzte der amerikanische Psychiater Leo Kanner den Autismus als eigenständige Krankheit ab, die meist schon in der frühen Kindheit beginnt. Etwa gleichzeitig beschrieb der österreichische Kinderarzt Hans Asperger ein ähnliches Krankheitsbild. 1966 erkannte der Wiener Kinderarzt Hans Rett, dass es eine vererbbare Form des Autismus gibt, die fast nur bei Mädchen auftritt, weil männliche Träger dieser Erbanlage schon vor der Geburt absterben.

Definition

Unter Autismus versteht man eine tiefgreifende Störung der Persönlichkeitsentwicklung. Es handelt sich dabei jedoch nicht um eine einheitliche Erkrankung, sondern es gibt verschiedene Formen, die auch unterschiedliche Namen tragen.

Je nach Verlauf, Spektrum der Symptome und Schwere des Krankheitsbildes unterscheidet man das Kanner-Syndrom (Frühkindlicher Autismus), Asperger-Syndrom, Rett-Syndrom und den atypischen Autismus.

Häufigkeit

Das Kanner-Syndrom betrifft weltweit etwa 3 von 10 000 Kindern, wobei Knaben ca. 3- bis 4-mal häufiger daran leiden als Mädchen. Das Asperger-Syndrom ist ähnlich häufig und betrifft fast nur Knaben. Das Rett-Syndrom wird bei etwa einem von 18 000 Mädchen gefunden. Der atypische Autismus ist in seiner Häufigkeit schwer einzuschätzen, weil er hinsichtlich seiner Symptomatik sehr variabel ist. Insgesamt werden neuerdings oft deutlich höhere Häufigkeitszahlen für Autismus genannt, was vermutlich darauf beruht, dass auch leichtere Fälle zunehmend diagnostiziert werden.

Symptome

Die wichtigsten Hauptmerkmale für Autismus sind Störungen in der sozialen Interaktion, Beeinträchtigung von Kommunikation und Sprache, Wiederholung von stereotypen Verhaltensweisen, Einschränkung des Interessenspektrums und Veränderungsangst. Die Ausprägung dieser Symptome kann allerdings sehr unterschiedlich sein. In der Regel treten bei Patienten mit Kanner-Syndrom die Entwicklungsstörungen besonders früh und stark auf. Beim Asperger-Syndrom zeigen sich die Symptome meist etwas später und sind in ihrer Ausprägung deutlich milder. Die intellektuelle Begabung von Autisten variiert auffällig stark. Nicht selten liegt eine geistige Behinderung vor, die Intelligenz kann aber auch normal ausgeprägt sein, wobei manchmal erstaunliche Fähigkeiten in Teilgebieten (z. B. Mathematik oder Musik) vorkommen. Inzwischen hat man erkannt, dass Autisten für bestimmte Aufgaben so gut geeignet sind, dass Firmen sie gezielt dafür einstellen. Der Softwarekonzern SAP will beispielsweise bis 2020 einige hundert Personen einstellen, die an autistischen Störungen leiden.

Prognose und Verlauf

Die Symptome sind in der Kindheit, insbesondere im Vorschulalter, meistens am stärksten ausgeprägt. Im Schulalter vermindern sich die Merkmale oft, sodass bis zum frühen Erwachsenenalter bei etwa der Hälfte der Betroffenen eine deutliche Verbesserung der Verhaltensauffälligkeiten feststellbar ist. Wie sich eine autistische Störung im Einzelfall entwickelt, kann man aber kaum vorhersagen.

Ursachen

Die Ursachen für das Entstehen von autistischen Störungen sind bis heute noch nicht endgültig aufgeklärt. Mehrere biologische Faktoren wie z. B. Infektionen während der Schwangerschaft und erbliche Faktoren spielen eine wichtige Rolle. Der Verdacht, dass auch Impfungen Autismus auslösen könnten, lässt sich wissenschaftlich nicht belegen. Die früher weit verbreitete Vorstellung, das autistische Verhalten des Kindes würde durch eine zu geringe emotionale Zuwendung der Eltern, insbesondere der Mutter, verursacht, hat sich als unhaltbar erwiesen.

Therapie und Betreuung

Eine Heilung des Autismus ist bisher nicht möglich, sodass die Behandlung sich vor allem auf die Verminderung der einzelnen Symptome erstreckt. Die Erfolge sind umso besser, je früher und intensiver mit der Therapie begonnen wird. Durch eine spezielle Verhaltenstherapie wird vor allem versucht, die Patienten zu befähigen sich den Anforderungen des täglichen Lebens besser anzupassen. Wichtig sind auch eine frühe Förderung der Sprachentwicklung und ein Kommunikationstraining. Der Einsatz bestimmter Psychopharmaka zur Verminderung von Begleitsymptomen wie z. B. erhöhter Aggressivität, Stereotypien, Hyperaktivität, Zwängen und depressiven Verstimmungen kann ebenfalls hilfreich sein.

Teil II
Medizin und Psychologie

Sigmund Freund, 1926. Fotograf: Ferdinand Schmutzer (1870–1928). Quelle: http://commons.wikimedia.org/.

14
Sigmund Freud (1856–1939): süchtiger Vater der Psychoanalyse

Sigmund Freud entwickelte mit der Psychoanalyse nicht nur ein neues Diagnoseverfahren für seelische Erkrankungen, sondern auch ein neues Menschenbild, wodurch er zu einer der bekanntesten Persönlichkeiten unserer Zeit wurde. Sein Einfluss auf die Human- und Sozialwissenschaften und die gesamte Kultur der westlichen Welt war überragend. Der Dichter Stefan Zweig beschrieb Freuds Bedeutung mit folgenden Worten: »Es gibt keinen einzigen namhaften Menschen in Europa auf allen Gebieten der Kunst, der Forschung und der Lebenskunde, dessen Anschauungen nicht direkt oder indirekt durch Freuds Gedankenkreise in Anziehung oder Gegenwehr schöpferisch beeinflusst worden wären.« Der Philosoph Richard Rorty verstieg sich sogar dazu, den Einfluss von Freud mit dem von Platon und Christus zu vergleichen, wobei Rorty noch zusätzlich betonte, dass es bei Freud weniger als ein Jahrhundert dauerte, bis seine Ideen sich weltweit verbreitet hatten. Die Angemessenheit dieses Vergleichs erscheint zwar zweifelhaft, aber es ist zumindest zutreffend, dass viele Anhänger der Freud'schen Lehre sie auch heute noch mit geradezu religiösem Eifer verbreiten und jeden Zweifel an ihrem Idol als eine Art Gotteslästerung empfinden.

Sigmund (der eigentlich Schlomo Sigismund hieß) wurde 1856 als erstes Kind des jüdischen Wollhändlers Jakob Freud und seiner dritten Ehefrau Amalia in Freiberg (dem heutigen Pribor in Tschechien) geboren. Nach ihm kamen noch sieben weitere Kinder zur Welt, ein Knabe starb allerdings schon im Alter von sechs Monaten. Da die Geschäfte von Jakob Freud in Freiberg immer schlechter liefen, zog er mit seiner Familie 1860 nach Wien, wo sie in sehr beengten Verhältnissen wohnten. Als Erstgeborener hatte der intelligente und frühreife Sigmund eine privilegierte Stellung in der Familie und galt als Liebling seiner Mutter. Trotz der finanziellen Schwierigkeiten sorgte der Vater dafür, dass sein ältester Sohn eine gute Schule besuchen konnte, wo er auch überdurchschnittliche Leistungen zeigte. Nach dem Abitur wollte Sigmund Freud zunächst Jura studieren, begann dann aber 1873 doch ein Medizinstudium in Wien, das er erst 1881 mit der Promotion abschloss. Die recht lange Studiendauer ergab sich, weil Freud zwischendurch seinen Wehrdienst ableisten musste und zeitweilig im Zoologischen und im Physiologischen Institut auch schon an wissenschaftlichen Projekten mitarbeitete. Nachdem er sein Doktorat abgeschlossen hatte, übernahm er die Stelle eines Sekundararztes am Wiener Allgemeinen Krankenhaus. Dort war Freud in verschiedenen Abteilungen tätig, bevor er eine Stelle im Labor für Gehirnanatomie erhielt, das der psychiatrischen Klinik zugeordnet war.

Da Freud eine Hochschulkarriere anstrebte, suchte er nach einem Thema, mit dem er sich habilitieren konnte. Dabei stieß er auf das Kokain, über dessen therapeutische Wirkungen damals noch nicht viel bekannt war. An seine Verlobte schrieb er darüber in einem Brief: »Ich lese vom Cocain, dem wirksamen Bestandteil der Cocablätter … Ich will mir nun das Mittel kommen lassen und aufgrund naheliegender Erwägungen es bei Herzkrankheiten, ferner bei nervösen Schwächezuständen, insbesondere bei den elenden Zuständen bei der Morphiumentziehung versuchen.« Freud führte mit dem Kokain auch Selbstversuche durch, wobei er sehr angenehme Erfahrungen machte. Er unterrichtete darüber auch seine Verlobte und schickte ihr sogar das »Zaubermittel« zur Behandlung ihrer Appetitlosigkeit mit folgenden Zeilen: »… und wenn Du unartig bist, wirst Du sehen wer stärker ist, ein kleines sanftes Mädchen, das nicht ißt, oder ein großer wilder Mann, der Cocain im Leib hat. In meiner letzten großen Verstimmung habe ich wieder Coca genommen und mich mit einer Kleinigkeit wunderbar in die Höhe gehoben.« Dieser Brief ist ein Hinweis darauf, dass Freud wohl schon damals nicht selten depressive Phasen hatte, die er ziemlich bedenkenlos mit Kokain bekämpfte (weitere Informationen im Kapitel 21 über Max Weber). Bei Migräneattacken (siehe Kapitel 15 über Oliver Sacks), unter denen Freud zeitlebens litt, griff er ebenfalls gern zum Kokain. Ob Freud dadurch zeitweilig eine Kokainabhängigkeit entwickelte, geht aus der Literatur nicht eindeutig hervor, liegt aber durchaus im Bereich des Möglichen. Zumindest ist bekannt, dass Freud bis weit in die 1890er Jahre Kokain ziemlich regelmäßig konsumiert hat.

Freud glaubte anfangs fest, dass Kokain als wertvolles Heilmittel gegen vielerlei Beschwerden eingesetzt werden könne. Er hatte daher keine Bedenken, Kokain bei seinem morphinabhängigen Kollegen Dr. Fleischl einzusetzen, um ihn von der Sucht zu befreien. Als Freud erste Erfolge seiner Therapie sah, verfasste er innerhalb kurzer Zeit einen 26 Seiten langen Artikel mit dem Titel »*Über Coca*«, worin er das Kokain als eine Art Wunderdroge mit folgenden Worten anpries: »Die Coca ist ein weit kräftigeres und unschädlicheres Stimulans als der Alkohol und ihrer Anwendung in großem Maßstabe steht derzeit nur ihr hoher Preis im Wege.« Der Artikel enthielt auch einen langen Abschnitt mit der Überschrift »Coca in der Morphin- und Alkoholentwöhnung«. Darin ging Freud zunächst ausführlich auf 16 Mitteilungen aus der amerikanischen Literatur ein, in denen über den erfolgreichen Einsatz von Kokain bei Entzugsbehandlungen berichtet wurde. Er erwähnte allerdings im Text nicht, dass nur bei drei Fällen die Morphinabhängigkeit dauerhaft beseitigt werden konnte. Diese wichtige Einschränkung versteckte er in einer Fußnote, wo sie natürlich kaum wahrgenommen wurde. Am Ende des Abschnitts über die amerikanischen Erfahrungen mit Kokain bei der Suchttherapie schrieb Freud ziemlich unkritisch: »Daß die Morphinkrankheit der blühenden Gesundheit wich, sodaß die Kranken kaum mehr zu erkennen waren, wird mehrmals hervorgehoben.« Zum Problem der Abhängigkeitsentwicklung vom Kokain nahm er wie folgt Stellung: »Bemerkenswerth erscheint mir, was ich an mir selbst und anderen urteilsfähigen Beobachtern erfahren habe, daß nach der ersten und wiederholten Cocaeinnahme durchaus kein Verlangen nach weiterem Cocagebrauch eintritt, vielmehr eher eine gewisse nicht motivierte Abneigung gegen das Mittel.« Auf den folgenden Seiten seines Artikels schilderte Freud dann die Entzugsbehandlung Fleischls mit folgenden Worten: »... ich hatte Gelegenheit eine plötzliche Morphinentziehung unter Cocagebrauch bei einem Manne zu beobachten, der bei einer früheren Entziehungscur unter schwersten Abstinenzerscheinungen gelitten hatte ... Nach 10 Tagen konnte er das Mittel (Kokain) bei Seite lassen. Es handelte sich bei der Morphinentziehung durch Coca also nicht um einen Tausch, bei welchem aus dem Morphinisten ein Coquero (Cocasüchtiger) wird, sondern um einen temporären Cocagebrauch.«

Etwas später stellte sich allerdings heraus, dass diese positive Beurteilung der Kokain-Behandlung völlig falsch war, denn Dr. Fleischl wurde schon bald sowohl vom Kokain als auch vom Morphium abhängig und verstarb infolge des übermäßigen Gebrauchs beider Drogen. Bevor diese negative Entwicklung eintrat, war aber der Artikel von Freud bereits im *Centralblatt für die gesamte Therapie* publiziert worden und fand so großes Interesse, dass er auch in mehrere Sprachen übersetzt wurde. Das erhöhte Freuds wissenschaftliches Ansehen zunächst erheblich und trug mit dazu bei, dass er sich 1885 für das Fach Neuropathologie habilitieren konnte. Wenige Jahre später kam er allerdings wegen seines Loblieds auf das Kokain stark unter Druck, weil man ihm vorwarf, er habe mit seinem Artikel neben dem Alkoholismus und Morphinismus den Kokainismus als die »dritte Geißel der Menschheit« des ausgehenden Jahrhunderts entfesselt (weitere Informationen im Abschnitt *»Kokain- und Nikotinsucht«*). Den tatsächlich in dieser Zeit stark ansteigenden Gebrauch von Kokain als Suchtmittel kann man allerdings nicht Freud allein zur Last legen. Sein wissenschaftliches Renommee wurde aber durch diese Vorwürfe deutlich in Mitleidenschaft gezogen.

1886 eröffnete Freud eine Privatpraxis als Facharzt für Nervenkrankheiten. Dabei half ihm vor allem sein Kollege und Freund Josef Breuer, der damals einer der bekanntesten Ärzte in Wien war. Er überwies Freud zahlungskräftige Patienten und unterstützte ihn finanziell durch mehrere Darlehen. Breuer zog Freud auch bei der Behandlung von Bertha Pappenheim zu Rate, die schon lange an stark ausgeprägter Hysterie litt. Der Fall ging unter der Bezeichnung »Anna O.« in die Geschichte der Psychoanalyse ein, weil Freud und Breuer 1895 darüber ein Buch mit dem Titel *»Studien über Hysterie«* schrieben. Darin wurde erstmals die Methode der freien Assoziation vorgestellt. Sie beruht auf der Vorstellung, dass seelische Erkrankungen durch verdrängte traumatische Erlebnisse entstehen. Der Analytiker kann deshalb durch die Deutung spontaner Äußerungen der Patienten verborgene Ängste aufspüren und die Patienten von ihren psychischen Leiden befreien.

Nach dieser Publikation kam es allerdings zum Zerwürfnis zwischen den beiden Autoren, weil Freud sich zunehmend als Alleinerfinder der Psychoanalyse darstellte und seinem Kollegen Breuer vorwarf, er habe im Fall Anna O. die sexuellen Hintergründe der Erkrankung nicht ausreichend erforscht. Breuer war darüber verständlicherweise sehr verärgert und reduzierte die Kommunikation mit seinem Kollegen auf ein Mindestmaß. In dieser schwierigen Zeit verstärkten sich bei Freud nicht nur seine depressiven Verstimmungen, sondern auch seine Migräne und Herzbeschwerden und es traten sogar Anfälle von Todesangst auf. In seinem Buch »*Der kranke Freud*« stellte der Autor J. Kohlhammer sehr ausführlich dar, dass auch im weiteren Leben Freuds eine auffällige zeitliche Parallelität zwischen psychisch belastenden Ereignissen und der Verschlechterung seines Gesundheitszustandes nachweisbar war. Ab 1897 kamen in solchen Stresssituationen noch Ohnmachtsanfälle dazu, die Freud selbst als ein »Stückchen Neurose« bezeichnete. Einige Jahre später gesellte sich auch noch eine diffuse Krebsangst hinzu, die sich zunächst auf den Darm bezog, ab 1917 aber vor allem den Gaumen betraf. Dort war eine schmerzhafte Schwellung aufgetreten, als Freud das Rauchen auf Grund von Zigarrenmangel zeitweilig aufgeben musste. Als er wieder rauchen konnte, verschwanden die Beschwerden allerdings schnell. Im Februar 1923 stellte Freud fest, dass sich bei ihm am rechten Gaumen eine weißliche Verdickung entwickelt hatte. Er zeigte sie einem befreundeten Hautarzt, der die Vorstufe einer Krebserkrankung vermutete und deshalb empfahl, sie von einem Facharzt chirurgisch entfernen zu lassen. Freud zögerte diesen Schritt aber einige Zeit hinaus, vermutlich aus Furcht vor der Operation und weil er wohl zu Recht annahm, dass man ihm danach das Rauchen verbieten würde. Im April fand schließlich die Operation doch noch statt, bei der sich herausstellte, dass bereits ein fortgeschrittenes Karzinom der Schleimhaut vorlag (weitere Informationen im Abschnitt »*Mundhöhlenkarzinom*«). Deshalb wurde nach dem operativen Eingriff auch noch eine Bestrahlungstherapie durchgeführt. Wahrscheinlich ist Freud nicht ausreichend über die Bösartigkeit der Tumorerkrankung aufgeklärt worden, denn er schrieb wenige Tage nach der Operation an einen Freund: »Ich habe vor zwei Monaten eine leukoplastische Geschwulst an meinem Kiefer und Gaumen, rechtsseitig, entdeckt, die ich am 20. entfernen ließ ... Meine Diagnose lautete Epitheliomie, sie wurde aber nicht gelten gelassen. Die Schuld an der Rebellion der Gewebe wird dem Rauchen gegeben.« In einem anderen Brief, den er einige Wochen später schrieb, ist zu lesen: »Vor zwei Monaten ließ ich eine Wucherung vom weichen Gaumen entfernen, die hätte degenerieren können, es aber nicht getan hat.«

Die operative Entfernung des Krebsgeschwürs, die nur teilweise gelang, verursachte gemeinsam mit der Bestrahlung starke Schmerzen, die über Monate anhielten. Außerdem entstanden Vernarbungen, die zu einer teilweisen Kiefersperre führten. Den ohnehin schon stark leidenden Freud traf dann noch ein weiterer schwerer Schicksalsschlag: Sein Enkel Heinele, der Sohn seiner bereits drei Jahre vorher verstorbenen Tochter Sophie, verlor ebenfalls sein Leben. Freud schrieb darüber an einen Freund: »Diesen Verlust vertrage ich so schlecht, ich glaube, ich habe nie etwas Schwereres erlebt, vielleicht wirkt die Erschütterung durch meine eigene Erkrankung mit.« Obwohl Freud noch keineswegs beschwerdefrei war, beschloss er im Sommer mit seiner Tochter Anna nach Italien zu reisen. Dort erlitt er allerdings eine schwere Nachblutung, weshalb ein befreundeter Arzt aus Deutschland zu Hilfe gerufen wurde. Er konnte die Blutung zwar dauerhaft stillen, erkannte aber auch, dass eine zweite, deutlich größere Operation notwendig war, um den bereits weit fortgeschrittenen Krebs zu bekämpfen. Diese Problematik wurde Freud allerdings zunächst verheimlicht, weil man befürchtete, er könnte aus Angst vor den zu erwartenden Schmerzen einen Selbstmordversuch unternehmen. An der HNO-Klinik in Wien wurden trotzdem aber schon Vorbereitungen für den äußerst schwierigen chirurgischen Eingriff getroffen. Professor Hans Pichler, ein Spezialist für Kieferchirurgie, übte die Operation sogar vorher an einer Leiche. Nachdem es schließlich gelungen war, Freud von der Notwendigkeit der Operation zu überzeugen, wurde sie Anfang Oktober in mehreren Stufen durchgeführt. Der Haupteingriff dauerte sieben Stunden. Dabei wurden große Teile des rechten Ober- und Unterkiefers entfernt und durch komplizierte Prothesen ersetzt. Freud erholte sich erstaunlich schnell und konnte schon nach einer Woche aus der Klinik entlassen werden. Allerdings musste in den folgenden Wochen mehrfach nachoperiert werden und es gab dauerhafte Schwierigkeiten mit den Prothesen.

Insgesamt musste Freud in den ersten fünf Jahren nach der großen Operation Professor Pichler über 350 Mal wegen kleinerer oder größerer Probleme aufsuchen. In mehreren Briefen beschrieb Freud seine Leiden sehr eindrucksvoll: »... Die Mißempfindungen sind so viele, sie wechseln Örtlichkeit und Qualität so ausgiebig, daß genug Raum bleibt für dumpfe Befürchtungen hinter ihnen und sie nehmen mich so in Anspruch, daß mir nur ein Bruchteil von Interesse übrig bleibt für die Eindrücke des Tages.« An anderer Stelle heißt es: »Das Richtige wäre, Arbeit und Verpflichtungen aufzugeben und in einem stillen Winkel auf das natürliche Ende zu warten.« Obwohl die Ärzte Freud klar gemacht hatten, dass sowohl seine Herzbeschwerden als auch der Gaumenkrebs hauptsächlich durch sein exzessives Zigarrenrauchen entstanden waren und dadurch auch weiter gefördert wurden, konnte er diese Sucht nicht unterdrücken (siehe Abschnitt »*Kokain- und Nikotinsucht*«). Um diesem Laster frönen zu können, musste er nach der großen Operation für einige Zeit sogar sein Gebiss mit einer Wäscheklammer aufhebeln. Er nahm für das Rauchen in Kauf, dass in seiner Mundhöhle immer neue Krebsvorstufen entstanden, die entfernt werden mussten, wodurch seine Leiden sich weiter steigerten. Auch seine Herzbeschwerden wurden immer stärker. 1930 unternahm Freud einen Entzugsversuch, der durchaus positive Auswirkungen auf seine Gesundheit hatte. In einem Brief schrieb er darüber: »Es sind 6 Tage, dass ich nicht eine Zigarre mehr geraucht habe, und es ist unleugbar, daß ich dem Verzicht mein Wohlbefinden verdanke. Aber es ist traurig.« Einige Zeit später wiederholte er diese Feststellung noch einmal: »... D. h. ich habe das Rauchen völlig aufgegeben, nachdem es mir genau 50 Jahre lang als Schutz und Waffe im Kampf mit dem Leben gedient hat. Ich bin jetzt wohler als vorhin, nicht glücklicher.« Bald darauf begann Freud aber wieder mit dem Rauchen und erwartungsgemäß verschlechterte sich sein Gesundheitszustand erneut.

Einen wichtigen Grund für diese nicht besiegbare Abhängigkeit vom Rauchen beschrieb sein Hausarzt Max Schur in seinem Buch so: »Es war Freuds Behauptung, ..., die ich später nur bestätigen konnte, daß er in Perioden schöpferischen Schreibens oder bei der Vorbereitung auf eine solche Tätigkeit Nikotin brauchte. Und wann befand sich Freud nicht in einem solchen Stadium? Wie das für jede Sucht gilt, ist es äußerst schwer zu entscheiden, ob Freud ohne Nikotin die Konzentration hätte aufbringen können, die für das Lösen sehr schwieriger Probleme notwendig ist, ..., daß zumindest in Freuds Fall die spezifische pharmakologische Wirkung des Nikotins anscheinend eine optimale Leistungsfähigkeit begünstigte.« Und leistungsfähig blieb Freud trotz seiner schweren Leiden noch erstaunlich lange. 1923, also im Jahr der großen Krebsoperation, veröffentlichte er sein wichtiges Werk »*Das Ich und das Es*«. In den Folgejahren erschienen unter anderem noch: »*Selbstdarstellung*« (1925), »*Die Zukunft einer Illusion*« (1926), »*Das Unbehagen in der Kultur*« (1930), »*Warum Krieg?*« (1933, Briefwechsel mit Albert Einstein), »*Neue Folgen der Vorlesungen zur Einführung in die Psychoanalyse*« (1933), »*Die endliche und die unendliche Analyse*« (1937) und »*Der Mann Moses und die monotheistische Religion*« (1939). Am 23. September 1939 verstarb Freud in seinem Londoner Exil infolge von Morphiuminjektionen, die ihm sein Hausarzt Schur wegen schwerster Schmerzen verabreicht hatte. Dass es sich dabei um einen Selbstmord mit ärztlicher Hilfe handelte, erscheint sehr wahrscheinlich, denn es ist ein Gespräch mit Dr. Schur vom 21. September überliefert, in dem Freud sagte: »Lieber Schur, Sie erinnern sich wohl an unser erstes Gespräch. Sie haben mir damals versprochen, mich nicht im Stich zu lassen, wenn es soweit ist. Das ist jetzt nur noch Quälerei und hat keinen Sinn mehr ... Sagen Sie es Anna.«

Kokain- und Nikotinsucht

Kokain

Der Cocastrauch wird vor allem in Südamerika in Höhenlagen von 600 bis 1000 Meter angebaut. Die meist illegale Gewinnung des Kokains erfolgt aus den Blättern, die etwa 0,5 % Kokain enthalten. Durch eine Extraktion kann ein Wirkstoffgehalt von 60 bis 80 % erreicht werden. In geringem Umfang werden bestimmte Kokainverbindungen auch rein chemisch hergestellt und als Medikamente z. B. für die Lokalanästhesie eingesetzt. Frisch geerntete Cocablätter werden in den Anbauregionen von den Eingeborenen oft gekaut, wodurch sie geringe Mengen Kokain aufnehmen. Es entsteht ein leichter Rauschzustand, der insbesondere Hunger und Müdigkeit vermindert. Das angereicherte Kokain kann auf verschiedene Weise konsumiert werden. Der dadurch hervorgerufene Rauschzustand dauert aber maximal eine Stunde. In höherer Dosierung bewirkt Kokain im Gehirn eine sehr angenehme euphorische Stimmung, in der man sich besonders angeregt und leistungsfähig fühlt, wobei auch Hunger- und Müdigkeitsgefühle unterdrückt werden. Als Nebenwirkungen können Atemstörungen und Herzanfälle auftreten. Nach Abklingen des Rauschzustandes entsteht oft eine depressive Verstimmung, die so unangenehm ist, dass der Konsument den starken Wunsch nach einer erneuten Kokaindosis verspürt. Auf diese Weise kann sehr schnell eine starke Abhängigkeit entstehen. Regelmäßiger Kokainkonsum führt nicht selten zum Auftreten von Halluzinationen, Verfolgungsangst, Desorientiertheit und erhöhter Aggressivität. Auch die Entstehung einer länger andauernden Kokainpsychose ist möglich. Besonders gefährlich ist Kokain in Form von »Crack«, das sich durch Erhitzen von Kokainhydrochlorid mit Natron (Backpulver) bildet. Es wird meist geraucht und dabei kommt es sehr schnell zu einem hohen Wirkstoffspiegel im Blut, der nicht nur zu akuten Todesfällen führen kann, sondern bei längerem Gebrauch oft auch schwere Gehirnschäden verursacht.

Die Gefährlichkeit des Kokains wurde erst relativ spät erkannt. In den 1850er Jahren gelang es aus Kokablättern den Wirkstoff Kokain zu isolieren, aber erst 1898 konnte seine chemische Struktur aufgeklärt werden. Wegen seiner anregenden Wirkung wurde Kokain zunächst vor allem in den USA später aber auch in Europa vielfältig verwendet. Es diente beispielsweise als Zusatz für Zigaretten und verschiedene Getränke. 1887 erfand der Drogist John Pemperton das inzwischen weltbekannte Coca-Cola-Getränk, das pro Liter 0,25 g Kokain enthielt. Erst Anfang des 20. Jahrhunderts wurde der Kokainzusatz aufgegeben, weil seine Sucht machende Wirkung nicht mehr zu leugnen war. Die ersten strafrechtlichen Maßnahmen gegen den Kokainmissbrauch wurden in den USA 1914 ergriffen, in Deutschland erst 1929 im Rahmen des Opiumgesetzes. Eine Eindämmung der Kokainsucht und des illegalen Kokainhandels ist aber dadurch nicht gelungen. In Deutschland wird die Zahl der Kokainkonsumenten derzeit auf etwa 5 Millionen geschätzt. Sie verbrauchen jährlich etwa 20 Tonnen Kokain.

Nikotin

Die Tabakpflanze (*Nicotiana tabacum*) und das in ihr enthaltene Alkaloid Nikotin wurden nach Jean Nicot (1530–1604) benannt, der den Tabak als Heilpflanze in Frankreich einführte. Obwohl sich die Heilerfolge nicht in dem erwarteten Maß einstellten, verbreitete sich der Tabakkonsum schnell in ganz Europa. Zunächst wurde der Tabak vor allem geschnupft oder als Zigarre bzw. in der Pfeife geraucht. Das Zigarettenrauchen entwickelte sich erst im 19. Jahrhundert, ist aber heute die weltweit am stärksten verbreitete Form des Tabakkonsums. Das Rauchen ist vor allem wegen des Nikotins im Tabak so beliebt, denn dieser Stoff hat vielfältige Wirkungen auf Körper und Gehirn. Nikotin aktiviert in geringen Mengen vor allem das sympathische Nervensystem, das den Körper in eine Art Alarmbereitschaft versetzt. Dabei steigen Blutdruck und Herzschlagfrequenz deutlich an. Die Magen-Darmtätigkeit wird ebenso angeregt wie die Atmung. Der Zustand wird in der Regel als angenehm empfunden und man hat den Eindruck einer erhöhten Leistungsfähigkeit. Durch längeren Tabakkonsum kann sich aber leicht eine Nikotinabhängigkeit entwickeln, von der man sich nur schwer wieder befreien kann. Man schätzt, dass es in Deutschland ca. 20 Millionen Raucher gibt, von denen etwa ein Viertel nikotinabhängig ist. Ein jahrelanges intensives Rauchen führt zu zahlreichen gesundheitlichen Risiken, wie z. B. Herz-Kreislauf- und Lungenerkrankungen, sowie Krebs in verschiedenen Organsystemen. Rauchen während der Schwangerschaft erhöht das Risiko für Fehlgeburten und erniedrigt das Geburtsgewicht des Kindes, wodurch seine Überlebenschancen deutlich beeinträchtigt werden. In Deutschland sterben jährlich etwa 100 000 Menschen an den Folgen des Rauchens, weshalb Nikotin als das Suchtmittel gilt, das die meisten Todesopfer fordert. Da auch das »Passivrauchen« Gesundheitsschäden verursacht, sind in den letzten Jahren in vielen Ländern Gesetze erlassen worden, die das Rauchen in der Öffentlichkeit mehr oder minder stark einschränken.

Mundhöhlenkarzinom

Als Mundhöhlenkarzinome bezeichnet man bösartige Tumoren, die alle Bereiche der Mundhöhle einschließlich der Zunge betreffen können. In über 80 % der Fälle liegen so genannte Plattenepithelkarzinome vor, die so bezeichnet werden, weil sie aus der obersten Schicht der Mundschleimhaut hervorgehen, die von einem mehrschichtigen Plattenepithel gebildet wird.

Entstehung und Verbreitung

Mundhöhlenkarzinome treten am häufigsten um das 65. Lebensjahr auf, wobei Männer etwa dreimal so oft betroffen sind wie Frauen. In Deutschland erkranken jährlich etwa 13 000 Menschen an Mundhöhlenkrebs. Damit ist dieser Tumor bei uns die fünfthäufigste bösartige Krebsform.

Ursachen

Die langjährige Schädigung der Mundschleimhaut durch Rauchen, Alkohol oder schlechte Mundhygiene gilt als wichtigster Auslöser für die Tumorentwicklung. Meist entsteht zunächst eine Krebsvorstufe in Form einer Leukoplakie. Darunter versteht man dauerhafte weißliche Schleimhautveränderungen, die sich nicht abwischen lassen.

Diagnose

Anfangs macht der Mundhöhlenkrebs oft keine oder nur geringe Beschwerden, weshalb die rechtzeitige Erkennung von verdächtigen Schleimhautveränderungen besonders wichtig ist. Bei Krebsverdacht ist die Entnahme einer Biopsie für eine histologische Untersuchung notwendig, um den Grad der Bösartigkeit feststellen zu können.

Therapie und Prognose

Soweit wie möglich wird der Tumor chirurgisch entfernt. Bei Verdacht auf Metastasierung müssen auch die regionalen Lymphknoten entfernt werden. Zur Erhöhung der Heilungschancen erfolgt anschließend meist auch noch eine Bestrahlung. Die Prognose ist allerdings auch bei optimaler Behandlung relativ schlecht. Sogar bei kleinen Tumoren liegt die 5-Jahres-Überlebensrate unter 70 %.

Neurologe und Autor Oliver Sacks auf dem Brooklyn Book Festival 2009. Fotograf: Luigi Novi / © Luigi Novi / Wikimedia Commons.

15
Oliver Sacks (1933): sprachbegabter Neurologe

Oliver Sacks ist einer der wenigen Wissenschaftler, die nicht nur in ihrem Fachgebiet Bedeutendes leisten, sondern auch noch mit schriftstellerischen Talenten gesegnet sind.

Er wurde 1933 in London in einer Arztfamilie geboren. Sowohl seine Eltern als auch seine drei Brüder hatten einen ärztlichen Beruf ergriffen. Es ist daher nicht verwunderlich, dass sich auch Oliver dafür interessierte und in Oxford ein Medizinstudium aufnahm. Nach seinem Examen spezialisierte er sich auf das Fach Neurologie und betrieb in diesem Bereich auch einige Forschungen, bevor er 1960 in die USA ging. Zunächst war er für zwei Jahre in San Francisco tätig, dann wechselte er an die Universität von Kalifornien in Los Angeles. 1965 wurde Sacks als Professor für klinische Neurologie an das Albert Einstein College of Medicine in New York City berufen. Neben seiner Arbeit in der Klinik begann Sacks auch über interessante medizinische Themen allgemein verständliche Artikel und Bücher zu schreiben. Einige dieser Publikationen erreichten hohe Auflagen und wurden in bis zu 21 Sprachen übersetzt. Außerdem brachten sie dem Autor zahlreiche Preise und Ehrungen ein.

Da Sacks schon seit seiner Kindheit an Migräne litt, interessierte er sich auch beruflich für diese weit verbreitete Krankheit. Er untersuchte und behandelte im Lauf der Jahre etwa 1000 Migränepatienten. Dabei stellte er fest, dass diese Erkrankung eine unglaubliche Vielfalt von Symptomen aufweist, die eine Diagnosestellung sehr erschweren (siehe auch Abschnitt »*Migräne*«). Bei seinen Literaturrecherchen fiel Sacks auf, dass seit 1873 keine umfassende Darstellung der Migräne mehr publiziert worden war. Deshalb entschloss er sich, auf der Basis der vielen Leidensgeschichten seiner Patienten ein Buch zu schreiben, das den Gesamtkomplex der Migräne in all seinen verwirrenden Facetten darstellt. Im 1. Teil seines Buches »Migräne« beschreibt Sacks die verschiedenen Formen der Migräneattacken. Der 2. Teil be-

Trotzdem genial Erste Auflage. Heinrich Zankl und Katja Betz.

fasst sich mit den physischen, physiologischen und psychologischen Aspekten der Migräneerkrankung. Teil 3 beinhaltet eine Darstellung der physiologischen Mechanismen, die bei einer Migräneattacke ablaufen. Außerdem versucht Sacks in diesem Kapitel zu ergründen, ob die Migräne einen bestimmten biologischen oder psychologischen Zweck erfüllt. Dabei erzählt er sehr eindringlich die Leidensgeschichte eines Mathematikers, der nach dem Abklingen seiner Migräneattacken jeweils in eine hoch kreative Phase verfiel, in der er seine besten wissenschaftlichen Ideen hatte. Als die Migräneanfälle bei ihm weitgehend verschwanden, litt der Wissenschaftler darunter, dass damit auch seine Kreativitätsschübe verloren gingen. Der abschließende Teil 4 des Buches ist vor allem den verschiedenen Therapiemöglichkeiten bei der Migräne gewidmet. Das umfangreiche Buch erwies sich sowohl für Patienten als auch für Ärzte und Wissenschaftler als ein hervorragendes Nachschlagewerk. Es erreichte innerhalb weniger Jahre mehrere Auflagen und wurde in etliche Sprachen übersetzt.

1992 erschien eine überarbeitete Fassung des Migränebuchs, in der Sacks besonders ausführlich auf die neuen Entwicklungen in der Therapie eingeht. Er integrierte aber auch noch ein eher spekulatives Kapitel, das die Überschrift trägt: »Migräne als Universalie«. Darin beschäftigt sich Sacks unter Mithilfe seines Kollegen Ralph Siegel hauptsächlich mit den Halluzinationen, die während einer Migräneattacke oft auftreten. Gemeinsam entwickelten die beiden Autoren ein neues Modell der Migräne-Aura, die sie als einen vorwiegend sich selbst organisierenden Prozess auffassen. In zwei Anhängen beschreibt Sacks außerdem noch die Visionen der Hildegard von Bingen und des italienischen Arztes Giralomo Cardano. Dabei kommt Sacks zu dem Schluss, dass es sich in beiden Fällen um Visionen im Rahmen einer Migräne-Aura gehandelt haben dürfte.

Noch während seiner Arbeit an der ersten Ausgabe seines Buches über Migräne stieß Sacks 1966 mehr oder minder zufällig auf Patienten, die während einer weltweiten Epidemie an der europäischen Schlafkrankheit (Encephalitis lethargica) erkrankt waren und sich seit etwa 40 Jahren in einem Zustand der Erstarrtheit befanden. Sacks kam auf die Idee sie mit L-Dopa (einer Vorstufe des Neurotransmitters Dopamin) zu behandeln und erzielte damit verblüffende Wirkungen. Die Patienten »wachten auf« und konnten wieder am Leben teilnehmen. Allerdings war der Therapieerfolg nur von begrenzter Dauer. Die Muskelstarrheit nahm schon bald wieder zu, sodass die

Patienten erneut in einen lethargischen Zustand versanken. In seinem Buch »*Awakenings*«, das unter dem Titel »*Zeit des Erwachens*« auch in deutscher Sprache erschienen ist, schildert Sacks das Schicksal einiger Patienten sehr einfühlsam. Das Buch hatte weltweit einen großen Erfolg. 1990 wurde es sogar eindrucksvoll verfilmt, wobei Robert de Niro und Robin Williams die Hauptrollen spielten.

Im Jahr 1979 hatte Sacks ein Erlebnis der besonderen Art, das ihn noch lange beschäftigte: Bei einer Bergwanderung in Norwegen flüchtete er vor einem plötzlich auftauchenden Stier. Dabei stürzte er unglücklich und zog sich so schwere Muskel- und Nervenverletzungen an seinem linken Bein zu, dass er es nicht mehr belasten oder bewegen konnte. Da Sacks allein in einer einsamen Gegend unterwegs war, konnte er auf keine Hilfe hoffen. Er war deshalb gezwungen aus eigener Kraft ins Tal zurückkehren, um nicht an Unterkühlung zu sterben. Es gelang ihm, aus seinem Regenschirm eine provisorische Beinschiene herzustellen. Weitgehend auf dem Hosenboden rutschend versuchte Sacks stundenlang sich einem Dorf zu nähern, das er von oben sehen konnte. Glücklicherweise wurde er noch vor Einbruch der Dunkelheit von zwei Jägern gefunden, die ihn retteten. Ein Arzt stellte fest, dass die Verletzung so schwer war, dass sie im Krankenhaus behandelt werden musste. Die Klinik, die nach langer beschwerlicher Fahrt erreicht wurde, konnte aber nur eine notdürftige Versorgung vornehmen, weshalb Sacks beschloss sich nach London ausfliegen zu lassen, um dort von einem Spezialisten die notwendige Operation durchführen zu lassen. Der Chirurg nähte den schwer verletzten Oberschenkel wieder zusammen und gipste das Bein ein. Nach einiger Zeit sollte Sacks unter Anleitung einer Krankengymnastin die Oberschenkelmuskulatur anspannen, was ihm aber trotz aller Anstrengung nicht gelang. Da er keinerlei Gefühl in dem Bein hatte, konnte er die Lage des Beines nicht kontrollieren, sodass es einmal verdreht aus dem Bett hing. Zunehmend empfand er sein Bein als einen Fremdkörper, der nicht zu ihm gehört. Dadurch geriet Sacks in Panik, weil er vermutete, dass er postoperativ einen Gehirnschlag erlitten haben könnte, der nicht nur zu einer Lähmung, sondern auch zu einer Störung seiner Körperwahrnehmung geführt hat. Es dauert zehn Tage, bis Sacks durch blitzartig einschießende starke Schmerzen sein Bein wieder spürte, es kam ihm aber weiterhin fremd vor. Auch bei seinen ersten mühsamen Gehversuchen fehlte Sacks weiterhin ein normales Körpergefühl, wodurch er tief verunsichert war. Der behandelnde Arzt reagierte unwirsch, als Sacks versuchte, ihm seine Empfindungen zu schildern und sagte: »Herr Sacks, Sie sind ein einmaliger Fall. So etwas habe ich noch nie von einem Patienten gehört.«

Nachdem er durch intensives Training das Stehen und Gehen wieder gelernt hatte, beschloss Sacks die bedrohlichen Phänomene zu erforschen, die während des Heilungsprozesses bei ihm aufgetreten waren. In dem Vorhaben wurde er von seinem berühmten Kollegen Alexander Lurija bestärkt, dem er brieflich über seinen folgenreichen Unfall berichtet hatte und der ihm unter anderem Folgendes schrieb: »Daß Ihnen das zugestoßen ist, tut mir leid, ... Vielleicht war es Ihr Schicksal, diese Erfahrung zu machen; bestimmt aber ist es nun Ihre Pflicht, sie zu verstehen und zu erforschen ... Tatsächlich erschließen und entdecken Sie ein neues Gebiet.« Sacks suchte zunächst nach einschlägiger Literatur, fand aber nur Berichte über das so genannte Pötzl-Syndrom, das als Folge eines Gehirnschlages oder eines Gehirntumors auftreten kann. Wenn dabei bestimmte sensorische Hirnareale betroffen sind, empfinden die Patienten oft eine ganze Körperhälfte oder auch nur Teile davon als fremd und unwirklich. Über ähnliche Empfindungsstörungen bei peripheren Verletzungen schien es aber keine Publikationen zu geben. Erst Jahre später stieß Sacks auf drei Berichte, in denen ähnliche Phänomene geschildert werden, wie er sie bei sich selbst beobachtet hatte. Darüber schrieb Sacks in einem Artikel, der 1982 im *London Review of Books* veröffentlicht wurde: »... Obwohl alle diese Autoren überaus hervorragende Wissenschaftler und ihre Publikationen von größter Bedeutung waren, habe ich nie jemanden kennengelernt, der von diesen Arbeiten gehört, geschweige denn sie gelesen hat - und diese sonderbare Vergesslichkeit hat auch die Autoren selbst erfasst.« Durch dieses merkwürdige Fehlen bzw. Vergessen von Informationen wurde Sacks angeregt, solche Fälle unter seinen eigenen Patienten ausfindig zu machen. Er untersuchte im Lauf der Jahre etwa vierhundert Patienten, bei denen Wirbelsäulenverletzungen oder Gliedmaßenamputationen vorlagen und fand bei ihnen häufig eine ähnliche Störung im Körperbild wie er sie bei sich selbst beobachtet hatte. Mehrere Patienten, die an einem Halswirbelbruch gelitten hatten, berichteten Sacks, sie hätten das Gefühl »nur aus Kopf und Schultern« zu bestanden zu haben. Auch bei Patienten, die den Verlust von Gliedmaßen erlitten hatten, fand Sacks »bizarre und erschreckende Störungen oder Defekte des Körperbildes«. Nach diesen Befunden stellte sich Sacks die naheliegende Frage: »Wenn solche Störungen tatsächlich so verbreitet sind, warum werden sie dann nicht häufiger beschrieben?« Auf Grund seiner eigenen Erfahrungen vermutete er, die Patienten hätten im Rahmen einer normalen neurologischen Untersuchung meist keine Gelegenheit, ihre höchst merkwürdigen Empfindungen dem behandelnden Arzt zu schildern. Sacks hielt es außerdem für möglich, dass die Phänomene für die Patienten selbst oft so unverständlich und verwirrend sind, dass sie nicht darüber sprechen können oder wollen. Seine eigenen Patienten hatten auch erst über diese Problematik berichtet, nachdem er ihnen die Möglichkeit gegeben hatte, »frei und ohne Einschränkung durch irgendeinen neurologischen Fragenkatalog zu sprechen«. Oliver Sacks veröffentlichte seine bemerkenswerten Beobachtungen 1884 in einem Buch, das auch ins Deutsche übersetzt wurde und den Titel trägt: *»Der Tag, an dem mein Bein fortging«*. Inzwischen wird von vielen Neurologen anerkannt, dass es nicht nur durch hirnorganische Veränderungen, sondern auch bei peripheren Nervenverletzungen zu schwerwiegenden Störungen im Körperbewusstsein kommen kann. Weitere Informationen über die Entstehung des Körperbewusstseins und seine Störungen finden sich im Abschnitt *»Körperbewusstsein«*.

Auch in seinem 2010 erschienenen Buch *»The Mind's Eye«*, das ein Jahr später in Deutschland mit dem Titel *»Das innere Auge«* publiziert wurde, nahm Sacks eigene Probleme und Erkrankungen zum Anlass, um sich mit bestimmten Begleiterscheinungen wissenschaftlich auseinanderzusetzen. In dem Kapitel »Gesichtsblind« schrieb er: »Seit ich mich erinnern kann, fällt es mir schwer, Gesichter zu erkennen ... Und es waren nicht nur Gesichter. Wenn ich ... unterwegs war, musste ich immer dieselbe Strecke fahren, wusste ich doch, dass ich nur ein bisschen von ihr abzuweichen brauchte, um mich hoffnungslos zu verirren.« Erst spät bemerkte Sacks, dass auch einer seiner Brüder unter den gleichen Schwierigkeiten litt, während die zwei anderen Brüder in dieser Hinsicht keinerlei Probleme hatten. Sacks vermutete, diese Gesichtsblindheit, die wissenschaftlich Prosopagnosie genannt wird, könnte er von seiner Mutter geerbt haben, weil es bei ihr ebenfalls Anzeichen für diese visuelle Störung gegeben hatte. Nachdem das Interesse an der Prosopagnosie bei ihm geweckt worden war, suchte Sacks auch bei seinen Patienten gezielt nach solchen Erscheinungen und wurde erstaunlich oft fündig. Eine besonders erstaunliche Fallgeschichte publizierte er bereits 1985 unter dem Titel

»Der Mann, der seine Frau mit einem Hut verwechselte«. Sacks schrieb über diesen Patienten Folgendes: »Er konnte weder Gesichter noch den Ausdruck auf ihnen erkennen. Überdies war er außerstande, Gegenstände zu identifizieren und zu kategorisieren. Beispielsweise war er nicht in der Lage, einen Handschuh zu erkennen oder wahrzunehmen, dass es sich um ein Kleidungsstück handelte. Einmal hielt er den Kopf seiner Frau für einen Hut.« Nach dieser sehr erfolgreichen Publikation meldeten sich bei Sacks viele Personen mit ähnlichen Problemen. Oft konnte er feststellen, dass die visuellen Störungen im Zusammenhang mit einem Schlaganfall, einem Tumor oder einer anderen Hirnerkrankung aufgetreten waren. In einem Fall berichtete ihm aber eine Frau auch über eine erbliche Form der visuellen Agnosie in ihrer Familie. Auch andere Wissenschaftler wurden auf das Phänomen aufmerksam. 2005 erschien eine Publikation in der Zeitschrift *Cognitive Neuropsychology*, in der Bradley Duchaine und zwei Koautoren über eine Familie berichten, in der beide Eltern sowie sieben ihrer Kinder eine mangelhafte Gesichtserkennung haben. 2009 konnte Lucia Garrido mit ihrer Arbeitsgruppe nachweisen, dass bei Menschen mit angeborener Prosopagnosie kleinere Veränderungen in den Gesichtserkennungsarealen ihrer Gehirne vorhanden sind.

In einem anderen Kapitel des Buches *»Das innere Auge«* beschreibt Sacks in Form eines Tagebuchs, welche Folgen die Entstehung eines Tumors in seinem rechten Auge hatte. Die ersten visuellen Erscheinungen traten am 17. Dezember 2005 während eines Kinobesuchs auf. Zunächst meinte Sacks, das plötzlich auftretende Flimmern sei der Beginn einer Migräneattacke. Er erkannte aber schnell, dass nur das rechte Auge betroffen war, sodass er eine Migräne ausschließen konnte. Als nach der Vorschau die Leinwand kurzfristig dunkel wurde, sah Sacks einen hellen flammenartigen Fleck, der von Spektralfarben umgeben war. Gleichzeitig bemerkte er, dass auf dem rechten Auge etwa ein Viertel des Gesichtsfeldes fehlte. In Panik verließ Sacks das Kino und suchte einen Augenarzt auf. Dort wurde die Vermutung geäußert, dass ein Tumor vorliege. Spezialuntersuchungen ergaben die Gewissheit, dass ein bösartiger Pigmenttumor, ein so genanntes Melanom, direkt an der Eintrittsstelle des Sehnervs vorhanden war (weitere Informationen im Abschnitt *»Melanom«*). Es folgte eine Strahlentherapie mit Hilfe einer winzigen radioaktiven Strahlenquelle, die für einige Tage in das Auge implantiert wurde. Eine Woche nach dem Eingriff sah Sacks mit dem rechten Auge immer noch alles verschwommen und verzerrt. In den folgenden Tagen und Wochen beobachtete Sacks genau, wie sich das Sehvermögen seines bestrahlten Auges veränderte und machte sogar Zeichnungen von seinen visuellen Eindrücken. Erst ab dem zwölften Tag nach der Operation konnte er Verbesserungen seines Sehvermögens feststellen.

Da sich bei Nachuntersuchungen herausstellte, dass der Tumor durch die Strahlentherapie nicht ganz zerstört worden war, musste sich Sacks zwei weiteren Behandlungen mit einem Laser unterziehen. Dabei wurde ein zentraler Teil der Netzhaut geschädigt, weshalb Sacks in seinem rechten Auge einen großen schwarzen Klecks sah. Zu seiner Verblüffung stellte er fest, dass dieser Klecks weiß wurde, wenn er längere Zeit an die weiße Zimmerdecke schaute. Dieses Phänomen erforschte Sacks nun intensiv, indem er sein rechtes Auge auf verschiedene Objekte richtete. Er konnte feststellen, dass der Fleck blau wurde, wenn er den Himmel anschaute. Sacks stellt auch fest, dass sich der Fleck mit den entsprechenden Mustern füllte, wenn er den Teppich oder die Tapete länger anschaute. Fein strukturierte Muster wurden gut abgebildet, bei gröberen gab es Schwierigkeiten. Durch diese Versuche wurde Sacks klar, dass die Sehzentren des Gehirns in der Lage sind, fehlende visuelle Informationen bis zu einem gewissen Grad zu ergänzen. Bei komplexeren Objekten, insbesondere wenn sie sich bewegen, gelingt das allerdings nur sehr eingeschränkt oder gar nicht. Bei seinen intensiven Eigenversuchen erlebte Sacks eine weitere Überraschung: Als er einen Baum mit vielen grünen Blättern mit seinem rechten Auge fixierte, kam es relativ schnell zur Ausfüllung des blinden Flecks mit laubähnlichen Strukturen. Dann aber begann das Laub zu wuchern, und es entstand ein großes unsymmetrisches Laubwerk, das über die Grenzen des blinden Flecks hinauswuchs. Sacks beobachtete auch das plötzliche Auftreten von verschiedenen Halluzinationen. Oft sah er, auch wenn beide Augen geöffnet waren, grasbüschelähnliche Gebilde oder Schachbrettmuster. Sacks vermutete als Ursache für diese vielfältigen Effekte, dass die Verletzung seiner Netzhaut durch die Laserbestrahlung zu einem abnormen Erregungszustand in der Sehrinde seines Gehirns geführt hatte. Besonders stark wurde Sacks davon belastet, dass er durch die zentrale Erblindung seines rechten Auges das stereoskopische Sehen weitgehend verloren hatte. Er wurde beim Gehen unsicher, weil er Stufen und Bordsteine nicht mehr dreidimensional sehen konnte und verschätzte sich oft, wenn er nach einem Gegenstand griff. Zu seiner Verblüffung stellte Sacks aber auch fest, dass seine Höhenangst verschwunden war, unter der er früher gelitten hatte.

Im Laufe von vier Jahren gelang es Sacks einigermaßen die Ausfälle zu kompensieren, die mit seiner Augenerkrankung einhergingen. Aber dann traf ihn ein neuer Schlag: Es kam in der Netzhaut seines rechten Auges zu einer Blutung, die auch den Glaskörper in Mitleidenschaft zog, wodurch auch das periphere Sehen weitgehend ausfiel. Die Auswirkungen waren dramatisch, denn Sacks konnte nun rechts von ihm auftauchende Personen oder Gegenstände nicht mehr rechtzeitig erkennen, sodass es oft zu Kollisionen kam. Er war außerdem sehr verwirrt, wenn jemand sich nach rechts bewegte und deshalb plötzlich aus seinem Blickfeld verschwand. Auch nach Monaten hatte sich Sacks noch nicht an diese neuen visuellen Einschränkungen gewöhnt und es blieb ihm nur die Hoffnung, dass das Blut irgendwann soweit resorbiert werden würde, dass zumindest ein Teil seiner Sehfähigkeit im rechten Auge zurückkehrt. Seinen Zustand beschrieb er am Ende des Kapitels sehr eindrucksvoll so: »Für mich werden sich Menschen und Gegenstände auch weiterhin ›in Luft auflösen‹ und ›aus heiterem Himmel wieder auftauchen‹ – das sind keine Metaphern mehr für mich, sondern beschreibt so exakt wie irgend möglich meine Erfahrung des Nichts und Nirgendwo.«

Migräne

Migräne ist eine häufige Erkrankung, die schon seit Jahrhunderten bekannt ist und in allen Kulturkreisen auftritt. In Deutschland sind etwa 7 % der Männer und 13 % der Frauen betroffen. Am häufigsten treten Migräneattacken zwischen dem 35. und 45. Lebensjahr auf. In diesem Alter sind Frauen sogar dreimal häufiger betroffen als Männer. Aber auch Schulkinder können schon an Migräne leiden. Die Erkrankung zeigt relativ oft eine familiäre Häufung, bei manchen Verlaufsformen konnten auch schon spezifische Erbfaktoren nachgewiesen werden.

Symptome

Migräne ist eine sehr vielgestaltige Krankheit, die meist mit schweren, anfallsweise auftretenden Kopfschmerzen einhergeht. Oft geht einer Migräneattacke eine Vorbotenphase voraus, in der die Patienten starke Müdigkeit, Geräuschempfindlichkeit sowie Stimmungsschwankungen verspüren und häufig gähnen. Danach folgt in etwa einem Viertel der Fälle eine so genannte Auraphase, in der es vor allem zu sehr unterschiedlichen Sehstörungen kommt. Diese Phase dauert meist etwa eine Stunde. Dann beginnt in den meisten Fällen die Kopfschmerzphase, die allerdings manchmal auch ganz fehlen kann. Die Kopfschmerzen sind überwiegend einseitig und pulsierend. Zusätzlich tritt häufig Übelkeit mit Erbrechen und eine Überempfindlichkeit gegen Licht und Geräusche auf. Die Dauer der Kopfschmerzphase variiert zwischen einigen Stunden und mehreren Tagen. In der Rückbildungsphase, die bis zu zwei Tage dauern kann, nehmen die Symptome langsam ab und der Patient fühlt sich matt. Danach tritt nicht selten eine leicht euphorische Stimmungslage auf, in der die Patienten besonders aktiv und vor allem auch kreativ sind.

Auslöser

Migräneattacken können bei anfälligen Personen durch eine Vielzahl von Schlüsselreizen ausgelöst werden. Hierzu zählen insbesondere Stress, Schlafmangel und Wetterumschwünge. Bei Frauen spielen oft Hormonschwankungen im Rahmen des Menstruationszyklus oder die Einnahme von hormonhaltigen Antikonzeptionsmitteln als Auslöser eine wichtige Rolle. Auch bestimmte Lebensmittel (wie z. B. Käse, Nüsse und Schokolade) können einen Migräneanfall verursachen. Alkoholische Getränke (insbesondere Rotwein) erhöhen das Risiko für eine Migräneattacke ebenso wie eine nicht ausreichende Zufuhr von Flüssigkeit.

Ursachen

Auf welchen Mechanismen die Migräneattacken beruhen, ist noch nicht endgültig geklärt. Die Gefäßhypothese macht eine zeitweilige Erweiterung bzw. Erschlaffung von Blutgefäßen im Gehirn für die Symptome verantwortlich. Die Übererregbarkeitshypothese geht davon aus, dass bei Migränepatienten eine erhöhte Erregbarkeit bestimmter Rindenareale des Gehirns besteht. Die Entzündungshypothese vermutet, dass ein Migräneanfall durch die Ausschüttung von entzündungsfördernden Substanzen ausgelöst wird. Die Genhypothese nimmt an, dass erbliche Faktoren als Ursache eine wichtige Rolle spielen.

Behandlung

Da die Migräne bis heute nicht heilbar ist, kann nur versucht werden, die Häufigkeit und Stärke der Migräneattacken zu reduzieren. Als Akuttherapie werden meist zunächst Schmerzmittel und entzündungshemmende Mittel eingesetzt. Seit einigen Jahren gibt es auch eine neue Medikamentengruppe, die so genannten Triptane, die speziell bei Migräne helfen. Ihr Wirkmechanismus beruht überwiegend auf der Stimulierung bestimmter Serotonin-Rezeptoren.

Körperbewusstsein

Die Fähigkeit, den eigenen Körper als einen Teil von uns selbst zu begreifen, ist für uns so selbstverständlich, dass wir uns selten darüber Gedanken machen. Dieses Körperbewusstsein, das auch als Körperselbstgefühl, Körperbild oder Körperschema bezeichnet wird, ist für unsere täglichen Interaktionen mit der Umwelt unerlässlich. Ohne ein fortlaufendes Erkennen der Position unserer Gliedmaßen und ihrer Bewegungen wären wir kaum überlebensfähig. Über die Entstehung des normalen Körperbildes und seine Steuerung ist bisher noch relativ wenig bekannt. Man weiß nur, dass es durch das Zusammenwirken verschiedener Wahrnehmungsarten zustande kommt. Besonders wichtig sind dabei visuelle Eindrücke, Berührungsreize und Druckempfindungen. Vermutlich spielen auch der Gleichgewichtssinn und das Gehör eine gewisse Rolle. Die Informationen werden in bestimmten Zentren des Gehirns zusammengeführt und zu einem Gesamtbild verarbeitet.

Die große Bedeutung des Körperbewusstseins wird erst dann deutlich, wenn Störungen auftreten, die meist im Zusammenhang mit Verletzungen oder Erkrankungen des Nervensystems stehen. Als Asomatognosie wird beispielsweise ein Zustand bezeichnet, bei dem der Patient eine ganze Körperhälfte oder einzelne Körperteile als nicht zu

 Oliver Sacks (1933): sprachbegabter Neurologe

sich gehörig empfindet. Der Begriff Anosognosie umschreibt die Unfähigkeit eines Patienten, seine eigene Erkrankung oder Funktionsstörung wahrzunehmen. Dieser Zustand findet sich beispielsweise relativ oft nach einem Schlaganfall, der zu einer halbseitigen Lähmung geführt hat. Die Betroffenen sind überzeugt, dass die gelähmte Seite noch voll funktionsfähig ist, obwohl sie weder Bein noch Arm bewegen können. Eine besonders auffällige Erscheinung ist das »Alien-Limb-Phänomen«. Dabei wird eine ungewollte, autonome Aktivität einer Extremität als von außen gesteuert wahrgenommen. Das kann beispielsweise dazu führen, dass eine Hand autonom einen Gegenstand ergreift, ihn nicht mehr loslässt und manchmal sogar damit auf den Patienten einschlägt.

Melanom

Das Melanom ist ein bösartiger Tumor, der von den pigmentbildenden Zellen (Melanozyten) ausgeht. Es tritt in den allermeisten Fällen als Hauttumor (kutanes Melanom) auf, kann aber auch in anderen Organen vorkommen. Da die Tumore meist eine dunkle Färbung zeigen, hat sich auch der Ausdruck »schwarzer Hautkrebs« eingebürgert. Die Häufigkeit dieser Krebsform hat in Deutschland, wie auch in anderen Ländern mit überwiegend hellhäutiger Bevölkerung, in den letzten Jahrzehnten stark zugenommen. Inzwischen erkrankt bei uns ungefähr 1 % der Bevölkerung daran, wobei das mittlere Erkrankungsalter bei Frauen etwa 58 und bei Männern 64 Jahre beträgt. Der steile Anstieg der Häufigkeit von Melanomen steht in engem Zusammenhang mit einer verstärkten Belastung durch UV-Strahlen. Wenn ein Melanom frühzeitig erkannt wird, kann es operativ meist vollständig entfernt werden. Melanome neigen aber zu einer frühen Metastasierung, und sobald sich Tochtergeschwülste gebildet haben, sinken die Heilungschancen deutlich. Regelmäßige Vorsorgeuntersuchungen sind deshalb sehr wichtig.

Das *Aderhautmelanom* ist der häufigste Primärtumor des Auges. In Deutschland wird pro Jahr bei etwa 1000 Menschen ein Aderhautmelanom diagnostiziert, wobei das Erkrankungsrisiko mit dem Alter deutlich zunimmt. Ungefähr die Hälfte der Patienten wird von Metastasen betroffen, die sich vorrangig in der Leber bilden und dann oft innerhalb weniger Monate zum Tode führen können. Anders als beim kutanen Melanom spielt bei der Entstehung des Aderhautmelanoms die UV-Strahlung keine wichtige Rolle. Über die Ursachen, die zur Bildung eines Aderhautmelanoms führen, ist noch relativ wenig bekannt.

16

Ralph Steinman (1943–2011): Kämpfer gegen den eigenen Krebs

Einer langen Tradition folgend wurden in den Morgenstunden des 3. Oktober 2011 aus Stockholm die Wissenschaftler angerufen, die in diesem Jahr den Nobelpreis für Medizin erhalten sollten. Zwei von ihnen (Jules A. Hoffmann und Bruce A. Beutler) nahmen die Nachricht höchst erfreut zur Kenntnis, nur Ralph A. Steinman war nicht erreichbar. Deshalb schickte man ihm zusätzlich eine E-Mail, bevor die Namen der Nobel-Laureaten öffentlich bekannt gegeben wurden. Der übliche Medienrummel hatte schon begonnen, als bei der Nobelstiftung die erschreckende Mitteilung einging, dass Steinman wenige Tage zuvor verstorben war. Diese Nachricht sorgte in Stockholm nicht nur für große Bestürzung, sondern auch für totale Ratlosigkeit, denn in den Statuten für die Vergabe der Nobelpreise steht: »Die Arbeit einer Person, die bereits verstorben ist, soll nicht für eine Auszeichnung berücksichtigt werden.« Vor einiger Zeit war zwar schon ein Passus hinzugefügt worden, nach dem auch Personen den Preis erhalten können, die zwischen der Nominierung im Oktober und der Verleihung am 10. Dezember (Alfred Nobels Todestag) gestorben sind. Der Fall Steinman fiel aber offensichtlich nicht unter diese Regelung. Es begann eine durchaus kontroverse Diskussion über das weitere Verfahren, bevor die zuständige Nobelversammlung dann doch beschloss eine Ausnahme von der Regel zu machen und Steinman den Preis posthum zu verleihen.

Wer war dieser Mann, dessen Tod in Stockholm für so viel Verwirrung sorgte? Ralph Marwin Steinman wurde 1943 als Sohn jüdischer Eltern in Montreal geboren. Nach seiner Schulzeit nahm Steinman ein Studium der Biologie und Chemie an der McGill University in Montreal auf. Dank eines sehr guten Abschlusses konnte er anschließend an der berühmten Harvard University in Cambridge/USA Medizin studieren. Seine Medizinalassistentenzeit absolvierte Steinman in einer großen Klinik in Boston. Danach beschloss er die wissenschaftliche Laufbahn einzuschlagen und ging zu diesem Zweck nach New York an die Rockefeller University, wo er im Institut für Zellphysiologie und Immunologie sehr erfolgreich tätig wurde. 1972 ernannte man Steinman dort zum »Assistant Professor«, vier Jahre später zum »Associate Professor«. In dieser Zeit entdeckte er bei mikroskopischen Untersuchungen merkwürdig aussehende Zellen, von denen er annahm, dass sie bei der Aktivierung anderer Immunzellen eine wichtige Rolle spielen könnten. Steinman nannte sie wegen ihrer vielen Ausläufer »dendritische Zellen«. Zunächst jedoch wurde die Existenz dieses neuen Zelltyps von vielen Fachkollegen angezweifelt. Dr. Sarah Schlesinger, eine langjährige Mitarbeiterin von Steinman, sagte später über diese schwierige Zeit: »Er kämpfte mit großer Hingabe dafür, seine Kollegen zu überzeugen, dass es sich um einen spezifischen Zelltyp handelt.«

In den 1980er Jahren setzte sich dann langsam die Erkenntnis durch, dass die dendritischen Zellen tatsächlich vorhanden sind und man begann ihre Funktionen genauer zu erforschen. Steinman erhielt nun endlich auch eine selbständige Professur und konnte mit vielen Arbeitsgruppen kooperieren. Dabei wurde unter anderem auch untersucht, ob mit Hilfe dieses neuen Zelltyps Impfstoffe gegen verschiedene Krebserkrankungen entwickelt werden können. Es gelang schließlich, dendritische Zellen aus dem Blut zu extrahieren und sie mit Eiweißbruchstücken (Antigenen) zu beladen, die von Krebszellen stammten. Durch die Rückführung der veränderten Zellen in den Organismus konnte eine spezifische Reaktion des Immunsystems ausgelöst werden. Dieses Verfahren ermöglichte die Entwicklung des ersten Impfstoffs gegen Prostatakrebs im fortgeschrittenen Stadium, der 2010 die Zulassung erhielt. Bevor sich dieser große Erfolg einstellte, musste Steinman aber 2007 einen schweren persönlichen Schicksalsschlag hinnehmen. Wegen des Auftretens einer Gelbsucht wurde bei ihm eine intensive Untersuchung der Bauchorgane durchgeführt. Dabei entdeckten die Ärzte einen bereits weit fortgeschrittenen Krebs der Bauchspeicheldrüse (Informationen im Abschnitt »*Pankreaskrebs*«).

Steinman war sofort klar, dass seine Heilungschancen ziemlich gering waren. Er sah aber die Möglichkeit, einen Therapieversuch mit seinen eigenen dendritischen Zellen durchzuführen. Gemeinsam mit mehreren Kollegen plante Steinman diese experimentelle Behandlung sehr sorgfältig. Sie begann im April 2007 mit einem chirurgischen Eingriff, bei dem der Tumor und umgebendes Gewebe soweit wie möglich entfernt wurden. Aus dem entnommenen Tumormaterial stellten mehrere Labors verschiedene Antigene her, mit denen Steinmans dendritische Zellen beladen wurden. Da diese Impftherapien nur für klinische Studien an Patienten mit Nierenkrebs bzw. Hautkrebs zugelassen waren, mussten für die Behandlung von Steinman erst Ausnahmegenehmigungen der zuständigen Gesundheitsbehörden eingeholt werden. Während die Impfstoffe hergestellt wurden, unterzog sich Steinman zunächst einer Chemotherapie, die das Wachstum des Tumors vermindern sollte. Darauf folgte eine Behandlung mit GVAX, einem immunstimulierenden Impfstoff, der im Rahmen einer klinischen Studie bereits erfolgreich bei Pankreaskrebs eingesetzt worden war. Ende 2007 begannen dann die Impfungen mit seinen eigenen vorbehandelten dendritischen Zellen.

Obwohl Steinman sich bewusst war, dass sein Selbstversuch nur einen begrenzten wissenschaftlichen Wert hatte, führte er darüber doch ein exaktes Protokoll, in dem er unter anderem die Reaktionen seines Organismus auf die Injektionen festhielt. Als ihm 2008 ein neuer Impfstoff injiziert wurde, stellte er beispielsweise hoch erfreut fest, dass die Einstichstelle anschwoll und sagte dazu: »Das sind T-Zellen, das ist fantastisch.« Nachdem Blutuntersuchungen gezeigt hatten, dass ein so genannter Tumormarker mehrfach abgesunken war, schrieb Steinman in einer E-Mail an Kollegen: »Das Ergebnis ist reproduzierbar.« Die behandelnden Ärzte bat er, zwischen den verschiedenen Behandlungen ausreichend Zeit zu lassen, um genau untersuchen zu können, wie sein Immunsystem darauf reagiert. Manchmal musste aber sein Forschereifer durch den Hinweis gebremst werden, nicht das wissenschaftliche Ergebnis, sondern die Bekämpfung seiner Tumorerkrankung habe jetzt Vorrang. Besonders stolz war Steinman, als sich nach mehreren Impftherapien zeigte, dass etwa acht Prozent seiner so genannten T-Killerzellen (spezieller Immunzelltyp, der vor allem Tumorzellen bekämpft) auf die Pankreaskrebs-Antigene reagierten. Dr. Schlesinger, die intensiv an der Therapie ihres ehemaligen Chefs mitarbeitete, bestätigte: »Eine der Behandlungen oder eine Kombination aus mehreren Interventionen hatte ihn gegen den Tumor immunisiert.«

Steinman überstand die gesundheitlichen Belastungen durch die verschiedenen Therapien gut und konnte bald wieder im Labor arbeiten. Er erhielt in dieser Zeit auch mehrere bedeutende wissenschaftliche Auszeichnungen. 2010 zeigte sich allerdings immer deutlicher, dass der Krebs nicht besiegt war, weshalb erneut Immuntherapien durchgeführt wurden. Steinman erholte sich auch davon gut und konnte im Frühsommer 2011 den 40. Hochzeitstag mit seiner Frau in Italien feiern. Danach nahm er seine Arbeit wieder auf, die auch in der Planung einer weiteren Immuntherapie bestand. Dazu kam es aber nicht mehr, denn Steinman erkrankte plötzlich an einer Lungenentzündung. Als er in die Klinik eingeliefert wurde, sagte er zu seiner Tochter: »Ich bin mir nicht sicher, ob ich hier wieder herauskomme.« Er hatte die richtige Ahnung, denn sein Organismus war durch den Krebs und die verschiedenen Therapien so geschwächt, dass er trotz schnell einsetzender Therapie nicht mehr in der Lage war, die Ausbreitung der Lungenentzündung aufzuhalten. Steinman verstarb am 30. September 2011, hatte aber die durchschnittliche Lebenserwartung der Patienten mit Pankreaskrebs inzwischen schon weit überschritten. Dr. Schlesinger meinte dazu: »Es gibt keinen Zweifel, dass eine der Therapiemaßnahmen dafür verantwortlich war.« In dem 2012 an der Baylor University in Texas neu gegründeten Ralph-Steinman-Zentrum für Krebsimpfstoffe wird nun intensiv untersucht, welche Therapieschritte für das ungewöhnlich lange Überleben von Steinman besonders wichtig waren. Man hofft, daraus ein Behandlungsschema für das Pankreaskarzinom entwickeln zu können, das für möglichst viele Patienten mit dieser Krebserkrankung neue Chancen eröffnet.

Pankreaskrebs

Die Bauchspeicheldrüse (Pankreas) ist ein komplex aufgebautes Organ, das nicht nur den Bauchspeichel produziert, der in den Darm abgegeben wird, sondern auch Hormone (Insulin, Glukagon) herstellt, die über das Blut abtransportiert werden und den Zuckerstoffwechsel regulieren. Um diese vielfältigen Aufgaben wahrnehmen zu können, enthält das Pankreas verschiedene Zell- und Gewebstypen, die fast alle tumorös entarten können. Die allermeisten (ca. 95 %) der bösartigen (malignen) Tumoren entstehen jedoch aus speziellen Bauchspeicheldrüsenzellen und nur sie werden Pankreaskrebs bzw. Pankreaskarzinom genannt. Diese Krebsform befällt ganz überwiegend den etwas verdickten Teil des Pankreas, der in der

Nähe des Zwölffingerdarms liegt und als Pankreaskopf bezeichnet wird.

Häufigkeit

Der Pankreaskrebs macht in Deutschland nur etwa 3 % aller Krebserkrankungen aus; jedes Jahr erkranken bei uns etwa 14 000 Menschen daran, ein deutlicher Geschlechtsunterschied ist nicht zu beobachten. Wegen seiner hohen Malignität verursacht dieser Tumortyp etwa 6 % aller Krebstodesfälle. Das durchschnittliche Erkrankungsalter liegt bei 69 Jahren für Männer und 76 Jahren für Frauen.

Ursachen und Risikofaktoren

Die Ursachen sind bisher noch weitgehend ungeklärt. Es gibt Erbanlagen, die das Auftreten von Pankreaskrebs begünstigen, sie sind aber nur bei etwa 5 bis 10 % der Patienten nachweisbar. Als weitere Risikofaktoren gelten das Rauchen und ein langjährig hoher Alkoholkonsum. Sie erhöhen die Erkrankungswahrscheinlichkeit um das 2- bis 3-Fache. Auch vorangegangene Magenoperationen und chronische Pankreasentzündungen steigern das Risiko erheblich. Die Ernährung spielt offenbar ebenfalls eine Rolle.

Symptome und Warnzeichen

Im Frühstadium macht der Pankreaskrebs nur selten Beschwerden und auch später sind die Symptome recht uncharakteristisch. Als Warnzeichen, die zu einem Arztbesuch führen sollten, gelten: auffälliger Gewichtsverlust, Schmerzen im Oberbauch oder im Rücken, Gelbsucht, Appetitlosigkeit, häufige Übelkeit und Erbrechen sowie neu auftretende Zuckerkrankheit.

Diagnostik

Da die Bauchspeicheldrüse so im Bauchraum liegt, dass sie nicht von außen abgetastet werden kann, spielen bildgebende Untersuchungsverfahren (insbesondere Ultraschall und Computertomografie) eine wichtige Rolle. Bei auffälligen Befunden können Bluttests auf Tumormarker und eine endoskopische Magen-Darm-Spiegelung durchgeführt werden.

Therapie

Soweit möglich beginnt die Behandlung mit einer operativen Entfernung von möglichst viel Tumorgewebe, wobei sicherheitshalber auch umgebendes, gesund erscheinendes Gewebe entfernt wird. Allerdings sind nur 15 bis 20 % der Pankreaskarzinome bei ihrer Entdeckung noch gut operierbar. Eine weitere Möglichkeit ist die Chemotherapie mit Substanzen, die vor allem die Zellteilung hemmen (Zytostatika). Seit einigen Jahren stehen zusätzlich auch spezifischer wirkende Mittel zur Verfügung, die mit der Zytostatikatherapie kombiniert werden können. Eine Strahlentherapie kann ebenfalls manchmal hilfreich sein. Aber sogar bei operablen Tumoren beträgt die mittlere Überlebenszeit der Patienten trotz intensiver Therapie nur etwa zwei Jahre, bei den anderen Fällen sinkt sie sogar auf einige Monate.

17
Morton Doran (1955): zuckender Chirurg

Morton (oft auch nur Mort) Doran weiß nicht viel über seine Herkunft, denn er wurde schon als Kleinkind adoptiert. An seine Kindheit hat er keine allzu guten Erinnerungen, wie er in einem Interview einmal in vier kurzen Sätzen zusammenfasste: »Ich bin in Toronto aufgewachsen. Ich trug eine Brille und Zahnspangen und hatte Zuckungen. Das gab mir den Rest. Ich wurde zum Einzelgänger.« Heute sieht Doran in dieser erzwungenen Einsamkeit auch etwas Gutes, weil sie seine Unabhängigkeit und Selbständigkeit gefördert hat. Trotz der ruckhaften Zwangsbewegungen, die ihn etwa ab seinem siebten Lebensjahr zu quälen begannen, war Doran bereits als Kind mit den Händen sehr geschickt. Er bastelte dauernd an etwas herum und betastete mit großer Ausdauer viele Gegenstände, weil er sich für die Verschiedenheit ihrer Formen interessierte. Schon in der Schule fasste er den Entschluss Chirurg zu werden, obwohl ihm bewusst war, dass der Weg dorthin für ihn sehr schwierig werden würde. Das Medizinstudium war dann auch eine echte Quälerei. Seine plötzlich einsetzenden Zuckungen und sein Drang alles zu berühren machten ihn bei seinen Kommilitonen nicht gerade beliebt. Viel schlimmer war aber, dass er große Probleme beim Lesen von Lehrbüchern hatte. Doran beschreibt diese Schwierigkeiten, die er zum Teil auch heute noch hat, so: »Ich musste jede Zeile x-mal lesen. Jeden Absatz musste ich vor mir so ausrichten, dass dessen vier Ecken genau symmetrisch in meinem Blickfeld lagen.« Hinzu kam der Zwang, einzelne Worte, Sätze oder ganze Zeilen mehrfach hintereinander laut auszusprechen und Symmetrien in der Interpunktion zu suchen. Diese merkwürdige Art des Lesens hatte aber auch einen Vorteil: Doran beschäftigte sich so intensiv mit den Texten, dass er sie danach oft auswendig aufsagen konnte.

Dank seiner großen Energie und Willenskraft hielt Doran durch und legte sein medizinisches Abschlussexamen mit einem guten Ergebnis ab. Danach ging er in den Norden Kanadas, um dort seine Assistentenzeit zu absolvieren. Er war als Arzt auf Eisbrechern in der Arktis tätig, entwickelte intensive Beziehungen zu den dort lebenden Eskimos und wurde so zu einem Spezialisten für Polarmedizin. Trotz seiner nicht gerade beziehungsfördernden Eigenheiten gelang es Doran, die Zuneigung von Elaine zu gewinnen, die er mit 28 Jahren heiratete und mit der er zwei gesunde Söhne hat. Zwölf Jahre arbeitete Doran als praktischer Arzt in einem kleinen kanadischen Ort, bevor er mit seiner Familie nach Cranbrook zog. Das Städtchen liegt in British Columbia und ist Sitz der Distriktregierung von East-Kootenay, wo noch relativ viele Indianer leben, für die sich Doran sehr interessierte. Dort wurde er als Chirurg tätig, stieß aber anfangs auf viel Misstrauen nicht nur bei den Patienten, sondern auch bei seinen Kollegen. Doran beschreibt Jahre später die damalige Situation kurz und bündig so: »Ein Chirurg, der ständig zuckt? Was sollen wir damit?« Mit großer Ausdauer gelang es Doran schließlich, die skeptischen Kollegen davon zu überzeugen, dass er seine Zuckungen ausreichend unter Kontrolle hat, um auch lang dauernde und schwierige Operationen erfolgreich durchzuführen. Ein Radiologe, mit dem er eng zusammenarbeitet, sagt über ihn voll Anerkennung: »Doran ist nicht nur ein Diagnose-Ass, er ist auch ein überaus einfühlsamer Chirurg.«

Unter welcher Krankheit er leidet, erfuhr Doran erst im Alter von etwa 37 Jahren per Zufall. Als er im Radio einen Bericht über neue Erkenntnisse in der Wissenschaft hörte, wurde er auf einmal ganz aufgeregt und rief seiner Frau zu: »Elaine, komm her und hör dir das an! Die reden hier über das, was ich ständig mache.« Gebannt hörten beide zu, wie in der Sendung die typischen Symptome erläutert wurden, die bei Patienten mit dem so genannten Tourette-Syndrom auftreten (Einzelheiten zu diesem Krankheitsbild im Abschnitt »*Tourette-Syndrom*«). Doran las alles, was er darüber finden konnte und trat auch bald der kanadischen Tourette-Syndrom-Stiftung bei. Dort hielt er viele Vorträge und schrieb 1998 ein kleines Buch mit dem Titel »*Understanding Tourette-Syndrome: A Handbook for Families*«. Da er die Arbeit der Stiftung auch ansonsten tatkräftig unterstützte, wurde ihm zu Ehren der »Mort Doran Forschungsfonds« gegründet, der wissenschaftliche Arbeiten fördert, die sich mit dem Tourette-Syndrom beschäftigen.

Vor einigen Jahren hat Doran seinen Arbeitsbereich noch einmal deutlich verändert. Er wurde zum Professor an der Universität in Calgary ernannt und lehrt dort Anatomie. Trotz seiner gewöhnungsbedürftigen Verhaltensweisen kommt Doran bei den Medizinstudenten sehr gut an. Er hat bereits 16 Preise für hervorragende Lehre gewonnen. Da er seinen Wohnsitz in Cranbrook nicht aufgeben will, fliegt Doran jede Woche nach Calgary. Er setzt sich aber nicht in ein Linienflugzeug, sondern steuert selbst eine kleine Propellermaschine. Den Pilotenschein besitzt er schon relativ lange. Während der Ausbildung hatte er die sehr skeptischen Fluglehrer erst davon überzeugen müssen, dass er trotz seiner immer wieder auftretenden Zuckungen und Verrenkungen ein Flugzeug sicher starten und landen kann. Doran hat aber neben der Chirurgie und Anatomie auch noch andere wissenschaftliche Interessengebiete. Er liebt Geologie und Geografie so sehr, dass er sich vor mehreren Jahren zeitweilig von seinem Arztberuf verabschiedete, um diese beiden Fächer für zwei Semester an der Universität von Victoria, der Hauptstadt von British Columbia, zu studieren.

Vermutlich wäre die abenteuerliche Geschichte von Mort Doran nicht über die Grenzen Kanadas hinaus bekannt geworden, wenn er nicht vor einigen Jahren eine wissenschaftliche Tagung in Boston besucht hätte. Dort traf er mit dem Neurologie-Professor Oliver Sacks zusammen, dessen Leidensgeschichte auch in diesem Buch im Kapitel 15 erzählt wird. Sacks berichtete 1993 von dieser Begegnung in einem Beitrag für das Geo-Magazin: »Dr. Morton Doran war mir zunächst nicht weiter aufgefallen ... Doch plötzlich machte er einen Satz nach vorne, bückte sich, hüpfte und zuckte. Diese bizarren Anfälle faszinierten mich, denn sie waren mit ungewöhnlicher Würde und Ruhe gepaart. Ein wenig später kamen wir ins Gespräch, und als ich ihm sagte, wie sehr es mich wundere, dass jemand mit diesem Syndrom als Chirurg praktiziere, lud er mich zu einem Besuch nach British Columbia ein. Dort könne ich ihn als Mensch und Arzt erleben.« Sacks nahm die Einladung gerne an und besuchte Doran einige Monate später in Cranbrook. Über seine dortigen Erlebnisse schrieb Sacks einen ausführlichen Bericht, den er auch in eines seiner Bücher aufnahm. Sacks nennt Doran darin Dr. Carl Bennet. Das sehr erfolgreiche Buch wurde in etliche Sprachen übersetzt und kam auch in Deutschland unter dem Titel *»Eine Anthropologin auf dem Mars: Sieben paradoxe Geschichten«* heraus. Sacks schildert darin sehr anschaulich, wie Doran alias Bennet hoch konzentriert und sehr geschickt schwierige Operationen durchführt, ohne dass dabei die sonst so häufigen Zuckungen auftreten. Aber sobald er fertig ist und die Konzentration nachlässt, setzen die bizarren Bewegungen wieder ein. Hinzu kommen oft auch merkwürdige, mehrfach wiederholte Ausrufe wie z. B. grässlich – grässlich – grässlich. Besondere Probleme hat Doran, wenn ihn starke Emotionen überkommen. Das sieht man zu Hause vor allem seinem Kühlschrank an, der ziemlich verbeult ist. Doran sagt dazu: »Wenn ich mich plötzlich über etwas aufrege, schmeiße ich alles Mögliche gegen den Kühlschrank, das Bügeleisen, das Nudelholz, Kochtöpfe, was ich gerade in der Hand habe oder greifen kann.« Gegen Menschen oder Tiere ist Doran aber noch nie aggressiv geworden, sodass diese Anfälle wohl gefährlicher aussehen als sie sind. Seine Familie und seine Kollegen haben sich jedenfalls daran gewöhnt und kommen mit Dorans Eigenheiten erstaunlich gut zurecht.

Worunter Doran am meisten leidet, sind Zwangsvorstellungen und Angstanfälle, deren Auftreten er so beschreibt: »Sagen wir mal, ich höre von einem Kind, das sich verletzt hat, dann befallen mich sofort heftige Sorgen, und ich muss rauf in mein Zimmer. Da trommele ich dann gegen die Wand und sage: ›Hoffentlich passiert das meinen nicht.‹« Trotz all dieser Probleme beschreibt Sacks Doran aber als selbstbewussten und durchaus zufriedenen Menschen, der das Tourette-Syndrom als Teil seiner Persönlichkeit akzeptiert hat.

Tourette-Syndrom

Die Bezeichnung des Syndroms leitet sich von dem Namen des französischen Arztes Dr. Georges Gilles de la Tourette ab, der das Krankheitsbild 1885 ausführlich beschrieb und es »maladie des tics« nannte. Danach erlahmte das Interesse an der Krankheit für längere Zeit. Erst ab etwa der zweiten Hälfte des 20. Jahrhunderts hat sich die medizinische Wissenschaft damit wieder intensiver beschäftigt.

Definition und Symptome

Als Tourette-Syndrom bezeichnet man eine neurologisch-psychiatrische Erkrankung, die durch muskuläre (motorische) und sprachliche (vokale) Tics charakterisiert ist, die aber nicht gleichzeitig auftreten müssen. Oft ist das Tourette-Syndrom auch mit anderen, vor allem zwanghaften Verhaltensstörungen vergesellschaftet. Unter Tics versteht man plötzlich auftretende, kurz dauernde, oft ruckartige Bewegungen oder spontane Geräusch- und Lautäußerungen. Man unterscheidet einfache Tics wie z. B. Kopfzucken oder Zungenschnalzen und komplexe Tics wie z. B. zwanghaftes Berühren von Gegenständen und Personen oder das Ausstoßen sinnloser Worte, die nicht selten auch obszön oder beleidigend sind. Beim Tourette-Syndrom gibt es relativ oft auch positive Begleiterscheinungen, wie z. B. eine ungewöhnlich schnelle Reaktionsgeschwindigkeit und ein sehr gutes Auffassungsvermögen.

Häufigkeit

Die Erkrankung kommt auf der ganzen Welt vor, betrifft aber nicht alle Bevölkerungsgruppen gleich häufig. Insbesondere im südlichen Afrika tritt sie recht selten auf. Grob geschätzt findet man Tics weltweit bei etwa 1 % aller Jugendlichen, was aber nicht bedeutet, dass sie alle ein voll ausgeprägtes Tourette-Syndrom entwickeln. Der Prozentsatz trifft auch ungefähr für Deutschland zu, wobei das männliche Geschlecht etwa dreimal häufiger betroffen ist als das weibliche. Die ersten Tics treten meist schon im Kindesalter auf, verstärken sich häufig in der Jugendzeit, können aber im Erwachsenenalter wieder schwächer werden oder sogar ganz verschwinden. Die Zahl der dauerhaft vom Tourette-Syndrom Betroffenen wird in Deutschland auf etwa 40 000 geschätzt.

Ursachen

Sie sind noch weitgehend ungeklärt. Es scheint ein Zusammenhang zu bestehen mit Störungen des Stoffwechsels und der Signalübertragung in bestimmten Gehirnarealen. Auch ein Ungleichgewicht zwischen den verschiedenen Botenstoffen, die im Nervensystem aktiv sind, wird diskutiert. Da es familiäre Häufungen des Tourette-Syndroms gibt, dürften auch Erbfaktoren eine wichtige Rolle spielen.

Behandlung

Eine Therapie ist erforderlich, wenn die Betroffenen unter der Erkrankung deutlich leiden oder die Tics für die Umgebung eine erhebliche Belästigung oder Gefährdung darstellen. Auch beim Auftreten zusätzlicher Verhaltensstörungen kann eine Therapie notwendig werden. Als Medikamente kommen Neuroleptika in Frage, die auf das zentrale Nervensystem eine dämpfende Wirkung haben. Bei Tourette-Patienten werden damit aber nicht immer die gewünschten Effekte erzielt, und es können auch störende Nebenwirkungen auftreten. Oft ist eine Verhaltenstherapie sinnvoll, während der die Patienten lernen, ihre Tics besser unter Kontrolle zu bringen. Besonders wichtig ist es, das soziale Umfeld über die Erkrankung aufzuklären, um einer Ausgrenzung der Patienten vorzubeugen.

18

Oliver Semler (1974): Kinderarzt mit Glasknochen

Oliver Semler war von Geburt an für seine Eltern eine Herausforderung, denn er kam mit der Glasknochenkrankheit (Osteogenesis imperfecta) auf die Welt. Informationen zu dieser Erbkrankheit finden sich im Abschnitt »*Glasknochenkrankheit*«. Bereits in seiner frühen Kindheit erlitt Oliver mehrere Knochenbrüche, insgesamt dürften es bis heute wohl etwa 30 gewesen sein. Durch fast ebenso viele Operationen haben die Ärzte versucht, seine brüchigen Knochen mit Stahlstiften zu stabilisieren. Auch sein Wachstum war durch die Krankheit stark gehemmt, sodass er im Erwachsenenalter nur die Größe von 1,40 Meter erreichte. Da die Erkrankung keine geistigen Einschränkungen mit sich bringt, entwickelte sich Oliver in dieser Hinsicht sehr gut. Bei der Einschulung in die normale Grundschule ergab sich das Problem, dass nicht klar war, ob Oliver mit einem Gipsbein den Unterricht besuchen könnte. Deshalb fand Olivers Schulausbildung an einer Waldorfschule statt. Oliver Semler erklärt die damalige Entscheidung heute so: »In der Regelschule hätten meine Knochenbrüche wochenlange Fehlzeiten bedeutet, als Kind ist man da schnell abgehängt.« Die Waldorfschule bot die nötige Unterstützung, damit Oliver auch in Phasen eingeschränkter Gehfähigkeit am Schulunterricht teilnehmen konnte. Oliver Semler erinnert sich, dass er sogar in den Sportstunden gut integriert wurde: »Ich war dann eben Balljunge oder Schiedsrichter.« In der Pubertät hatte Semler auch Phasen des Haderns mit sich und versuchte – wie jeder andere – seinen Platz zu finden. Dabei kam er zu der Überzeugung: »Entweder man bemitleidet sich oder man macht weiter.« Und eine zweite wichtige Erkenntnis beschreibt er so: »Jemand wie ich fällt eben immer auf. Man muss lernen damit umzugehen.«

Da Oliver, trotz der vielen zum Teil sehr schmerzhaften Eingriffe, die erforderlich waren, Ärzte immer positiv erlebt hatte, entwickelte er etwa ab dem sechsten Schuljahr den Wunsch Medizin zu studie-

Trotzdem genial Erste Auflage. Heinrich Zankl und Katja Betz.

ren. Trotz aller Widrigkeiten, die sich ihm in den Weg stellten, machte Oliver das Abitur und konnte von Stuttgart nach Köln ziehen, um sein angestrebtes Studium aufzunehmen. Während der Ausbildung stieß Semler zwar manchmal auf große Probleme, durch die er sich aber von seinem Berufswunsch nicht abbringen ließ. Die meisten Schwierigkeiten waren »technischer« Art: Wie erreiche ich das Buch im oberen Regal in der Bibliothek, oder wie komme ich schnell genug vom einen in den anderen Hörsaal? Die geforderten intellektuellen Leistungen konnte er immer erbringen, und die Kommilitonen und Professoren waren jederzeit bereit ihn bei der Lösung dieser praktischen Probleme zu unterstützen. Er war sich schon bald darüber klar, dass er Kinderarzt werden wolle und entwickelte ein großes Interesse für die Glasknochenkrankheit. Deshalb wählte er auch diese als Thema für seine Doktorarbeit.

Zum Ende seines Studiums zog es Semler ins Ausland, und so absolvierte er zwei viermonatige Praktika in Australien und in Südafrika. Nach einer kurzen Zwischenstation im Saarland kehrte Semler nach Köln zurück, wo er ab 2004 an der Universitätskinderklinik tätig wurde. Dort arbeitete er beim Aufbau einer Ambulanz mit, in der Patienten mit der Glasknochenkrankheit betreut werden. Semler zweifelte zunächst daran, ob er täglich mit seiner eigenen Krankheit konfrontiert werden wollte, aber schon bald war er von der Aufgabe fasziniert. Es ist vor allem seinem unermüdlichen Einsatz zu verdanken, dass die Ambulanz sich inzwischen zur größten ihrer Art in Deutschland entwickelt hat.

Neben seinen ärztlichen Aufgaben hilft Semler den Patienten auch bei der Bewältigung ihrer alltäglichen Probleme. Er telefoniert beispielsweise mit Kindergärten und Schulen, denn ihm ist aus eigener Erfahrung bekannt, dass dort »viele nicht wissen, wie sie mit diesen besonderen Kindern umgehen sollen. Wir sagen ihnen dann, was dem jeweiligen Kind zugemutet werden kann und was nicht.« Für den Umgang mit den Glasknochen-Patienten ist es nach Semlers Meinung von Vorteil, dass er selbst von dieser Krankheit betroffen ist: »Die Kinder fassen schnell Vertrauen, weil ich ihnen wirklich auf Augenhöhe begegne.« Außerdem kann Semler als Betroffener den zunächst meist geschockten Eltern leichter Mut machen: »Eltern sehen an mir, dass es trotz der Erkrankung möglich ist ein selbständiges Leben zu führen.« Aus eigener Erfahrung kann er außerdem mitteilen: »Es gibt zwar keine Heilung, aber mit der Pubertät werden die Knochenbrüche deutlich weniger.« Bei seiner Arbeit in der Klinik legt Semler großen Wert darauf, wie jeder andere Arzt behandelt zu werden. Er sagt dazu: »Wofür ich kämpfe, ist, dass wenn man mit einer körperlichen Behinderung die Karriere beginnt und sich entwickelt, man genau das gleiche Recht und den gleichen Anspruch hat, korrigiert und ausgebildet zu werden ... wie jeder andere. Häufig erlebe ich Unsicherheit – nach dem Motto: ›müssen wir nicht ... Abstriche machen, weil er behindert ist?‹ Aber ich bin auf fachlichem Gebiet konkurrenzfähig und möchte mit genau dem gleichen Maß gemessen werden wie andere.« Für Semler ist auch wichtig, dass er eine gleichwertige Leistung wie seine Kollegen erbringt und nicht auf Sonderregelungen durch seinen Arbeitgeber angewiesen ist. Deshalb sagte er in einem Interview mit der Wochenzeitung *Die Zeit*: »... die Uniklinik hat übrigens keine Zusatzkosten oder zusätzlichen Aufwand durch mich. Nur meine Arztkittel müssen umgenäht werden. Weil ich nicht in die Standardgrößen passe.«

Auch nach dem Dienst in der Klinik engagiert sich Semler weiter für die Patienten mit Glasknochenkrankheit, unter anderem indem er ehrenamtlich für die Deutsche Gesellschaft für Osteogenesis imperfecta (OI) Betroffene arbeitet. Für seinen großen Einsatz hat Semler 2009 den Integrationspreis des Sozialverbandes VdK in Nordrhein-Westfalen erhalten. Vorgeschlagen hat ihn sein Oberarzt Professor Dr. Eckard Schönau, von dem die folgenden Worte stammen: »Dr. Semler ist ein herausragendes Beispiel dafür, dass selbst eine schwere körperliche Behinderung die berufliche Entwicklung zu einem hervorragenden Arzt und Wissenschaftler nicht ausschließt.« Das Preisgeld in Höhe von 2000 Euro hat Semler in den weiteren Ausbau der Ambulanz gesteckt. Sein großes Ziel ist es, nicht nur die Versorgung der Kinder mit Glasknochenkrankheit weiter zu verbessern, sondern auch die Betreuung der erwachsenen Patienten zu intensivieren. Denn Semler weiß: »Die laufen heute oft als Osteoporose-Patienten mit und werden nicht individuell betreut.«

Semler arbeitet aber auch wissenschaftlich über die Glasknochenkrankheit und begann damit schon in seiner Doktorarbeit. 2009 ermöglichte ihm ein Stipendium vier Monate in Kanada auf diesem Gebiet zu forschen. Inzwischen kann Semler bereits eine beachtliche Publikationsliste vorweisen. Gemeinsam mit Wissenschaftlern aus dem Institut für Humangenetik in Köln veröffentlichte er zwischen 2011 und 2013 vier wichtige Beiträge zur Aufklärung der genetischen Grundlagen der Osteogenesis imperfecta. Über die Auswirkungen dieser neuen Erkenntnisse auf die Therapie der Betroffenen hat Oliver Semler sich habilitiert. Heute leitet er im Rahmen einer interdisziplinären Arbeitsgruppe ein Projekt, das sich mit Therapiemöglichkeiten bei der Glasknochenkrankheit beschäftigt. Es wird ein neuer Antikörper eingesetzt, der bisher nur bei der Behandlung von Altersosteoporose Verwendung gefunden hatte. Die ersten Ergebnisse dieser Studie sind durchaus viel versprechend. Für ihre bisherigen Forschungserfolge hat die Kölner Arbeitsgruppe 2012 den renommierten »Eva Luise Köhler Forschungspreis für seltene Erkrankungen« zugesprochen bekommen. Semler bedankte sich im Namen der ganzen Gruppe so: »Wie freuen uns sehr über diese besondere Ehrung und das Preisgeld, mit dem wir unsere Forschung weiter vorantreiben können.«

Trotz dieses großen beruflichen und sozialen Engagements findet Semler aber auch noch Zeit für weite Reisen. Er war bereits in Ägypten, Südafrika, Kambodscha und China und stieg in Australien sogar auf den sagenumwobenen Uluru (Ayers Rock). Es macht ihm Spaß davon zu erzählen, wie eine andere Gruppe oben ankam: »und dann diesen kleinen krummen Mann da sitzen sah.«

Glasknochenkrankheit

Die deutsche Bezeichnung Glasknochenkrankheit deutet an, dass die Knochen so brüchig wie Glas sind. In der medizinischen Fachsprache wird die Krankheit als Osteogenesis imperfecta (OI) bezeichnet. Dieser Name setzt sich aus zwei griechischen Wörtern und einem lateinischen Wort zusammen: *ostéon* = Knochen, *génesis* = Entstehung und *imperfecta* = unvollkommen. Daraus geht hervor, dass bei dieser Erkrankung die Knochenentstehung unvollkommen abläuft, wodurch die Knochen nicht ihre normale Festigkeit erhalten.

Ursachen

Bei der OI handelt es sich um eine seltene Erbkrankheit. Inzwischen kennt man die verantwortlichen Gene genauer und weiß, dass sie auf den Chromosomen 7 und 17 liegen. Sie bewirken im normalen

Zustand die Herstellung eines Eiweißstoffes (Kollagen I), der für den Aufbau der Knochen und des Bindegewebes sehr wichtig ist. Bei einer ererbten oder spontan auftretenden Veränderung (Mutation) an einem dieser Gene wird entweder das Kollagen in ungenügender Menge hergestellt oder die Fasern werden nicht richtig verdrillt, sodass die Knochen nicht ausreichend stabil werden. Da die Mutation die Gene an unterschiedlichen Stellen betreffen kann, ergeben sich auch unterschiedliche Krankheitsbilder. Weil es keinen Zusammenhang zwischen der genetischen Veränderung und der Schwere der Erkrankung gibt, ist es im Einzelfall nicht möglich vorher zu sagen, wie sich ein davon betroffenes Kind entwickeln wird. Aufgrund der neuen genetischen und therapeutischen Möglichkeiten ist es immer schwieriger die Erkrankung in klar definierte Typen zu klassifizieren.

Häufigkeit und Verbreitung

Man schätzt, dass es in Deutschland etwa 5000 OI-Patienten gibt, das sind ca. sechs Betroffene auf 100 000 Einwohner. In ungefähr dieser Häufigkeit scheint die Krankheit auf der ganzen Welt in allen menschlichen Populationen vorzukommen. Auch im Tierreich sind ähnliche Störungen der Knochenstruktur beobachtet worden, die ebenfalls meistens vererbt werden.

Krankheitserscheinungen

Die Symptome können bei den Patienten sehr unterschiedlich sein und betreffen nicht selten neben den Knochen auch andere Gewebe. Vor allem bei leichter erkrankten Personen kann die Muskulatur schwach entwickelt sein. Auffällig ist eine mehr oder minder deutliche Blaufärbung der Lederhaut (Sklera) der Augäpfel. Etwa die Hälfte der Patienten bekommt nach der Pubertät außerdem noch Hörprobleme. Es gibt auch Betroffene, bei denen die Erkrankung erst im Erwachsenenalter, beispielsweise im Zusammenhang mit einem Unfall oder einem früh auftretenden Knochenschwund (Osteoporose) erkannt wird. Auf der anderen Seite des Spektrums stehen Patienten, die so schwer erkrankt sind, dass sie nie gehen können, auf die Nutzung eines Rollstuhls angewiesen sind und deshalb nicht in der Lage sind ein selbständiges Leben zu führen. Wenige – extrem betroffene Säuglinge – sterben manchmal sogar direkt nach der Geburt, da ihr Brustkorb nicht normal ausgebildet ist und sie daher nicht atmen können.

Behandlung

Die Krankheit ist nicht heilbar, aber es gibt inzwischen verschiedene Möglichkeiten die Auswirkungen zu lindern. Durch eine Medikamenten-Therapie, die man aus der Behandlung von Erwachsenen mit Osteoporose abgeleitet hat, kann man die Häufigkeit von Knochenbrüchen und chronischen Knochenschmerzen reduzieren. Es ist auch möglich, die besonders gefährdeten Knochen durch den operativen Einbau von Stahlstiften zu stabilisieren. Eine spezielle Physiotherapie und besondere Rehabilitationsmaßnahmen sind oft hilfreich und tragen zu einer Kräftigung der Muskulatur und größeren Selbständigkeit der Betroffenen bei.

Teil III
Geisteswissenschaften

Karl Marx. Quelle: International Institute of Social History in Amsterdam, Netherlands, http://commons.wikimedia.org/.

19

Karl Marx (1818–1883): schmerzgeplagter Antikapitalist

Es ist wohl nicht übertrieben, wenn man Marx als den Philosophen bezeichnet, dessen Lehren die Welt im 20. Jahrhundert am stärksten geprägt haben. Auf ihn beriefen sich Lenin und Stalin, als sie die Sowjetunion gründeten und zu einer Weltmacht formten, die ihren Einfluss auf große Teile Europas ausdehnte. Mao Tse-tung machte den Marxismus in etwas abgewandelter Form zur geistigen Basis für die Volksrepublik China und Castro versuchte von Cuba aus eine marxistisch orientierte Weltrevolution zu erreichen. Zeitweilig wurde fast die Hälfte der Menschheit von Regimen beherrscht, die den Marxismus zu einer Art Staatsreligion erhoben hatten. Ob Marx mit diesen oft mit großer Brutalität vorgehenden Politikern einverstanden gewesen wäre, darf durchaus bezweifelt werden. Denn er distanzierte sich mehrfach von Leuten, die seine Lehren für ihre Zwecke missbrauchten. Als Marx zugetragen wurde, dass eine neu gegründete Partei in Frankreich sich als »marxistisch« bezeichnete, sagte er: »Was mich betrifft, ich bin kein Marxist.« Francis Wheen, der eine lesenswerte Biografie über Marx verfasst hat, schreibt in seinem Vorwort über dessen Bedeutung: »Seit Jesus Christus ist kein armer Mann aus dem Volk auf der ganzen Welt so glühend verehrt und zugleich so furchtbar fehlinterpretiert worden.« Seine wichtigsten Werke, die er zum Teil mit Friedrich Engels gemeinsam veröffentlichte, waren *»Das Kommunistische Manifest«* (1848), *»Zur Kritik der politischen Ökonomie«* (1859) und *»Das Kapital«*. Der erste Band dieses Hauptwerkes erschien 1867, zwei weitere Bände gab Friedrich Engels erst nach dem Tod von Marx in den Jahren 1885 bis 1894 heraus.

Karl Heinrich Marx wurde als drittes Kind des Rechtsanwalts Heinrich Marx und seiner Ehefrau Henriette in Trier geboren. Beide Eltern waren jüdischer Abstammung, wurden aber später mehr oder minder zwangsweise protestantische Christen. Karl wuchs weitgehend sorgenfrei in einer gutbürgerlichen und durchaus wohlhabenden Fami-

Trotzdem genial Erste Auflage. Heinrich Zankl und Katja Betz.

lie auf. Er war zwar nur ein mittelmäßiger Schüler, las aber viel und bestand 1835 das Abitur problemlos. Auf Wunsch des Vaters begann Karl Marx ein Jurastudium in Bonn, obwohl er sich mehr für Philosophie interessierte. Nach einem Jahr ging er nach Berlin, wo er vorrangig Geschichte und Philosophie studierte und 1841 auch promovierte. Danach wurde er Redakteur der *Rheinischen Zeitung*, die wegen ihrer liberalen Ausrichtung aber bald nicht mehr erscheinen konnte. Marx übersiedelte 1843 mit seiner Frau Jenny nach Paris, da ihn die preußische Zensur wegen seiner starken Linksorientierung verfolgte. Dort traf er mit vielen bekannten Persönlichkeiten zusammen, von denen Friedrich Engels für ihn am wichtigsten war. Als er wegen seiner politischen Aktivitäten aus Frankreich ausgewiesen wurde, hielt er sich 1848 kurz in Belgien auf, bevor er für etwas mehr als ein Jahr nach Deutschland zurückkehrte. 1849 ging Marx mit seiner Familie nach London, wo er bis zu seinem Tode im Jahre 1883 lebte und von Engels finanziell unterstützt wurde.

Schon von Jugend an war es um die Gesundheit von Karl Marx nicht gut bestellt. Sein Vater war deshalb sehr besorgt und schrieb seinem Sohn: »... Deine Brust ist schwach, jedenfalls zur Zeit ... und wenn du deinem Geiste recht kräftige und gesunde Nahrung gibst, vergesse nicht, daß der Körper auf dieser erbärmlichen Erde dessen steter Begleiter ist und das Wohlbehagen der ganzen Maschine bedingt. Ein siecher Gelehrter ist das unglücklichste Wesen auf Erden. Studier daher nicht mehr, als deiner Gesundheit zuträglich ist ...« Der Hinweis auf eine schwache Brust ist vermutlich so zu verstehen, dass der Vater befürchtete, sein Sohn könnte Lungentuberkulose haben, für die in der Familie wohl eine erhöhte Anfälligkeit bestand. Wenig später wurde Karl Marx wegen »Brustschwäche und periodischem Blutspeiens« vom Wehrdienst befreit, was darauf hinweisen könnte, dass er damals an offener Lungen-Tbc litt (weitere Informationen im Abschnitt »*Tuberkulose*«). Allerdings besteht auch der Verdacht, Marx habe sich kränker dargestellt als er in Wirklichkeit war, um dem Militärdienst zu entgehen. Ein Hinweis darauf findet sich in einem Brief seines Vaters, der seinem Sohn folgenden Rat gab: »Lieber Karl, wenn du kannst, lasse dir von dortigen tüchtigen und bekannten Ärzten gute Zeugnisse geben ... Aber um konsequent mit einem Gewissen zu sein, rauche nicht viel.« Zumindest den zweiten Teil des väterlichen Ratschlags beachtete Karl Marx aber nicht, denn er rauchte weiterhin exzessiv Zigarren und trank auch reichlich alkoholische Getränke.

Der Alkohol dürfte dafür mitverantwortlich gewesen sein, dass Marx etwa ab seinem dreißigsten Lebensjahr immer wieder über Leberbeschwerden klagte. Vermutlich litt er anfangs an einer infektiösen Leberentzündung, die auch zu einer Gelbsucht führte. Die Ausheilung dieser Krankheit verhinderte dann aber wohl vor allem sein weiterhin uneingeschränkter Alkoholkonsum (weitere Informationen im Abschnitt »*Leberentzündung*«). Bis an sein Lebensende klagte Marx über stechende Schmerzen im Unterleib, für die er seine kranke Leber verantwortlich machte. Die Leberbeschwerden führten auch oft dazu, dass Marx kaum arbeitsfähig war und sogar die ansonsten sehr enge Beziehung zu seinem Freund und Mitstreiter Engels vernachlässigte. Das zeigte beispielsweise ein Brief aus dem Jahr 1859, in dem Marx an Engels schrieb: »Mein langes Schweigen wird dir sofort klar sein, wenn du dir eine geschwollene Leber mit all ihrem Zubehör versinnbildlichst. Ich habe seit ungefähr zwölf Wochen mehr von diesem Unsinn ausgestanden als je zuvor. Und du glaubst nicht, wie das auf das Morale eines Menschen einwirkt, die Dummheit im Kopf und die Paralysis in den Gliedern, die man fühlt.«

Ab 1851 wurde Marx zunehmend auch noch von Hämorrhoiden geplagt, die er oft mit der etwas merkwürdigen Bezeichnung »die Preußischen« belegte. So jammerte er einmal: »Es ist die Hölle, die Preußischen gestatten mir weder zu stehen, noch zu sitzen, noch zu liegen.« An anderer Stelle hieß es: »Seit Jahren hat mich nichts so nieder geworfen, wie diese verdammte Hämorrhoidalkrankheit« und an Engels schrieb er: »Die Hämorrhoiden haben mich diesmal mehr angegriffen als die französische Revolution.« Weitere Informationen im Abschnitt »*Hämorrhoiden*«. Einige Jahre später wurde Marx immer wieder von Furunkeln und Karbunkeln heimgesucht, die ihn sehr quälten. Seine Frau Jenny schrieb darüber an Engels: »... er ist seit acht Tagen sehr leidend und ans Sofa gebunden. Er bekam auf der Backe und am Rücken zwei Blutgeschwüre ... Das ... auf dem Rücken hat solche Dimensionen angenommen und ist so entzündet, daß der arme Mohr die schrecklichsten Schmerzen aussteht und weder Tag noch Nacht Ruhe hat.« Marx selbst beschrieb auch mehrfach sein Leiden unter den häufig an mehreren Stellen gleichzeitig auftretenden eitrigen Hautentzündungen, die meist zu großen Abszessen führten: »... ein paar Tage später erschien wieder ein Karbunkel am rechten Bein ... einstweilen kann ich weder gehen, noch stehn, noch sitzen und selbst das Liegen wird mir verdammt schwer … Außer dem Karbunkel unter dem Hintern … hat sich ein neuer Furunkel auf dem Rücken gebildet.« Offenbar behandelte Marx die sich bildenden Abszesse manchmal auch selbst, denn er schrieb 1866 an Engels: »Heute nahm ich ein scharfes Rasiermesser … und schnitt den Hund in eigener Person. Ich kann Ärzte nicht zwischen den Geschlechtsteilen oder in ihrer Nähe dulden.« Da Marx gleichzeitig auch unter einem starken, akneähnlichen Hautausschlag litt, meint der britische Hautarzt Sam Shuster, dass bei Marx eine chronische Hautkrankheit vorlag, die von Fachleuten als Akne inversa bzw. Hidradenitis suppurativa bezeichnet wird. Weitere Informationen in den Abschnitten »*Furunkel und Karbunkel*« und »*Akne inversa*«.

Marx hatte auch recht häufig mit Erkältungskrankheiten zu tun, die oft von einem hartnäckigen Husten begleitet wurden. Im Lauf der Jahre entwickelte sich ein Dauerhusten, der so quälend war, dass Marx deswegen mehrfach in Kur ging. Dort erholte er sich auch ganz gut, aber schon bald nach seiner Rückkehr nach London setzte der chronische Husten wieder ein. Deshalb entschloss sich Marx 1877 auf Anraten seines Arztes, einen operativen Eingriff im Rachenbereich durchführen zu lassen. Wie jedoch aus einem Brief seiner Frau hervorgeht, wurde dadurch keine wesentliche Besserung des Zustandes erzielt: »Selbst … das Verkürzen des schlaff gewordenen Zäpfchens im Halse, das beständige Verschlimmerung verursachte, scheint bisher nicht viel geholfen zu haben.« Der dauernde Husten trug sicher mit dazu bei, dass Marx auch immer schlechter schlafen konnte. Im Herbst des Jahres 1877 beklagte er sich deshalb brieflich über die »verfluchte Schlaflosigkeit, die mich heimsuchte während dieses Jahres« und über einen »höchst zerrütteten Nervenzustand«.

Zwei Jahre später schrieb er an Engels: »Mein Husten wird schlimmer von Tag zu Tag, der Auswurf scheußlich, vor allem ein gewisses unangenehmes Gefühl, dass meine linke Seite ein für alle Mal von der Krankheit verdorben ist und mein geistiger Zustand äußerst gedrückt.« Diese Beschreibung seiner Beschwerden deutet darauf hin, dass der Husten vielleicht ein Symptom für eine fortschreitende Lungentuberkulose war.

Als 1881 seine Frau starb, war Marx nicht nur körperlich, sondern auch psychisch schwer angeschlagen. Das drückte sich in einem Brief aus, den er gegen Ende des Jahres verfasste: »Ich komme aus der letzten Krankheit doppelt verkrüppelt heraus, moralisch durch den Tod meiner Frau, physisch dadurch, daß die Verdickung der Pleura und größere Reizbarkeit der Luftröhrenäste geblieben.« Marx reiste danach ein ganzes Jahr von Kurort zu Kurort, ohne dass eine deutliche Besserung seines Gesundheitszustandes eintrat. Als ihn im Januar 1883 auch noch die Nachricht über den Tod seiner geliebten Tochter Jenny erreichte, war seine Lebenskraft endgültig aufgebraucht. Nur zwei Monate später verstarb Marx in seinem Sessel sitzend im Alter von 65 Jahren. Es wird allgemein angenommen, dass sein Tod letztlich durch eine schon lange existierende Lungentuberkulose verursacht wurde.

Über die Frage, wie sich die diversen Krankheiten auf die Arbeit von Karl Marx ausgewirkt haben, hat sich vor allem der Schweizer Philosoph und Tiefenpsychologe Arnold Künzli Gedanken gemacht und zum Teil recht gewagte Hypothesen aufgestellt. In seinem 1966 erschienenen Buch »*Karl Marx, eine Psychographie*« vertritt er die etwas einseitige Meinung, dass die Krankheiten von Marx vor allem psychosomatisch bedingt waren. Als Beweis für seine Hypothese führt Künzli vor allem die auffälligen zeitlichen Übereinstimmungen zwischen gesundheitlichen Beschwerden und den auf Marx einwirkenden psychischen Belastungen an. Insbesondere wenn er unangenehme Entscheidungen treffen musste oder sich Abgabetermine für Manuskripte näherten, klagte Marx regelmäßig über eine Verschlechterung seines Gesundheitszustandes. Künzli gibt deshalb einem Kapitel seines umfangreichen Buches die Überschrift »Die Flucht in die Krankheit«. Darin weist er auch darauf hin, dass bereits Zeitgenossen von Marx für seine Leiden psychologische Ursachen vermutet hatten. Als Beispiel führt Künzli Bernhard Becker an, der als Präsident des Allgemeinen Deutschen Arbeitervereins in einer gegen Marx gerichteten Rede gesagt haben soll, dessen Karbunkelkrankheit sei durch sein gestörtes Verhältnis zu Ferdinand Lasalle entstanden. Marx reagierte darauf mit folgenden ironischen Worten: »Der ›Präsident der Menschheit‹ ist aber nicht nur groß als Dichter, Denker, Grammatiker und Dialektiker. Er ist obendrein Patholog reinsten Wassers. Meine anderthalbjährige Karbunkelkrankheit, die zufällig noch sechs Monate nach Lasalles Tod fortdauerte, diese blutrote Krankheit erklärt er aus ›blassem Neide über Lasalles Größe‹.« Künzli geht aber noch einen großen Schritt weiter und stellt eine Beziehung her zwischen den Karbunkeln von Marx und seinem »jüdischen Selbsthass«. Spätestens hier scheinen Künzlis psychosomatische Deutungsversuche aus dem Ruder zu laufen. Dass die Karbunkelkrankheit die Arbeit von Marx tatsächlich beeinflusst hat, kann man einem seiner Briefe an Engels entnehmen, den er anlässlich der Fertigstellung des ersten Bandes von »*Das Kapital*« geschrieben hat. Darin heißt es unter anderem: »Jedenfalls hoffe ich, daß die Bourgeoisie ihr ganzes Leben lang an meine Karbunkel denken wird.« Engels wiederum schrieb an Marx, nachdem er das Manuskript gelesen hatte: »Bogen 2 namentlich trägt ein etwas gedrücktes Karbunkelgepräge, aber das ist nun nicht mehr zu ändern.« In ähnlicher Richtung argumentiert auch der schon erwähnte britische Dermatologe Shuster, der bei Marx posthum eine Akne inversa diagnostiziert hatte. Nach Shusters Erfahrung mit solchen Patienten tritt bei ihnen häufig »Abscheu, Selbstekel und eine Senkung des Selbstbildes« auf. Deshalb stellt Shuster am Ende seiner Publikation von 2008 die Frage: »Kann es sein, dass die Beeinträchtigung seines Selbstbildes und die Entfremdung, provoziert durch die Hautkrankheit, stilistische Spuren hinterlassen haben?«

Tuberkulose (Tbc)

Der Name leitet sich ab von dem lateinischen Wort *tuberculum*, das »kleine Geschwulst« bedeutet. Früher hieß die Erkrankung auch Morbus Koch, weil Robert Koch die Erreger (Mycobacterien) entdeckt hatte. Geläufig war auch die Bezeichnung »Schwindsucht«. Wegen ihrer Gefährlichkeit wird die Tbc manchmal sogar »weiße Pest« genannt.

Häufigkeit und Verbreitung

Die Tuberkulose ist weltweit noch immer die häufigste durch Bakterien verursachte lebensbedrohliche Infektionskrankheit. Jedes Jahr sterben etwa zwei Millionen Menschen daran. Schätzungsweise ein Drittel der Weltbevölkerung ist mit Tuberkelbakterien infiziert, aber nur bei einem relativ kleinen Prozentsatz kommt es dadurch zu einer schwerwiegenden Erkrankung. Am stärksten ist die Tbc in den Entwicklungsländern verbreitet und fordert dort auch die meisten Todesopfer. In einigen Regionen der Erde ist zu beobachten, dass mit der Verbreitung der Immunschwäche-Krankheit AIDS auch eine starke Erhöhung der Tbc-Fälle einhergeht.

In Deutschland ist die Tbc relativ selten geworden. Jährlich werden etwa 4000 Tbc-Neuerkrankungen und circa 100 Todesfälle gemeldet. Vor etwa 100 Jahren starb auch bei uns noch circa jeder siebte Erwachsene an der chronischen Verlaufsform der Tuberkulose.

Infektion

Die Übertragung der Erreger erfolgt heute meist durch Tröpfcheninfektion. Sie geht fast immer von Menschen aus, bei denen eine »offene« Tbc vorliegt. Darunter versteht man ein Krankheitsstadium, in dem beim Husten Tuberkelbakterien freigesetzt werden können.

Krankheitsverlauf

Wenn gesunde Menschen, die noch keinen Kontakt mit Tbc-Erregern hatten, sie mit der Atemluft aufnehmen, entstehen in ihrer Lunge oft entzündliche Knötchen (Tuberkeln). Bei etwa 90 % der Betroffenen kommt die Infektion aber bald zum Stillstand, weil die Entzündungsherde abgekapselt werden. Nach der Erstinfektion entsteht in der Regel eine erhöhte Immunität gegen die Tuberkelbakterien, wodurch eine zweite Infektion meist vermieden wird. Wenn die Abkapselung nicht gelingt, können sich die Erreger über die Blutbahn im Körper ausbreiten und andere Organe infizieren, sodass nicht selten ein lebensgefährlicher Zustand entsteht. Diese Tbc-Form tritt vor allem bei kleinen Kindern auf und wird Miliartuberkulose genannt. Aber auch aus einem zunächst gut abgekapselten Tbc-Herd in der Lunge kann später noch eine chronisch fortschreitende Erkrankung entstehen. Sie breitet sich dann hauptsächlich in der Lunge aus und zerstört sie langsam.

Therapie

Die Tuberkulose ist heute recht gut behandelbar, allerdings muss die Therapie sehr lange und intensiv durchgeführt werden. In der Regel erfolgt eine Anfangsbehandlung mit vier verschiedenen Antibiotika über zwei Monate. Daran schließt sich eine Therapie mit zwei Antibiotika über weitere vier Monate an.

Leberentzündung

Die Ärzte nennen eine Leberentzündung »Hepatitis« (griechisch *hepar* = Leber). Oft wird umgangssprachlich auch der Begriff »Gelbsucht« verwendet. Er ist aber irreführend, weil er sich nur auf die bei einer Leberentzündung häufig auftretende Gelbfärbung der Haut bezieht, die aber durchaus auch fehlen kann.

Ursachen

Leberentzündungen werden vor allem durch Virusinfektionen und Giftstoffe hervorgerufen. Das bekannteste Lebergift ist der Alkohol. Ein hoher Alkoholkonsum über lange Zeit führt mit großer Wahrscheinlichkeit zunächst zu einer Verfettung der Leber. Darauf folgt dann nicht selten eine Leberentzündung und schließlich eine Schrumpfung (Leberzirrhose), wodurch die Leber zunehmend funktionsuntüchtig wird.

Krankheitsverlauf

Anfangs sind die Symptome oft unspezifisch. Die Patienten klagen häufig über Müdigkeit, Appetitlosigkeit und unklare Oberbauchbeschwerden. Es können aber auch schon bald Durchfall, Erbrechen und Juckreiz auftreten. Im weiteren Verlauf kommt es oft zu einer Gelbfärbung der Haut und insbesondere der Augenbindehaut. Auch eine Entfärbung des Stuhls und eine Dunkelfärbung des Urins sind nicht selten zu beobachten. Viele virusbedingte Leberentzündungen heilen spontan aus. Manchmal nehmen sie aber einen chronischen Verlauf und können über eine Leberzirrhose auch zu einem Leberkrebs führen.

Prophylaxe und Therapie

Gegen manche virusbedingte Hepatitisformen kann man sich impfen lassen. Vor einer alkoholinduzierten Leberentzündung schützt nur das Einschränken des Konsums alkoholischer Getränke. Die Behandlung einer fortgeschrittenen Hepatitis ist schwierig und langwierig und muss deshalb meist im Krankenhaus erfolgen. Im Extremfall kann eine Lebertransplantation notwendig werden.

Hämorrhoiden

Das Wort leitet sich ab von den griechischen Wörtern *haima* = Blut und *réin* = fließen. Die Hämorrhoiden stellen Gefäßpolster dar, die ringförmig unter der Schleimhaut des Enddarmes liegen und im Zusammenwirken mit dem Schließmuskel für einen dichten Verschluss des Afters sorgen. Demnach sind bei jedem Menschen Hämorrhoiden vorhanden. Im allgemeinen Sprachgebrauch werden aber unter Hämorrhoiden meist pathologische Veränderungen dieser Gefäßpolster verstanden, die mehr oder minder starke Beschwerden hervorrufen.

Verbreitung

Das Hämorrhoidalleiden gilt als die häufigste Erkrankung des Enddarmes. In Deutschland ist etwa jeder Zweite im Laufe seines Lebens davon einmal betroffen, wobei ein Auftreten vor dem 20. Lebensjahr selten ist.

Entstehung und Verlauf

Infolge einer lokalen Lockerung von Muskulatur und Bindegewebe verlagern sich die Gefäßpolster in Richtung des Afters und die darin enthaltenen Blutgefäße erweitern sich. Dadurch wird der Analkanal eingeengt und der Stuhlgang erschwert. Das kann zu Schmerzen und Blutungen führen. Im fortgeschrittenen Stadium wölben sich die Gefäßpolster knotenförmig nach außen.

Therapie

Im Anfangsstadium genügt meist eine Salbenbehandlung und das Vermeiden des Pressens beim Stuhlgang. Wenn die Erkrankung bereits weiter fortgeschritten ist, wird es oft notwendig, die pathologisch veränderten Hämorrhoiden zu entfernen oder durch Injektionen zu veröden.

Furunkel und Karbunkel

Als Furunkel (abgeleitet vom lateinischen Wort *furunculus* = kleiner Dieb) bezeichnet man eine eitrige Entzündung des Haarbalgs, die auf das umgebende Gewebe übergreift, wodurch ein oft sehr schmerzhaftes abszessartiges Gebilde entsteht. Wenn mehrere Haarbälge betroffen sind, spricht man von einem Karbunkel. Bei beiden Formen kann es zu einer spontanen Eiterentleerung und Abheilung kommen. Meistens wird ein Furunkel bzw. Karbunkel aber vom Arzt durch einen kleinen Schnitt geöffnet. Um eine weitere Ausbreitung der Keime zu verhindern kann auch eine Antibiotikabehandlung notwendig sein. Furunkel und Karbunkel können sich an jeder Stelle der behaarten Haut bilden, besonders oft sind aber Regionen betroffen, wo Kleidung scheuert.

Akne inversa (Hidradenitis suppurativa)

Der Name »Hidradenitis« wurde um 1850 eingeführt, weil man annahm, dass der Erkrankung eine Entzündung der Schweißdrüsen (griechisch *hidros* = Schweiß) zugrunde liegt. Inzwischen weiß man, dass primär die Talgdrüsen betroffen sind und die Entzündung erst sekundär auch auf die Schweißdrüsen übergreift. Deshalb wurde 1989 der Begriff »Akne inversa« eingeführt.

Entstehung und Verlauf

Durch eine gestörte Verhornung der Haut verstopft der Ausführungskanal der Talgdrüsen. In dem sich ansammelnden Talg siedeln sich Bakterien (meist Staphylokokken) an und verursachen eitrige Entzündungen, die auf das umgebende Gewebe übergreifen und zu schmerzhaften Geschwüren und Abszessen führen. Beim Übergreifen auf die Unterhaut kann es durch Ausschwemmung der Bakterien in die Blutbahn zu einer lebensgefährlichen Allgemeinerkrankung kommen. Da die Krankheit chronisch verläuft, oft sehr schmerzhaft ist und verunstaltende Narben verursachen kann, ergeben sich für die Patienten starke psychische Belastungen, die auch zu Depressionen führen können.

Häufigkeit

Weltweit wird die Zahl der Erkrankten auf etwa 70 Millionen geschätzt. In Deutschland liegen die Schätzungen zwischen einer Viertelmillion und drei Millionen. Die großen Unterschiede beruhen vermutlich darauf, dass die Krankheit oft nicht erkannt wird.

Ursachen

Vor allem der Tabakkonsum spielt eine wichtige Rolle. Etwa 90 % der Patienten sind Raucher. Man vermutet, dass Nikotin die Vermehrung der Staphylokokken begünstigt. Da eine familiäre Häufung von Erkrankungen zu beobachten ist, sind auch Erbfaktoren als Ursache anzunehmen. Bei Diabetikern wird die Akne inversa ebenfalls relativ häufig beobachtet.

Therapie

Wenn eine antibiotische Therapie nicht erfolgreich ist, müssen die befallenen Hautpartien oft chirurgisch behandelt werden.

Friedrich Nietzsche, Fotograf: Gustav-Adolf Schultze, Anfang September 1882. http://commons.wikimedia.org/.

20

Friedrich Nietzsche (1844–1900): Opfer der Syphilis?

Friedrich Wilhelm Nietzsche ist wohl einer der bekanntesten, aber auch umstrittensten deutschen Philosophen des 19. Jahrhunderts. Er gilt als Mitbegründer des europäischen Nihilismus und bekämpfte die »Sklavenmoral« des Christentums. Seine Bücher hatten auch großen Einfluss auf die Literatur des 20. Jahrhunderts. Nietzsche wurde am 15. Oktober 1844 im Pfarrhaus des nahe Leipzig gelegenen Dorfes Röcken geboren. Der sehr sensible Knabe, der in seiner Familie meist Fritz genannt wurde, musste schon früh schwere Schicksalsschläge ertragen. Als er fünf Jahre alt war, starb sein Vater und wenig später auch sein Bruder. Diese tragischen Todesfälle führten dazu, dass Friedrich in einer stark weiblich dominierten Familie aufwuchs. Manche Autoren sehen in diesen Umständen eine Erklärung für das zeitlebens recht schwierige Verhältnis Nietzsches zu Frauen, das auch dafür verantwortlich sein dürfte, dass er nie heiratete.

Nach dem Tod des Vaters musste die Familie nach Naumburg umziehen. Dort wurde Friedrich eingeschult, aber er fand sich in der neuen Umgebung nur schlecht zurecht. Seine Mitschüler gaben ihm wegen seines frühreifen Verhaltens den Spitznamen »kleiner Pastor«. Da seine schulischen Leistungen sehr gut waren, durfte Friedrich bald eine Privatschule besuchen, wo er auf den Übertritt ins Domgymnasium vorbereitet wurde. Auch dort erbrachte Friedrich hervorragende Leistungen, weshalb er nach vier Jahren einen Freiplatz in der damals sehr bekannten königlichen Landesschule in Pforta erhielt. Nietzsche nutzte diese große Chance, litt aber anfangs sehr unter der Trennung von seiner Familie und seinen Schulfreunden, da er in Pforta im Internat leben musste. Trotz dieser psychischen Belastung fühlte sich Nietzsche in Pforta bald ganz wohl, denn dort gab es für die damaligen Verhältnisse ungewöhnliche schulische Freiheiten, die es ermöglichten, dass sich Nietzsches reger Geist gut entfalten konnte. Er glänzte vor allem in den musisch-sprachlichen Fächern, für die er of-

Trotzdem genial Erste Auflage. Heinrich Zankl und Katja Betz.

fensichtlich besonders begabt war. Mit 14 verfasste Nietzsche bereits eine Art Biografie, aus der unter anderem hervorging, dass er sich schon damals für einen besonderen Menschen hielt, der zu Höherem berufen war. Aus diesem Gefühl heraus entwickelte er besondere Verhaltensweisen, auf die seine Klassenkameraden sehr unterschiedlich reagierten. Manche bewunderten ihn sehr, die meisten hielten ihn aber für einen merkwürdigen Sonderling. Die besondere Stellung, die Nietzsche in seiner Klasse einnahm, beruhte wohl zum Teil auch auf seiner schwächlichen körperlichen Konstitution und Krankheitsanfälligkeit. Besonders häufig litt er unter heftiger Migräne (Informationen dazu im Kapitel 15 über Oliver Sacks). In diesen Phasen kapselte er sich völlig ab und unternahm ganz allein lange Spaziergänge. Im Alter von 17 Jahren schrieb Nietzsche erste philosophische Traktate von erstaunlicher Qualität. Durch die intensive Beschäftigung mit sprachlichen und musischen Themen vernachlässigte Nietzsche allerdings andere Fächer, insbesondere die Mathematik, die ihn nicht interessierte. Das beschwor gegen Ende seiner Schulzeit die Gefahr herauf, eine wichtige Prüfung nicht zu bestehen. Nietzsche hat den letztlich doch erfolgreichen Schulabschluss wohl auch der Intervention eines ihm sehr wohlgesonnenen Lehrers zu verdanken, der in der entscheidenden Konferenz sagte: »Wünschen Sie vielleicht, daß wir den begabtesten Schüler, den Pforta, solang ich hier bin, gehabt hat, durchfallen lassen?«

1865 begann Nietzsche in Bonn ein Theologiestudium, das er wegen seiner zunehmenden Zweifel an der christlichen Heilslehre aber bald abbrach. Er wandte sich danach vor allem der Philologie zu, die seinen sprachlichen Begabungen wesentlich besser entsprach. In die Bonner Zeit fiel auch ein Ereignis, das für Nietzsches späteres Leben von entscheidender Bedeutung gewesen sein könnte. Bei einem Aufenthalt in Köln wollte er ein Restaurant besuchen und fragte deshalb einen Dienstmann nach einer Empfehlung. Mit Absicht oder wegen eines Missverständnisses nannte ihm dieser aber die Adresse eines Bordells. Den Verlauf dieses Erlebnisses beschrieb der in dieser Hinsicht wohl recht unerfahrene Nietzsche am folgenden Tag einem Freund so: »Ich sah mich plötzlich umgeben von einem halben Dutzend Erscheinungen in Flitter und Gaze, welche mich erwartungsfroh ansahen. Sprachlos stand ich eine Weile. Dann ging ich instinktmäßig auf ein Klavier … los und schlug einige Akkorde an. Sie lösten meine Erstarrung und ich gewann das Freie.« Manche Autoren vermuten, dass der Bordellbesuch doch nicht ganz so kontaktlos verlaufen ist und Nietzsche sich damals mit Syphilis infiziert haben könnte (Informationen im Abschnitt »*Syphilis*«).

Wenige Monate später verließ er Bonn, um in Leipzig das Philologiestudium fortzusetzen. Dort studierte er vor allem klassische Philologie bei Professor Friedrich Ritschl, der von den Leistungen seines Studenten sehr beeindruckt war. Nebenbei beschäftigte sich Nietzsche aber auch noch intensiv mit Philosophie. 1867 musste er sein Studium unterbrechen, um seinen Wehrdienst abzuleisten. Er dauerte allerdings nur sechs Monate, denn Nietzsche wurde nach einem schweren Reitunfall vorzeitig entlassen. Kaum genesen, stürzte er sich wieder voller Energie in seine Studien und war darin so erfolgreich, dass er bereits zwei Jahre später einen Ruf auf eine Professur für klassische Philologie an der Universität Basel erhielt. Diese Berufung war höchst ungewöhnlich, denn der damals erst 24-jährige Nietzsche hatte erst wenig publiziert und auch noch keinen Doktortitel erworben. Ausschlaggebend für diesen erstaunlichen Vorgang war wohl ein Brief von Ritschl, der seinen Lieblingsschüler in Basel mit folgenden Worten anpries: »So viele junge Kräfte ich auch seit nunmehr 39 Jahren unter meinen Augen sich habe entwickeln sehen, noch nie habe ich einen jungen Mann gekannt, … der so früh und so jung so reif gewesen wäre, wie diesen Nietzsche … er ist der Abgott und (ohne es zu wollen) Führer der ganzen jungen Philologenwelt hier in Leipzig …«

1869 übersiedelte Nietzsche nach Basel. Er gab dabei seine preußische Staatsbürgerschaft auf, beantragte aber aus unbekannten Gründen nicht die Einbürgerung in die Schweiz, sodass er zeitlebens staatenlos blieb. Seine Schwester Elisabeth zog ebenfalls nach Basel, um ihrem »Herzensfritz« den Haushalt zu führen. Es stellte sich aber bald heraus, dass der Universitätsbetrieb und insbesondere die Lehrverpflichtungen Nietzsche sehr belasteten. In diese Zeit fiel auch die Vertiefung der Bekanntschaft mit Richard Wagner, der ihn stark beeindruckte und zu seiner geistigen Umorientierung beitrug. Nietzsche wandte sich zunehmend von der wissenschaftlichen Philologie ab und beschäftigte sich immer mehr mit philosophisch-spekulativen Themen. Sichtbarer Ausdruck dieser Wandlung war unter anderem die Veröffentlichung des Buches *»Die Geburt der Tragödie aus dem Geiste der Musik«* sowie der *»Unzeitgemäßen Betrachtungen«*, die in vier Bänden erschienen. Die Kollegen aus der Philologie und insbesondere auch Nietzsches langjähriger Mentor Ritschl reagierten auf diese Werke mit heftiger Ablehnung.

Davon unbeeindruckt vollzog Nietzsche die endgültige Hinwendung zur Philosophie, indem er sich auf einen entsprechenden Lehrstuhl in Basel bewarb, den er allerdings nicht erhielt. Darüber war er so enttäuscht, dass sich sein ohnehin nicht guter Gesundheitszustand deutlich verschlechterte. Neben den Migräneattacken, unter denen er schon seit seiner Jugend litt, war Nietzsche 1870 auch noch an Ruhr und Diphtherie erkrankt. Informationen zu diesen Krankheiten finden sich im Abschnitt »*Ruhr*« und im Kapitel 6 über Victor Meyer. In einem Anfall von Patriotismus hatte er sich nämlich in Basel beurlauben lassen, um an dem damals ausgebrochenen deutsch-französischen Krieg teilzunehmen. Er wurde kurzfristig als Sanitäter eingesetzt und infizierte sich dabei mit beiden Krankheiten, die bei ihm vor allem dauerhafte Magen-Darm-Probleme verursachten. Auch psychisch war Nietzsche sehr labil und hatte immer häufiger depressive Phasen, in denen er sich völlig abkapselte und auch an Selbstmord dachte (Informationen zur Depression im Kapitel 21 über Max Weber). Für einen Großteil seiner Leiden machte er die Stadt Basel verantwortlich. Das geht aus einem Brief an seinen Freund Overbeck hervor, in dem Nietzsche unter anderem schrieb: »... Basileophobie, eine wahre Angst und Scheu vor dem schlechten Wasser, der schlechten Luft, dem ganzen gedrückten Wesen dieser unseligen Brutstätte meiner Leiden ...« Einige Zeit kam Nietzsche mehr schlecht als recht noch den Pflichten aus seiner ungeliebten Professur nach, aber fast genau zehn Jahre nach seiner Berufung formulierte er sein Entlassungsgesuch, das folgenden Wortlaut hatte: »Hochgeachteter Präsident! Der Zustand meiner Gesundheit, derentwegen ich schon mehrere Male mich mit einem Gesuch an Sie wenden mußte, läßt mich heute den letzten Schritt tun und die Bitte aussprechen, aus meiner bisherigen Stellung als Lehrer an der Universität ausscheiden zu dürfen. Die inzwischen immer noch gewachsene äußerste Schmerzhaftigkeit meines Kopfes, die immer größer gewordene Einbuße an Zeit, welche ich durch die zwei- bis sechstägigen Anfälle erleide, die von neuem (durch Hrn. Schiess) festgestellte erhebliche Abnahme meines Sehvermögens, welche mir kaum noch 20 Minuten erlaubt ohne Schmerzen zu lesen und zu schreiben – dies Alles zusammen drängt mich einzugestehen, daß ich meinen akademischen Pflichten nicht mehr genügen ... kann, nachdem ich schon in den letzten Jahren mir manche Unregelmäßigkeit in der Erfüllung dieser Pflichten, jedes Mal zu meinem großen Leidwesen nachsehen musste.«

Das Gesuch wurde erstaunlich schnell genehmigt, sodass Nietzsche im Alter von 35 Jahren aus dem Universitätsdienst ausschied. Er erhielt immerhin eine Pension von 3000 Franken pro Jahr, sodass er finanziell recht gut abgesichert war. Danach führte Nietzsche als freier Autor und Philosoph ein sehr unstetes Leben. Er besuchte wegen seiner Leiden auch viele Kurorte in der Schweiz und in Italien, ohne dass sich sein Gesundheitszustand dauerhaft besserte. In den ersten Jahren war Nietzsche phasenweise sehr produktiv und schrieb wichtige Werke wie *»Also sprach Zarathustra«*, *»Jenseits von Gut und Böse«* und *»Ecce Homo«*. Aber die gesundheitlichen Probleme wurden in Schüben immer größer. Seinen Zustand beschrieb er selbst einmal so: »Meine Existenz ist eine fürchterliche Last: ich hätte sie längst von mir abgeworfen, wenn ich nicht die lehrreichsten Proben und Experimente auf geistig-sittlichem Gebiete gerade in diesem Zustand des Leidens und der fast absoluten Entsagung machte – diese erkenntnisdurstige Freudigkeit bringt mich auf Höhen, wo ich über alle Marter und alle Hoffnungslosigkeit siege. Im Ganzen bin ich glücklicher als je in meinem Leben …«

Im Herbst 1888 verschlechterte sich während eines Aufenthaltes in Turin Nietzsches Zustand dramatisch. Ernesto Fino, dessen Familie eine Pension hatte, in der Nietzsche wohnte, berichtete: »Der Professor wurde in Laune und Verhalten immer unausgeglichener … Das Drama des Wahnsinns begann sich abzuzeichnen. Auch seine Reden schienen ohne Zusammenhang. Es ist bekannt … daß er einmal ankündigte …, daß der König und die Königin sich anschickten, ihn in seinem Zimmer zu besuchen; und er schmückte sein Zimmer eigenartig aus, für den königlichen Besuch, den sich nur sein krankes Hirn einbildete.« Nach wenigen Wochen relativer Ruhe kam es dann zu einem öffentlichen Vorfall, der von einem Mitglied der Familie Fino so beschrieben wurde: »Aber den Höhepunkt bildete die Episode jenes Tages, an dem Davide Fino den Professor auf der Via Po zwischen zwei Stadtpolizisten sah, gefolgt von einem Schwarm kreischender Menschen. Friedrich Nietzsche hatte, wenige Minuten zuvor, die Arme um den Hals des Pferdes einer Mietkutsche geschlungen und wollte ihn nicht mehr loslassen. Er hatte gesehen, wie der Kutscher den Vierbeiner geschlagen hatte und dabei einen so ungeheuren Schmerz empfunden, daß er sich veranlasst sah, dem Tier seine Zuneigung zu bezeugen.«

Im Januar 1889 erhielt der bekannte Kunsthistoriker Jacob Burckhardt in Basel einen Brief von Nietzsche, der unter anderem die folgenden Sätze enthielt: »Lieber Herr Professor, zuletzt wäre ich sehr viel lieber Basler Professor als Gott, aber ich habe es nicht gewagt, meinen Privat-Egoismus so weit zu treiben, um seinetwillen die Schaffung der Welt zu unterlassen. Sie sehen man muss Opfer bringen, wie und wo man lebt ...« Burckhardt unterrichtete sofort Nietzsches Freund Overbeck, der umgehend nach Turin reiste. Über seine erste Begegnung mit Nietzsche schrieb er in einem Brief: »Ich erblickte N. in einer Sofaecke kauernd und lesend ... entsetzlich verfallen aussehend, er ... stürzt auf mich zu, umarmt mich heftig, mich erkennend, und bricht in einen Thränenstrom aus, sinkt dann in Zuckungen aufs Sofa zurück ...« Overbeck brachte den sehr unruhigen und total verwirrten Nietzsche unter großen Mühen nach Basel in eine psychiatrische Klinik. Erstaunlicherweise erkannte er den dortigen Chefarzt Professor Wille, mit dem er vor Jahren einmal ein Gespräch über religiösen Wahnsinn geführt hatte. Er begrüßte ihn mit großer Höflichkeit, erkannte aber nicht, dass er diesmal als Patient in der Klinik war. Nach einer gründlichen Untersuchung diagnostizierte Wille eine Neurosyphilis, die das Spätstadium einer Syphiliserkrankung darstellt (Informationen im Abschnitt »*Syphilis*«).

Auf Betreiben seiner Mutter wurde Nietzsche wenige Tage später in die Klinik für Psychiatrie in Jena verlegt. Der dortige Chefarzt Professor Otto Biswanger galt als eine Kapazität auf dem Gebiet der Neurosyphilis. Er bezweifelte zunächst die Diagnose seines Kollegen und vermutete psychogene Ursachen »als die Folgeerscheinung einer functionellen Überanstrengung des Centralnervensystems und dabei in erster Linie der Großhirnrinde«. Seine Kollegen Kraepelin und Möbius bestätigten allerdings später die erste Diagnose, weil sich im weiteren Verlauf der Erkrankung zusätzliche Merkmale der Neurosyphilis zeigten. Zunächst besserte sich jedoch Nietzsches Zustand und die Erregungszustände ließen soweit nach, dass seine Mutter es wagen konnte, ihn in ihrem Haus in Naumburg aufzunehmen und dort zu pflegen. Bald verschlechterte sich aber Nietzsches Geisteszustand weiter. In einem Brief heißt es dazu: »Es scheint nun, als ob der Wahnsinn zum Blödsinn umzuschlagen Miene macht.« Nietzsche wurde immer apathischer und erkannte schließlich nur noch seine

Mutter und Schwester sowie eine Pflegekraft. Im Gegensatz dazu sah er nicht mehr so krank aus und wirkte körperlich gesünder.

1897 verstarb die Mutter, was Nietzsche aber gar nicht mehr zur Kenntnis zu nehmen schien. Danach übernahm seine ehrgeizige Schwester Elisabeth das Kommando. Sie hatte bemerkt, dass die Öffentlichkeit großen Anteil am Schicksal ihres Bruders nahm und demzufolge sich auch seine früher wenig beachteten Bücher gut verkauften. Im Zusammenhang mit der Entmündigung Nietzsches sicherte sich Elisabeth sehr geschickt die Rechte an seinen Schriften. Nach dem Tod der Mutter ließ sie ihren Bruder nach Weimar in die »Villa Silberblick« bringen und richtete dort auch ein Nietzsche-Archiv ein. Nur von ihr persönlich ausgewählten Personen erlaubte sie den Besuch des Kranken. Sie begann auch einen schwunghaften Handel mit Büsten und Portraits ihres Bruders, wodurch Nietzsche zu einer Art Ikone wurde. In der Villa Silberblick wurden Lesungen und zahlreiche andere Veranstaltungen abgehalten, sodass dort zeitweise ein gesellschaftlicher Mittelpunkt Weimars entstand. 1899 erschien unter der Regie von Elisabeth die dritte Auflage von Nietzsches Gesamtausgabe, die von ihr zum Teil mehr oder minder bewusst nationalistisch-rassistisch verfälscht wurde. Nietzsche konnte sich dagegen nicht mehr wehren, denn er verstarb am 25. August 1900 nach einem Schlaganfall im Zustand völliger geistiger Umnachtung. Eine Obduktion des Leichnams fand nicht statt, sodass nicht endgültig geklärt wurde, ob Nietzsches Persönlichkeitsverfall wirklich durch eine Neurosyphilis verursacht worden war. Viele Symptome sprachen dafür, der Gesamtverlauf war aber nicht unbedingt typisch. Deshalb vermuten auch einige Autoren, dass Nietzsche an einem Hirntumor gelitten haben könnte. Die Verfälschungen seines Werkes durch seine Schwester Elisabeth und nachfolgende Archivleiter führten dazu, dass die Nationalsozialisten Nietzsche zu einem ihrer Lieblingsphilosophen erkoren. Nach dem Zweiten Weltkrieg wurde er daher als Nationalist und Rassist abgestempelt und geriet weitgehend in Vergessenheit. Den italienischen Nietzscheforschern Giorgi Kolli und Mazzino Montinari ist es zu verdanken, dass ab 1964 eine *»Kritische Gesamtausgabe«* publiziert wurde, die über 40 Bände umfasst und Nietzsches Werk deutlich gerechter wird als die vorangegangenen Ausgaben.

Syphilis

Die Syphilis ist eine Infektionskrankheit, die meist durch sexuelle Kontakte übertragen wird. In Europa tauchte die Seuche erstmals gegen Ende des 15. Jahrhunderts in den Hafenstädten des westlichen Mittelmeers auf. Es wird vermutet, dass sie 1493 durch Teilnehmer an der zweiten Reise von Christoph Columbus aus Amerika eingeschleppt wurde. Innerhalb von 50 Jahren überzog die Syphilisepidemie nicht nur ganz Europa, sondern auch große Teile Asiens und forderte jahrhundertelang zahlreiche Opfer. Es gibt Angaben, wonach noch im 19. Jahrhundert in Deutschland jeder zehnte Krankenhauspatient an Syphilis litt. Durch die Einführung einer Meldepflicht und eine regelmäßige Untersuchung von Prostituierten konnte die Zahl der Neuerkrankungen in den letzten Jahrzehnten bis auf 2000 bis 3000 gesenkt werden. In jüngster Zeit steigen die Zahlen aber wieder an.

Name

Die Bezeichnung »Syphilis« wurde erstmalig 1530 von dem Arzt Girolamo Fracastaro in einem so genannten Lehrgedicht verwendet. Daneben sind zahlreiche andere Krankheitsnamen entstanden, wie z. B. Lustseuche, Franzosenkrankheit, harter Schanker oder Lues. Letzterer wird heute vor allem von Ärzten gebraucht. Er stammt aus dem Lateinischen und bedeutet »Seuche« oder »Unheil«.

Verlauf und Diagnostik

Die Syphilis kann auch heute noch durchaus gefährlich werden, weil sie in ihrem Anfangsstadium leicht übersehen wird. Am Infektionsherd (meist im Genitalbereich) entsteht nach etwa drei Wochen ein schmerzloser Hautdefekt, der nach weiteren drei Wochen wieder abheilt. Ohne Behandlung tritt oft nach ca. neun Wochen ein fleckförmiger Hautausschlag mit nässenden Knötchen auf, die sehr infektiös sind. Auch diese Symptome verschwinden meist wieder, bevor nach Jahren im dritten Stadium der Krankheit Geschwüre in Haut, Knochen und inneren Organen entstehen. Das vierte Stadium, das auch Neurosyphilis genannt wird, tritt erst nach zehn oder mehr Jahren auf. Die Syphiliserreger bewirken dann vor allem Zerstörungen im

Gehirn und Rückenmark, die schließlich zu einem völligen Persönlichkeitsverfall und zum Tod führen. Wegen des heimtückischen Verlaufs der Syphilis war die Entwicklung von Tests notwendig, durch die eine Infektion auch im symptomlosen Stadium möglich wurde. Das erste Verfahren entwickelte August Paul von Wassermann bereits 1906, inzwischen sind die Methoden zum Erregernachweis noch erheblich verbessert worden.

Therapie

Eine wirksame Therapie konnte erst entwickelt werden, nachdem 1906 der Syphiliserreger gefunden worden war. 1909 stellte Paul Ehrlich das hochwirksame Salvarsan her, das allerdings Arsen enthielt und deswegen auch schwere Nebenwirkungen hatte. Mit Penicillin und anderen Antibiotika kann die Erkrankung heute in jedem Stadium erfolgreich behandelt werden. Bereits bestehende Organdefekte lassen sich dadurch aber nicht mehr rückgängig machen. Deshalb ist eine möglichst frühzeitige Erkennung und Therapie der Infektion sehr wichtig.

Ruhr

Das Wort »Ruhr« stammt von dem mittelhochdeutschen Wort *ruor* ab, das die Bedeutung heftige Bewegung oder Unruhe hat. Als Ruhr werden umgangssprachlich verschiedene Formen von schweren Darmerkrankungen bezeichnet, die eine infektiöse Ursache haben und bei denen blutige Durchfälle auftreten. Mediziner unterscheiden jedoch eine Bakterienruhr und eine Amöbenruhr. In Europa kommt die bakteriell bedingte Ruhr deutlich häufiger vor als die durch einzellige Darmparasiten ausgelöste Amöbenruhr, die weitgehend auf tropische und subtropische Regionen beschränkt ist. Im folgenden Text wird daher hauptsächlich die Bakterienruhr berücksichtigt.

Vorkommen und Häufigkeit

Die Bakterienruhr ist weltweit verbreitet. Schätzungsweise sind etwa 150 Millionen Menschen mit Shigellen infiziert, davon aber nur 1,5 Millionen in den Industrieländern. Viele Bakterienträger zeigen keine schweren Krankheitssymptome, sind aber als Dauerausscheider gefährliche Infektionsquellen. In den Entwicklungsländern und in Krisengebieten tritt die Krankheit immer wieder epidemieartig auf. Jährlich sterben etwa eine Million Menschen (vor allem Kinder) an den Folgen einer bakteriellen Ruhrerkrankung.

Erreger

Die stabförmigen Bakterien tragen zu Ehren ihres Entdeckers Shiga den Namen »Shigellen«. Vier Unterarten sind für den Menschen gefährlich, weil sie den Giftstoff Shigotoxin bilden, der die Darmschleimhaut schädigt. Die Ansteckung erfolgt meistens als Kontaktinfektion von Mensch zu Mensch, beispielsweise durch ungewaschene Hände nach dem Besuch der Toilette. Eine indirekte Infektion durch Fliegen oder verunreinigtes Trinkwasser ist aber auch möglich.

Symptome

Nach einer Inkubationszeit von wenigen Tagen treten zunächst Übelkeit, Erbrechen und wässrige Durchfälle auf. Bald folgen Fieber, und krampfartige Bauchschmerzen. Der Durchfall wird schleimig-blutig, manchmal auch eitrig. Der starke Flüssigkeits- und Salzverlust schwächt die Patienten schnell und kann bei längerer Dauer zum Tode führen.

Diagnose

Mit dem Nachweis von Shigellen im Stuhl ist die Diagnose gesichert und gleichzeitig kann man eine Amöbenruhr ausschließen, die anders behandelt werden müsste.

Therapie

Die Shigellen können mit Antibiotika gut bekämpft werden. Zusätzlich sind Infusionen notwendig, um den Flüssigkeitsverlust schnell wieder auszugleichen. Eine längere Bettruhe ist wegen allgemeiner Schwäche meist erforderlich.

21

Max Weber (1864–1920): nervenkranker Vater der Soziologie

Max Weber gilt als einer der Gründerväter der Soziologie in Deutschland. Vor allem seine grundlegenden Arbeiten zur Herrschafts-, Religions- und Wirtschaftssoziologie haben weltweit große Beachtung gefunden. Diese enorme geistige Leistung ist umso mehr zu bewundern, als er lange Jahre seines eher kurzen Lebens schwer krank war. Max, der als erstes von acht Kindern in Erfurt geboren wurde, erkrankte bereits im Alter von zwei Jahren an einer Gehirnhautentzündung (Meningitis). Informationen zu dieser Erkrankung finden sich im Abschnitt »*Gehirnhautentzündung*«. Da es damals noch keine gut wirksame Behandlung für diese Infektionskrankheit gab, konnten die Eltern nur hoffen, dass die natürlichen Heilungskräfte ihres Sohnes ausreichen würden, um wieder gesund zu werden. Es dauerte dann auch etliche Jahre, bis sich der kleine Max von den Folgen einigermaßen erholen konnte. Er hatte schon von Geburt an einen recht großen Kopf, der aber während der Erkrankung noch deutlich stärker wuchs, sodass von ärztlicher Seite der Verdacht geäußert wurde, es könnte sich ein Wasserkopf (Hydrocephalus) entwickeln. Diese höchst gefährliche Komplikation stellte sich jedoch erfreulicherweise nicht ein. Die Mutter hatte aber noch lange Zeit die Befürchtung, andere Folgeschäden der Meningitis könnten eine normale geistige Entwicklung von Max beeinträchtigen. Diese großen Sorgen blieben wohl auch Max nicht verborgen, denn als Dreißigjähriger erinnerte er seine Mutter noch »an die langen Jahre, während deren ich teils körperlich, teils geistig Dein Sorgenkind gewesen bin«. Ansonsten hatte Max nur wenige Erinnerungen an seine Leidenszeit, was nach einer Meningitis im Kindesalter durchaus nicht selten beobachtet wird.

Als Max fünf Jahre alt war, zog die Familie Weber nach Charlottenburg, das damals noch eine selbständige Stadt war und erst 1920 nach Berlin eingemeindet wurde. Der Vater, Max Weber senior, übernahm

Trotzdem genial Erste Auflage. Heinrich Zankl und Katja Betz.

in Berlin das Amt eines Stadtrates für das Bauwesen und wurde als Kandidat der Nationalliberalen Partei ins Preußische Abgeordnetenhaus gewählt. Später war er sogar Reichstagsabgeordneter. Er führte gemeinsam mit seiner sozial sehr aktiven Ehefrau Helene geb. Fallenstein ein offenes Haus, in dem viel politische und geistige Prominenz aus Berlin verkehrte. Da die körperliche Leistungsfähigkeit des kleinen Max begrenzt war, beteiligte er sich nur wenig an den üblichen Kinderspielen, sondern entwickelte schon früh mehr intellektuell geprägte Neigungen. Im Alter von 13 Jahren las er bereits philosophische Werke von Schopenhauer, Spinoza und Kant. Zwei Jahre später schrieb er einen großen Aufsatz mit dem Titel: *»Betrachtungen über Völkercharakter, Völkerentwicklung und Völkergeschichte bei den indogermanischen Nationen«.* Möglicherweise wollte er damit sich selbst und seiner Familie beweisen, dass seine geistige Entwicklung unter der schweren Krankheit nicht gelitten hatte. Max nahm auch seine Position als Erstgeborener sehr selbstbewusst wahr, indem er seine jüngeren Geschwister dauernd ermahnte und belehrte, aber auch gegen die Eltern verteidigte. Eine besondere Beziehung hatte Max zu seinem Bruder Alfred, der später ebenfalls die Hochschullaufbahn einschlug und auch Professor für Soziologie wurde. Auch er hatte ein eher labiles Nervensystem und meinte zeitweilig, er sei ebenso krank wie sein Bruder. Da die schulischen Leistungen von Max sehr gut waren, konnte er das Gymnasium besuchen und mit 18 Jahren problemlos das Abitur ablegen. Danach begann er ein Jurastudium in Heidelberg, wobei er als Nebenfächer Nationalökonomie, Philosophie und Geschichte belegte. Er trat auch der Burschenschaft seines Vaters bei und feierte dort gehörig mit, ohne allerdings sein Studium zu vernachlässigen. 1883 leistete Max Weber seinen einjährigen Militärdienst ab, den er gegenüber seinem Vater als »doch zu widerlich und stumpfsinnig« beschrieb. Insbesondere bedauerte er den »Zeittotschlag«, der damit verbunden war. Später änderte sich seine Einstellung allerdings, denn er nahm an mehreren militärischen Übungen teil und wurde zum Oberleutnant der Landwehr befördert. 1886 legte Weber sein juristisches Staatsexamen ab, danach setzte er sein Studium in Berlin fort und promovierte drei Jahre später. Die Habilitation folgte 1891. Sie ermöglichte es ihm, den erkrankten Professor Levin Goldschmidt in den Vorlesungen und Übungen zu vertreten. Er bewährte sich dabei so gut, dass ihm eine außerordentliche Professur für Handelsrecht angeboten wurde. Fast gleichzeitig erhielt

Weber aber auch einen Ruf auf den Lehrstuhl für Nationalökonomie und Finanzwissenschaft an der Universität in Freiburg, dem er bald folgte.

Vor dem Umzug nach Freiburg heiratete Weber überraschenderweise noch seine Cousine Marianne Schnitger. Sie hatte kurz vorher einen Heiratsantrag des Theologen Paul Göhre abgelehnt, der mit der Familie Weber eng befreundet war. Max Weber galt zu dieser Zeit auch noch als zukünftiger Verlobter von Emmy Baumgarten, der Tochter eines Heidelberger Professors, der mit der Familie Weber ebenfalls gut bekannt war. Vor allem Max Webers Mutter war über diese plötzlichen Beziehungsänderungen, die sie für gesellschaftlich untragbar hielt, sehr erbost. Die Ehe zwischen Max und Marianne Weber blieb kinderlos und wird als »Gefährtenehe« beschrieben. Darunter versteht man allgemein, dass Erotik und Sexualität keine große Rolle spielen, sondern nur eine enge geistige Verbindung besteht. In der relativ neuen Max-Weber-Biografie von Joachim Radkau wird darauf hingewiesen, dass Weber wohl impotent war und auch seine Frau keine große Neigung zu sexuellen Kontakten hatte. Marianne Weber entwickelte sich später zu einer recht bekannten Frauenrechtlerin, Soziologin und Rechtshistorikerin. Das Ehepaar Weber blieb nur drei Jahre in Freiburg, weil Max 1896 einen Ruf auf einen sehr renommierten Lehrstuhl an der Universität Heidelberg erhielt. Ein knappes Jahr später erfolgte der Umzug. Das Arbeitspensum, das Weber in Heidelberg bewältigte, war enorm, denn neben seinen Tätigkeiten in Forschung und Lehre befasste er sich auch zunehmend mit politischen Themen. Er war unter anderem Mitglied in dem von Friedrich Naumann gegründeten National-Sozialen Verein geworden, der eine neue Sozialgesetzgebung anstrebte. Weber wurde auch als Kandidat für den Reichstag vorgeschlagen, lehnte die Kandidatur aber ab.

Im Sommer 1897 nahm Weber am 8. Evangelisch-Sozialen Kongress teil, wo er eine heftige Auseinandersetzung mit seinem Kollegen Karl Oldenberg hatte, dessen Bedenken gegen eine schnelle Industrialisierung in Deutschland von Weber scharf verurteilt wurden.

Nur wenige Tage später kam es aus relativ nichtigem Grund zu einem dramatischen Zusammenstoß zwischen Max Weber und seinem Vater. Vor der gesamten Familie warf Max ihm Verlogenheit und Vergnügungssucht vor. Als seine Schwester Klara den Vater in Schutz nehmen wollte, drohte Max, er würde die Patenschaft für ihr Kind aufgeben. Seinen Bruder Karl beschimpfte er als »dummen Bengel«, der das Maul halten sollte. Max erwog sogar kurzfristig, seine Professur niederzulegen und nach Berlin zurückzukehren, weil er meinte, er müsse die Mutter vor dem Vater beschützen. Trotz aller Bemühungen der Familie kam es zu keiner Versöhnung zwischen Vater und Sohn. Der tief getroffene Vater verstarb nur zwei Monate nach diesem Eklat. Max Weber behauptete zwar direkt nach seiner blindwütigen Attacke, er fühlte sich jetzt besser, aber dieses Wohlgefühl hielt nicht lange an, denn schon wenige Monate später zeigten sich bei ihm erste Anzeichen einer psychischen Erkrankung. Im Sommersemester 1898 fiel Weber das Sprechen während der Vorlesung immer schwerer und nachts konnte er nur noch schlecht schlafen. In dieser Zeit sollen ihn manchmal auch Zwangsvorstellungen gepeinigt haben. Drei Wochen vor dem Ende des Sommersemesters beantragte Weber eine Beurlaubung mit folgender Begründung: »Ich leide seit Semesterbeginn derart an chronischer nervöser Schlaflosigkeit, veranlasst nach ärztlicher Meinung durch frühere Überarbeitung ... und anderen schädlichen Einwirkungen, daß meine Lesethätigkeit darunter empfindlich gelitten hat und nur schwer bis jetzt ... aufrecht zu erhalten war.« Weber legte dem Gesuch auch ein ärztliches Zeugnis bei, in dem ausgeführt wurde, der Patient leide »an einer Überreizung und functionellen Schwäche des Nervensystems, die es dringend wünschenswerth erscheinen lassen, daß er sich bis auf weiteres jeder beruflichen Thätigkeit enthält«.

Nach der Genehmigung seines Urlaubsgesuchs begab sich Weber in eine Heilanstalt für Nervenkranke, die im Konstanzer Hof am Bodensee untergebracht war. Den Ausschlag für die Auswahl dieser Anstalt könnte der hochtrabend formulierte Prospekt gegeben haben, in dem unter anderem zu lesen war: »Der Grundstock der Anstaltsgesellschaft wird und möge immer diejenige Klasse bilden, auf welcher auch die Sittlichkeit und die Bildung unserer Nation beruht, der gebildete Mittelstand.« Bei der Therapie spielte laut Prospekt »neben der Einwirkung des materiellen Heilapparates, der Diät, Luft, Wasserkur, Massage, Elektrizität« auch die gesunde Lebensweise eine Rolle, die als »das patriarchalische einfache, von feiner Sitte getragene Leben« beschrieben wurde.

Weber fühlte sich dort anfangs auch wohl, denn in seinen Briefen war zu lesen: »schön haben wir Verrückten es hier« und dass »das Elektrisieren und die Massage gut tut«. Wenig später hieß es in den Briefen aber: »Natürlich ist es mit der Stimmung überhaupt keine

Herrlichkeit.« Die meisten seiner Mitpatienten beschrieb Weber als »ziemliche Sumpfbolde« und in der »überfüllten, unruhigen Anstalt« fand er keine Ruhe. Als die Ärzte ihm Kaltwasser-Anwendungen verordneten, klagte er brieflich, sie »steigern die Erregung und vertreiben den Schlaf vollends«. Schließlich kündigte er an, dass er mit den Ärzten sprechen würde: »... Ich muß ... sie zu überzeugen versuchen, daß es vor allem auf Beruhigung der Nerven ankommt ... Es muß eben bei nervösen Sachen immer erst individuell experimentiert werden, wie die Mittel auf den Einzelnen wirken«. Obwohl sich durch das Gespräch mit den Ärzten nicht allzu viel an der Behandlung änderte, blieb Weber etwa drei Monate in der Anstalt. Zumindest die Ärzte sahen gewisse Therapieerfolge, denn der Oberarzt Dr. Mühlberger schrieb in die Entlassungspapiere: »... Der Zustand hat sich bereits wesentlich verbessert; zur Wiederherstellung seiner absoluten Arbeitskraft ... bedarf der Herr Professor jedoch noch langer fortgesetzter Schonung, insbesondere muß vorerst jede Arbeit am Nachmittag und Abend unterbleiben. Die Abhaltung von Vorlesungen zu diesen Tageszeiten ist ihm für das kommende Semester deshalb von ärztlicher Seite zu untersagen.«

Im Herbst 1898 kehrte Weber nach Heidelberg zurück und nahm seine Vorlesungen im Wintersemester wieder auf. Gegen Ende des Jahres musste er sie jedoch erneut wegen psychischer Störungen abbrechen. Bis zum Sommersemester des nächsten Jahres erholte sich Weber soweit, dass er zumindest ein zeitlich deutlich reduziertes Lehrangebot anbieten konnte. Er wollte auch im Wintersemester 1899 wieder lehren, musste aber noch vor der Jahreswende seine Vorlesung beenden. Im Frühjahr 1900 wurde bei Weber die Diagnose »schwere und hartnäckige Neurasthenie« gestellt (Informationen zu dieser Erkrankung siehe Kapitel 3 über Charles Darwin). Da ihm nun klar wurde, dass er für eine lange Zeit arbeitsunfähig sein würde, schrieb Weber im Juni an das zuständige Ministerium, sein »mit kurzen Unterbrechungen immer wiederkehrendes Leiden« mache ihn dauerhaft arbeitsunfähig und deshalb bäte er um seine Entlassung. Dieser Bitte wurde jedoch nicht entsprochen, sondern Weber erhielt nur eine befristete Befreiung von seiner Lehrverpflichtung und sein Gehalt wurde weiter bezahlt. Da sich Webers Gesundheit im Lauf des Jahres immer mehr verschlechterte, überredete ihn seine Frau zu einem erneuten Aufenthalt in einer Heilanstalt. Diesmal wurde das von Dr. Otto Klüpfer geführte Sanatorium im schwäbischen Urach ausgewählt, das sich als »Heil- und Pflegestätte für Nervenleidende und Erholungsbedürftige der höheren Stände« bezeichnete. Es bestand die Hoffnung, dass Weber in dem abgelegenen Ort die so sehr gewünschte Ruhe finden würde. Da die Ärzte sich dort vor allem auf die Behandlung von Neurasthenie-Patienten spezialisiert hatten, hoffte insbesondere Webers Frau auf gute Heilerfolge bei ihrem Mann. Die Therapie ähnelte allerdings stark der im Konstanzer Hof und auch die Ruhe war wohl nicht in dem erhofften Maße gegeben. Der Zustand von Weber verschlechterte sich anfangs noch weiter, wobei ihn vor allem seine Schlaflosigkeit quälte. Zeitweilig fühlte sich Weber so schwach, dass er nicht mehr in der Lage war, Briefe an seine Frau zu schreiben. Sie bereitete daraufhin Karten vor, auf denen er nur noch anzukreuzen brauchte, wie er sich fühlte. Weber verbrachte fünf Monate in Urach, wobei erst gegen Ende seines Aufenthaltes eine gewisse Besserung seines Leidens eintrat.

Kurz nach der Entlassung aus dem Sanatorium begab sich Weber mit seiner Frau in den Süden, da er befürchtete, dass der lange deutsche Winter zu einer erneuten Verschlechterung seiner psychischen Verfassung führen könnte. Den Haushalt in Heidelberg hatte Webers Frau auf Anordnung ihres Mannes vorher bereits aufgelöst. Die beiden folgenden Jahre verbrachte das Ehepaar Weber an verschiedenen Orten im Ausland. Erst im April 1902 kehrten sie nach Heidelberg zurück. Weber wurde langsam wieder arbeitsfähig und beschäftigte sich vor allem mit Fragen der Methodologie und der Wissenschaftstheorie. Etwa ein Jahr später begann Weber eine umfangreiche Arbeit mit dem Titel *»Die protestantische Ethik und der ›Geist‹ des Kapitalismus«*, die in späteren Jahren weltweit eine große Resonanz fand. Auch 1903 war Weber mit seiner Frau wieder viel auf Reisen, weil er das Gefühl hatte, dass sich seine psychischen Leiden dadurch verbessern konnten. Zu Webers Beruhigung trug auch die Nachricht bei, dass seine mehrfach beantragte Entlassung aus dem Lehramt endlich vom Ministerium genehmigt worden war und er sich jetzt frei von Verpflichtungen fühlen konnte. Weber hatte nämlich sehr darunter gelitten, dass er noch ein Gehalt bezog, ohne dafür die entsprechenden Leistungen zu erbringen. Zum Erstaunen der Ministerialbeamten verzichtete Weber allerdings auch ausdrücklich auf ein Ruhegehalt, was dazu führte, dass das Geld in den Folgejahren im Hause Weber durchaus knapp wurde. Obwohl für die nähere Zukunft zwei recht große Erbschaften zu erwarten waren, musste Weber eine

Sammlung kostbarer Stiche verkaufen, um den Lebensunterhalt zu bestreiten. Auch seine Mutter half mehrfach mit namhaften Beträgen aus. Diese selbst herbeigeführte finanzielle Unsicherheit belastete Weber zeitweilig stark und hob die positive Wirkung der Lehrentpflichtung weitgehend wieder auf. 1904 wurde Weber Mitglied in der Redaktion des *Archivs für Sozialwissenschaften und Sozialpolitik*, in dem er *»Die protestantische Ethik«* und *»Die ›Objektivität‹ sozialwissenschaftlicher und sozialpolitischer Erkenntnis«* publizierte.

Als 1905 in Russland die erste Revolution ausbrach, lernte Weber Russisch und verfasste danach einige sehr fundierte Artikel über die Vorgänge in Russland. Er nahm 1906 auch am Parteitag der SPD teil, ohne jedoch der Partei beizutreten, da sie ihm zu kleinbürgerlich erschien. Nachdem 1908 seine Ehefrau eine bedeutende Erbschaft gemacht hatte, fielen die Geldsorgen weg, wodurch sich auch Webers psychische Verfassung weiter stabilisierte. In der Heidelberger Wohnung des Ehepaars Weber entstand ein Gesprächskreis, an dem viele Prominente aus Kultur und Wissenschaft (unter anderen Stefan George, Karl Jaspers und Ernst Bloch) teilnahmen. 1910 fand unter maßgeblicher Mitwirkung von Max Weber der erste deutsche Soziologentag statt, und es wurde die Soziologische Gesellschaft gegründet.

Allerdings widmete Weber seine wiedergewonnene Arbeitskraft nicht ausschließlich der Wissenschaft, sondern begann auch langwierige persönliche Fehden mit Kollegen, die zum Teil deutschlandweit große Aufmerksamkeit erregten. In anderer Hinsicht schien Weber ebenfalls wieder erstarkt zu sein. Er stürzte sich nämlich in ein Liebesabenteuer mit Else Jaffe, geborene von Richthofen, die bei ihm promoviert hatte und schon länger mit seiner Frau eng befreundet war. Das Verhältnis wurde noch dadurch verkompliziert, dass die ebenso attraktive wie lebenslustige Else bereits mit Max Webers Bruder Alfred liiert war, der 1908 als Professor für Kultursoziologie ebenfalls nach Heidelberg kam. Als Max feststellen musste, dass er seinen Bruder bei Else auf Dauer nicht ausstechen konnte, wandte er sich zeitweilig der jungen Pianistin Mina Tobler zu. Später kam es aber auch wieder zu einem mehrjährigen intimen Verhältnis mit Else, wobei Briefe von Max Weber darauf schließen lassen, dass er sie als eine Art Domina betrachtete, der er sich völlig ergab und die ihn auch quälen durfte. Der Biograf Radkau meint nachweisen zu können, dass Weber in dieser masochistisch geprägten Beziehung eine sexuelle Erfüllung fand, die ihn auch in seiner wissenschaftlichen und politischen Arbeit stimulierte. Das ist vielleicht eine etwas gewagte Behauptung, aber es kann zumindest als Tatsache festgehalten werden, dass Weber in dieser Zeit sehr produktiv war und kaum mehr über Schlaflosigkeit oder psychische Beschwerden klagte.

Durch den Ausbruch des ersten Weltkrieges kam es im Leben von Weber und seiner Frau zu starken Veränderungen. Anfangs erfasste beide die nationale Begeisterung und in Briefen nannte er den Krieg »unerhört groß und wunderbar«. Obwohl Weber über keine einschlägigen Kenntnisse verfügte, wurde er als Offizier bei der Reservelazarettkommission in Heidelberg eingesetzt und war für die Einrichtung und disziplinarische Überwachung von mehreren Lazaretten zuständig. Während seiner 14-monatigen Dienstzeit erwies sich Weber als strenger Offizier, der auch bei kleinsten disziplinarischen Vergehen harte Strafen verhängte. Im Oktober 1915 wurde Weber von seiner Aufgabe als Lazarettoffizier entbunden und konnte ins Zivilleben zurückkehren. Er bemühte sich zunächst um eine Stellung mit politischem Einfluss. Als er dabei nicht erfolgreich war, widmete er sich dem Studium der östlichen Religionen. Zwei Jahre später bot sich Weber die Gelegenheit, in seinen Beruf als Hochschullehrer zurückzukehren, da ihm in Wien ein ökonomischer Lehrstuhl angeboten wurde. Obwohl er dort einen guten Start hatte und seine Vorlesungen bestens besucht waren, blieb er aber nur ein knappes Jahr in Wien. Inzwischen war man nämlich auch in München auf Weber aufmerksam geworden und bot ihm ein attraktives Ordinariat für Gesellschaftswissenschaft, Wirtschaftsgeschichte und Nationalökonomie an. Vor allem auf Drängen seiner Frau nahm Weber diesen Ruf an und lehrte dort zwei Jahre. In dieser Zeit arbeitete Weber vor allem an der Herausgabe seiner religionssoziologischen Arbeiten und an seinem Hauptwerk »*Wirtschaft und Gesellschaft*«.

Am 4. Juni 1920 erkrankte Weber an einer schweren Lungenentzündung, an der er zehn Tage später verstarb. Der doch sehr plötzliche Tod Webers führte dazu, dass eine Autopsie veranlasst wurde, die aber keinen Hinweis auf eine unnatürliche Todesursache erbrachte. Webers Leichnam wurde verbrannt und die Urnenbeisetzung erfolgte auf dem Heidelberger Bergfriedhof. Zur Trauerfeier, bei der Webers Ehefrau Marianne die Grabrede hielt, erschienen fast 1000 zum Teil hochrangige Gäste. Obwohl Max Weber keine eigene Schule gegründet hatte und fast keiner seiner wenigen Schüler später ein namhafter Wissenschaftler wurde, fanden Webers Arbeiten auf der ganzen Welt große Verbreitung und Anerkennung. Dazu trug seine Ehefrau wesentlich bei, die dafür sorgte, dass noch mehrere seiner unvollendeten Werke publiziert wurden. Außerdem veröffentlichte sie 1926 unter dem Titel »*Max Weber. Ein Lebensbild*« eine sehr detailreiche Darstellung vom Leben und Wirken ihres Gatten. Wichtig für das große Interesse an seiner Person und seinem Werk dürfte auch Webers ungewöhnliche Lebensgeschichte gewesen sein. Insbesondere die Tatsache, dass Weber trotz seiner langjährigen psychischen Erkrankung ein sehr breit gefächertes Opus schaffen konnte, löste weltweit große Bewunderung aus. Karl Jaspers, der Weber auch persönlich sehr gut kannte, sah durchaus auch einen Zusammenhang zwischen Webers Leiden und seiner wissenschaftlichen Arbeit. 1960 schrieb er dazu als Vorbereitung für eine Vorlesung folgende Gedankensplitter nieder: »Max Webers Krankheit, kein Zufall? Seine Einsicht in die Politik war vor seiner Erkrankung so hell und klar wie nach ihr. Aber sein philosophischer Sinn hat sich vertieft, die Weite seines Blickes ins Unermessliche geführt. Was wäre er ohne seine Krankheit? ... Setzt höchste Erkenntnis Krankheit voraus? ... Die Krankheit überfiel ihn, aber nicht von außen, sondern aus seiner Konstitution selber ... Max Weber selber, sein Geist, war (jedoch) nirgends krank.«

Jörg Frommer, der als Professor für Psychotherapie in Magdeburg tätig ist, hat gemeinsam mit seiner Frau intensiv die Krankheitsgeschichte von Max Weber erforscht und nach Beziehungen zu seinen wissenschaftlichen Arbeiten gesucht. In ihrer Arbeit von 1993 stufen sie Webers Erkrankung nicht mehr als Neurasthenie ein, sondern bezeichnen sie als »depressives Syndrom im Übergangsbereich von Neurose und Psychose«. Außerdem schreiben sie: »Der Blick auf Webers Werk, insbesondere die Heranziehung seiner Studien über die *protestantische Ethik und den Geist des Kapitalismus* konnte ... deutlich machen, daß er sich hier indirekt mit den kulturhistorischen und sozialen Hintergrundbedingungen depressiven Erlebens und Verhaltens eingehend auseinandergesetzt hat ...« 1998 ist eine zweite Arbeit von Jörg und Sabine Frommer erschienen, in der sie sich anhand von alten Krankenunterlagen um eine noch präzisere Diagnose für Webers psychische Erkrankung bemüht haben. Sie bezeichnen Webers Leiden darin als »schwere depressive Krise bei einer hypernomisch strukturierten narzißtischen Persönlichkeit«. Weitere Informationen zu depressiven Krankheitsbildern und Persönlichkeitsstörungen finden sich im Abschnitt »*Depression*« und in Kapitel 1.

Gehirnhautentzündung (Meningitis)

Als Meningitis bezeichnet man eine Entzündung der hautartigen Hüllen (Meningen), die das Zentralnervensystem (Gehirn und Rückenmark) umschließen. Zwischen den Meningen befindet sich ein Spalt, in dem sich das so genannte Nervenwasser (Liquor cerebrospinalis) findet, das bei Meningitis meist auch infiziert ist. Die Meningitis ist eine gefährliche Krankheit, weil sie leicht auf das Nervengewebe übergreifen kann, wodurch eine Gehirnentzündung (Enzephalitis) oder Rückenmarksentzündung (Myelitis) entsteht.

Ursachen

In den meisten Fällen handelt es sich um eine durch Viren bedingte Infektion, die oft einen relativ milden Verlauf hat. Es kommen aber auch bakterielle Infektionen vor, die besonders gefährlich sind, weil sie nicht selten tödlich verlaufen oder schwere Folgeschäden verursachen. Manchmal wird eine Meningitis durch Pilze, Parasiten oder nicht infektiöse Mechanismen (z. B. Medikamente) verursacht.

Häufigkeit und Verbreitung

In Deutschland gibt es jährlich ca. 8000 Fälle von virusbedingter Meningitis. Durch Bakterien werden nur etwa 400 Erkrankungen verursacht, wobei eine deutliche Häufung zu Jahresbeginn auffällt. Meist sind Kinder und Jugendliche betroffen, Todesfälle sind dabei nicht selten. Die Erkrankung ist daher meldepflichtig. Früher war die bakterielle Meningitis viel häufiger, aber vor allem durch die Einführung von Impfungen gegen die häufigsten Erreger ist sie in vielen Ländern stark zurückgedrängt worden. Im südlichen Afrika tritt die bakterielle Meningitis jedoch noch oft epidemieartig auf. Die letzte Epidemie begann 2009 und führte zu ca. 25 000 Erkrankungen, von denen etwa 1000 tödlich verliefen.

Symptome und Folgeschäden

Die ersten Anzeichen sind meist hohes Fieber, starke Kopfschmerzen und Übelkeit. Dazu kommen oft Nackensteifigkeit, Lichtscheu, Geräuschempfindlichkeit, Bewusstseinsstörungen und Hautveränderungen. Zur genaueren Abklärung der Ursachen ist eine Liquoruntersuchung nötig. Folgeschäden betreffen etwa 15 % der Patienten, die eine bakterielle Meningitis überlebt haben. Am häufigsten entstehen Schwerhörigkeit, Epilepsie, Intelligenzminderungen und Verhaltensauffälligkeiten.

Therapie und Vorsorge

Die Behandlung muss insbesondere bei bakterieller Meningitis möglichst schnell und intensiv einsetzen, um ein Übergreifen auf Gehirn und Rückenmark zu verhindern. Deshalb werden schon bei Verdacht auf Meningitis Antibiotika in hohen Dosen verabreicht. Oft wird zusätzlich noch Cortison gegeben, um die Entzündungserscheinungen einzudämmen. Wegen der recht hohen Ansteckungsgefahr bekommen möglichst auch alle Kontaktpersonen Antibiotika.

Depression

In der Psychiatrie wird die Depression in die Gruppe der affektiven (stimmungsbedingten) Störungen eingeordnet. Es ist oft schwierig, eine depressive Erkrankung von dem noch normalen Zustand einer depressiven Verstimmung oder von anderen psychischen Erkrankungen wie z. B. Angstzuständen und Persönlichkeitsstörungen abzugrenzen. Nach dem Schweregrad der Symptome wird in leichte, mittelgradige und schwere depressive Episoden unterschieden. Zunehmend wird auch bei uns die englischsprachige Untergliederung in *minor* und *major depression* verwendet. Außerdem erfolgt oft eine Klassifizierung in Untergruppen, die allerdings nicht einheitlich angewendet wird:

- Unipolare Depression: Es treten nur depressive Episoden mit stark eingetrübter Stimmung und Inaktivität auf.
- Bipolare Depression: depressive Episoden wechseln sich mit manischen Episoden ab, in denen die Patienten hoch gestimmt und

hyperaktiv sind. Wenn die Stimmungsschwankungen relativ gering sind, spricht man von Zyklothymie.

- Saisonal abhängige Depression (Herbst-Winter-Depression): Die Patienten reagieren auf den saisonalen Lichtmangel mit einer depressiven Episode.
- Schwangerschaftsdepression: Frauen verfallen kurz nach der Geburt eines Kindes in eine mehr oder minder stark ausgeprägte depressive Verstimmung.
- Chronisch depressive Störungen: Bei den Patienten hält die Depression über Jahre an. Wenn die depressive Verstimmung gering ausgeprägt ist, wird auch von einer Dysthymie gesprochen.
- Melancholische Depression: Die Patienten befinden sich in einer schweren depressiven Episode, in der sie auf äußere Anregungen nicht mehr reagieren.
- Psychotische Depression: Es treten zusätzlich Wahnvorstellungen auf.
- Somatisierte Depression: Es stehen körperliche Beschwerden im Vordergrund.

Krankheitserscheinungen

Als *Hauptsymptome* gelten: gedrückte Stimmung, Interessenverlust, Freudlosigkeit, Antriebsmangel und erhöhte Ermüdbarkeit.

Als *Zusatzsymptome* sind möglich: Störungen der Konzentration, der Aufmerksamkeit und des Denkvermögens, vermindertes Selbstwertgefühl, Schuldgefühle, pessimistische Zukunftseinschätzung, Selbstmordgedanken und -versuche, Schlafstörungen, verminderter Appetit. Erst wenn aus beiden Gruppen jeweils mindestens zwei Symptome vorliegen, kann man vom Vorliegen einer krankhaften Depression ausgehen.

Ursachen

Fast immer sind mehrere Faktoren für eine Depression verantwortlich, die sich individuell sehr unterschiedlich auswirken können. Besonders wichtig sind: genetische Faktoren (z. B. erblich bedingte Neigung zu depressiven Verstimmungen), neurobiologische Faktoren (z. B. Stoffwechselstörungen im Gehirn), psychosoziale Faktoren

(z. B. gestörte Mutter-Kind-Beziehung), reaktive Faktoren (z. B. chronische Schmerzen).

Verbreitung und Häufigkeit

Depressionen sind weltweit die häufigste psychische Erkrankung. In Deutschland sind derzeit etwa 4 Millionen Menschen betroffen, wobei eine deutlich steigende Tendenz zu beobachten ist. Frauen erkranken generell etwa zwei- bis dreimal häufiger als Männer. Depressionen kommen in jedem Lebensalter vor, der Erkrankungsgipfel liegt bei 30 bis 40 Jahren.

Behandlung und Prognose

Antidepressive Medikamente, die vor allem den erniedrigten Spiegel von bestimmten Botenstoffen im Gehirn wieder normalisieren, helfen in vielen Fällen. Zusätzlich wird oft eine psychologische Gesprächstherapie durchgeführt, die in leichteren Fällen auch allein ausreichend sein kann. Wichtig ist, dass die Patienten dazu gebracht werden, ihre körperliche und geistige Aktivität zu erhöhen und ihre sozialen Kontakte aufrecht zu erhalten. Obwohl depressive Episoden im Allgemeinen gut behandelbar sind, kommt es bei etwa der Hälfte der Patienten im Lauf der Zeit zu Rückfällen, sodass oft eine vorbeugende langfristige Behandlung notwendig ist.

Karl Jaspers. Quelle: Karl Jaspers Stiftung. http://www.jaspers-stiftung.ch/.

22

Karl Jaspers (1883–1969): ein atemschwacher Philosoph

Karl Jaspers war von Geburt an schwer krank. Bereits in seinen ersten Lebenswochen fiel den besorgten Eltern auf, dass er schwer atmete und dabei dauernd röchelnde Geräusche von sich gab. Vor allem nachts litt er unter quälenden Hustenanfällen, die ihn viel Kraft kosteten. Schon bald stellten sich auch immer wiederkehrende Infekte der Atemwege ein, wodurch sich sein Gesundheitszustand zeitweilig Besorgnis erregend verschlechterte. Hinzu kam noch ein juckender Hautausschlag, der ihm oft die Nachtruhe raubte. Die Ärzte konnten keine klare Diagnose stellen und gaben der Hoffnung Ausdruck, dass mit zunehmendem Alter vermutlich eine Besserung eintreten würde. In seinem biografisch ausgerichteten Buch »*Schicksal und Wille*« schrieb Jaspers über seine Kindheit: »Gesund bin ich nie gewesen. Meine Eltern haben den Mut nicht aufgegeben, auch wenn es mit meinem Dasein noch so bedenklich zu stehen schien. Sie ließen mich fühlen, … daß ich ihnen nicht zur Last, sondern eine Freude sei.« Da Karl wegen seiner Atemprobleme nicht so herumtollen konnte wie andere Kinder, blieb er viel im Hause, wo er sehr liebevoll von seiner Mutter betreut wurde. Der Vater wollte ihm etwas Gutes tun, indem er ihn mit auf die Jagd nahm, aber es zeigte sich schnell, dass Karl dadurch körperlich überfordert wurde.

Als er sich dem schulpflichtigen Alter näherte, fürchtete sich Karl vor diesem neuen Lebensabschnitt, der ihn zwang, die Geborgenheit seines Elternhauses zeitweilig zu verlassen. Später beschrieb er diese Zeit mit folgenden Worten: »Mir wurde im Eßzimmer plötzlich bewußt, daß ich wohl eines Tages zur Schule gehen müßte. Ich stürzte in das Vorzimmer, wo mein Vater mit Besuch saß, und beschwor ihn: ›Ich brauche doch niemals zur Schule gehen! Niemals!‹.« Der Vater beruhigte seinen Sohn zunächst und als der Schulbesuch dann doch anstand, sorgte er dafür, dass Karl sich für längere Zeit nicht ohne Begleitung auf den Weg machen musste. Obwohl Karl in der Schule recht gute Leistungen erbrachte, hatte er doch immer Angst vor dem Sitzenbleiben. Das Fach Mathematik fiel ihm sehr leicht, aber mit den Sprachen tat er sich schwer. Nach eigener Aussage hatte er vor allem mit dem deutschen Aufsatz »unsägliche Mühe«. Die letzten Jahre vor dem Abitur waren überschattet von Auseinandersetzungen mit dem Schuldirektor, die fast zum Schulverweis geführt hätten. Anlass für die Querelen war der Geist, den vor allem der Direktor in der Schule verbreitete und der nach Jaspers Erinnerung eine Mischung aus »devotem Gehorsamsinn vor Kaiser und Großherzog und wichtigtuerischem wissenschaftlichem Philologengeist« war. Dass der Direktor kein besonders einfühlsamer Pädagoge war, geht auch aus dem Satz hervor, den er Jaspers nach dem Abitur mit auf den Weg gab: »Aus Ihnen kann ja nichts werden, Sie sind ja organisch krank!«

Nach dem Abitur begann Jaspers im Sommer 1901 in Freiburg ein Jurastudium. Kurz nach Beginn des Semesters besuchte er in Badenweiler den Kur-Arzt Dr. Albert Fraenkel, der dort ein Sanatorium leitete und mit der Familie Jaspers gut bekannt war. Fraenkel erschrak über das schlechte Aussehen von Karl Jaspers, der inzwischen über 1,90 Meter groß war, aber nur knapp 62 Kilogramm wog. Fraenkel untersuchte ihn gründlich und kam zu der vorläufigen Diagnose »Erkrankung der linken Lunge … die mit Eiterung einhergeht«. Die damals noch sehr häufige Tuberkulose konnte Fraenkel aber ausschließen. Jaspers erhielt den Rat, das Studium abzubrechen und eine Aufbaukur in Badenweiler zu machen. Er willigte ein, eine dauerhafte Gewichtszunahme und Verbesserung der Gesundheit wurde aber bei ihm nicht erzielt. Jaspers versuchte von Fraenzel eine klare Aussage über seine Erkrankung zu bekommen, aber der äußerte sich zunächst nur ausweichend und riet zur körperlichen Schonung. Schließlich musste er aber doch mit der ganzen Wahrheit herausrücken und eröffnete Jaspers, dass er an einer unheilbaren Erweiterung der Bronchien (Bronchiektasen) leide. Fraenkel fügte nach Jaspers Erinnerung Folgendes hinzu: »Mit denen müssen Sie leben, mit denen können Sie auch leben, wenn Sie es richtig einrichten … Sie müssen dafür sorgen, daß Ihre Bronchien stets leer sind von Sekret …« Weitere Informationen finden sich im Abschnitt »*Bronchiektasie*«. Jaspers war von dieser Mitteilung verständlicherweise geschockt. Er besorgte sich einen Fachartikel über die Erkrankung, dessen Inhalt aber auch nicht gerade zu seiner Beruhigung beitrug, denn dort war unter anderem zu lesen: »Spätestens in den dreißiger

Jahren ihres Lebens gehen diese Kranken an allgemeiner Vereiterung zugrunde.« Fraenkel ließ Jaspers aber nicht mit der niederschmetternden Diagnose allein, sondern kümmerte sich intensiv um ihn und gab ihm viele gute Ratschläge zum Umgang mit der Krankheit. Auf dieser Basis entwickelte sich zwischen beiden eine lebenslange Freundschaft. Später wurde Fraenkel Professor am Heidelberger Universitätsklinikum und blieb bis zu seinem frühen Tod im Jahre 1938 der Hausarzt von Jaspers.

Jaspers verbrachte nach der erschreckenden Diagnosestellung den Sommer auf Norderney, wo er im Rahmen einer Kur insbesondere lernte, wie er seine Lungen systematisch von Schleim befreien konnte. Bis zum Beginn des Wintersemesters blieb er bei seinen Eltern in Oldenburg, um sich weiter zu erholen. Dann schrieb er sich in Heidelberg für die Weiterführung seines Jurastudiums ein, besuchte aber mehr philosophische und kunsthistorische Vorlesungen. Ansonsten genoss er sein Leben so gut es ging, indem er Billard spielen lernte, viel ins Theater ging und unter anderem auch Malunterricht nahm. Im folgenden Semester setzte Jaspers zumindest formal sein Jurastudium in München fort. Es wurde aber nach seiner eigenen Aussage noch einmal ein »Semester der Zerstreuung«. Bei einem weiteren Kuraufenthalt lernte Jaspers den italienischen Physiologieprofessor Guiliano Fano kennen, mit dem er viel über grundlegende Fragen der medizinischen Wissenschaft diskutierte. Da Jaspers sich wegen seiner chronischen Erkrankung ohnehin schon viele Gedanken über den Arztberuf gemacht hatte, beschloss er, das Jurastudium abzubrechen und sich der Medizin zu widmen. Um seinen Eltern seinen Entschluss zu erklären, schrieb er eine ausführliche »Denkschrift« über seine weiteren Berufspläne. Darin steht unter anderem: »Seit einem Monat steht es bei mir fest, daß ich die Jurisprudenz aufgeben und Medizin studieren will ... Ich würde, wenn ich ein eminent begabter Kopf wäre, zunächst Naturwissenschaften und Medizin studieren, um direkt die akademische Laufbahn zu ergreifen ... Da aber die Voraussetzungen nicht erfüllt sind, studiere ich Medizin ... Glaube ich dann noch, wie jetzt, die Fähigkeiten zu haben, gehe ich zur Psychiatrie und Psychologie über ... Die Philosophie ... würde durch Medizin und Naturwissenschaften bei mir nur noch mehr belebt werden. Auch ist sie notwendig, um sich vor Absurditäten des naturwissenschaftlichen Denkens zu bewahren.« Jaspers schickte den Brief mit der Denkschrift jedoch nicht ab, sondern erläuterte seinem Vater bei einem Besuch in Oldenburg die Pläne mündlich. Dessen Antwort war kurz und bündig: »Du hast mich überzeugt, mein Junge, ich bin einverstanden.«

Jaspers begann sein Medizinstudium in Berlin und setzte es in Göttingen und Heidelberg fort. Da er sich wegen seiner Krankheit immer nur einige Stunden pro Tag seinem Studium voll widmen konnte, musste er einen besonderen Plan entwickeln, um alle notwendigen Studienleistungen zu erbringen. Die Zahl der zu besuchenden Vorlesungen reduzierte er durch »passend verteiltes Schwänzen« so weit wie möglich. Um bestimmte Scheine erwerben zu können, bewegte sich Jaspers wohl auch manchmal etwas neben der Legalität, denn er schrieb 1906 in einem Brief: »Wo so dumme gesetzliche Bestimmungen sind, muß man eben mogeln.« Durch äußerste Konzentration auf das Wesentliche gelang es Jaspers, die hohen Anforderungen des Studiums zu erfüllen und nebenher auch noch zahlreiche naturwissenschaftliche und philosophische Themen zu bearbeiten. Seine trotz des schweren gesundheitlichen Handikaps erbrachten überdurchschnittlichen Leistungen erfüllten ihn zeitweilig mit großer Befriedigung. Er war aber auch häufig deprimiert, weil er deutlich spürte, dass ihm die Krankheit enge Grenzen setzte und von seinen Kommilitonen zunehmend isolierte. In einer solchen gedrückten Stimmung schrieb er, man müsse versuchen »aus der verkrüppelt aufgewachsenen Pflanze so viel zu machen, als irgend möglich ist«.

1907 hatte Jaspers dann aber das große Glück, die etwas ältere Gertrud Mayer, die Schwester eines Kommilitonen, kennen zu lernen. Sie stammte aus einer jüdischen Familie und hatte acht Geschwister. Infolge zahlreicher Krankheits- und Todesfälle in ihrer Familie und in ihrem Freundeskreis war sie geistig viel reifer und ernster als die meisten ihrer Altersgenossinnen. Sie hatte bereits in der Psychiatrie als Pflegerin gearbeitet und wollte ihr Abitur nachholen, um Philosophie studieren zu können. Schon wenige Wochen nach dem ersten Zusammentreffen verlobten sich die beiden, drei Jahre später heirateten sie.

Jaspers erhielt durch die Verbindung mit Gertrud großen Auftrieb und beschloss, nach dem ärztlichen Abschlussexamen in der Psychiatrie tätig zu werden. Da er in diesem Bereich bereits seine Doktorarbeit angefertigt hatte, bewarb er sich an der Nervenklinik der Universität Heidelberg um eine Anstellung. Dort wirkten damals die Professoren Emil Kraepelin und Franz Nissl, die aus der Klinik eine hoch angesehene Forschungsstätte gemacht hatten. Sie waren von Jaspers so beeindruckt, dass sie ihm eine Stelle anboten, die allerdings unbezahlt war. Er konnte sich aber dafür seine Arbeitszeit frei einteilen und durfte sich interessante Fälle aussuchen. Man erlaubte ihm auch Gerichtsgutachten zu erstellen und für die studentische Krankenversicherung zu arbeiten. Da sein Vater ihn weiter finanziell unterstützte, konnte Jaspers sich diese sehr freie Form der Arbeit leisten. Ihm fiel bald auf, dass in der damaligen Psychiatrie ein ziemliches Chaos herrschte. Es wurden laufend neue Theorien entwickelt und man benutzte viele verschiedene Terminologien, sodass eine Verständigung zwischen den Ärzten sehr erschwert war. Als er die Forderung aufstellte, wer Psychopathologie betreiben wolle, müsse sich erst mit Philosophie beschäftigen, um denken zu lernen, reagierte Professor Nissl unwirsch und sagte: »Schade um den Jaspers, er … beschäftigt sich mit lauter Unsinn«. Ein Kollege meinte sogar: »Man muss den Jaspers verprügeln.« Der ließ sich aber nicht von seinem Weg abbringen und schrieb einige grundlegende Arbeiten, die große Anerkennung fanden.

Ein bekannter wissenschaftlicher Verlag trat an den erst 28-jährigen Jaspers mit dem Vorschlag heran ein Lehrbuch der Psychopathologie zu schreiben. Jaspers stellte sich dieser großen Herausforderung und selbst der vorher so skeptische Professor Nissl war von dem Ergebnis sehr beeindruckt. Er legte Jaspers nahe, das Manuskript als Habilitationsschrift einzureichen und die Venia legendi für das Fach Psychologie zu beantragen. Dieses Fach gehörte allerdings zur philosophischen Fakultät, die normalerweise keine Ärzte habilitierte. Mit Hilfe von Max Weber (siehe auch Kapitel 21), der sich sehr für Jaspers einsetzte, gelang es aber schließlich, die Bedenken so weit auszuräumen, dass Jaspers im Dezember 1913 das Habilitationsverfahren erfolgreich abschließen konnte. Wenig später erschien die Habilitationsschrift mit dem Titel *»Allgemeine Psychopathologie«* als Buch und wurde in Fachkreisen sehr gelobt. Oswald Bunke, der später als »Papst der klinischen Psychiatrie« bezeichnet wurde, schrieb in seiner Rezension: »ein sehr ungewöhnliches Buch, das sich und seinem Verfasser mit einem Schlage einen dauernden Platz in der Geschichte unserer Wissenschaft erobert«. Bunke sollte durchaus recht behalten, denn das Werk erzielte mehrere Auflagen und erschien 1946 noch einmal in einer völlig neuen Fassung. Jaspers hielt in den folgenden

Jahren Vorlesungen über viele verschiedene Gebiete der Psychologie und wurde 1916 zum Extraordinarius ernannt.

Schon damals war die Lehrtätigkeit für ihn eine große körperliche Belastung. Die Atemnot war manchmal so stark, dass er die Vorlesung unterbrechen musste. Später dozierte er fast nur noch im Sitzen und seine Frau saß meistens in der ersten Reihe, um ihm jederzeit schnell Hilfe leisten zu können. Es musste auch ein Raum zur Verfügung stehen, in den Jaspers sich zurückziehen konnte, wenn es notwendig wurde, den angesammelten Lungenschleim abzuhusten. Aus Furcht vor Erkältungen, die seinen Zustand immer stark verschlechterten, atmete Jaspers im Freien nicht mit offenem Mund und vermied möglichst jedes Gespräch. Er hielt sich von Menschenansammlungen fern, um die Infektionsgefahr zu vermindern. Ständig hatte er Angst vor Zugluft und bei nebeligem Wetter verließ er das Haus nur, wenn es sich gar nicht vermeiden ließ. Das Treppensteigen fiel ihm so schwer, dass er auf jedem Absatz eine Pause einlegen musste. Auch bei der wissenschaftlichen Arbeit musste Jaspers mit seinen Kräften rigoros haushalten: Er machte sich zur Regel, eine dreiviertel Stunde zu arbeiten, wobei er oft eine Liegeposition einnahm. Danach legte er eine viertelstündige Pause ein, in der er oft auch Schleim abhusten konnte. Bei längeren Gesprächen hielt Jaspers ein Kräfte sparendes Ritual ein: Er eröffnete das Gespräch mit einer sehr konzentrierten und präzise formulierten Stellungnahme, bei der er nicht unterbrochen werden wollte, und sagte dann: »Jetzt sind Sie dran.« Anschließend hörte er intensiv zu und schwieg so lange wie möglich, um seinem Atmungsapparat Ruhe zu gewähren.

Jaspers war Zeit seines Lebens fest davon überzeugt, dass er ohne seine schwere chronische Krankheit nie Professor für Philosophie geworden wäre. Es ist auch nachvollziehbar, dass er angesichts seines oft lebensbedrohlichen Gesundheitszustandes eine eigene Existenzphilosophie entwickelte, die sich vor allem mit Grenzsituationen des menschlichen Seins beschäftigt. Er gab damit der Philosophie neue Impulse, die allerdings von vielen Philosophen der alten Schule nicht ausreichend gewürdigt wurden. Die große Selbstdisziplin, die Jaspers entwickelt hatte, um seine schwere Krankheit unter Kontrolle zu halten, wirkte sich auch positiv auf seine philosophische Arbeit aus. Er formulierte seine Gedanken mit bemerkenswerter Präzision und drang schnell zum Kern des Themas vor, ohne sich in Nebensächlichkeiten zu verzetteln. Trotz seiner zeitraubenden gesundheitlichen

Probleme konnte Jaspers durch seinen disziplinierten Arbeitsstil eine erstaunliche Zahl von bedeutenden Werken fertig stellen.

Das 1919 publizierte Buch *»Psychologie der Weltanschauungen«* machte Jaspers auch unter Philosophen so bekannt, dass ihm entsprechende Lehrstühle in Kiel und Greifswald angeboten wurden. Jaspers blieb jedoch in Heidelberg, wo er sich allerdings gegen Heinrich Rickert durchsetzen musste, der den ersten Lehrstuhl für Philosophie innehatte. Trotz dessen heftigen Widerstands wurde für Jaspers schließlich ein zweiter philosophischer Lehrstuhl eingerichtet. Rickert nahm besonders übel, dass Jaspers den Soziologen Max Weber als einen Philosophen bezeichnete. Rickerts Kommentar dazu lautete: »Daß Sie aus Max Weber eine Philosophie machen, mag Ihr gutes Recht sein, daß Sie ihn aber einen Philosophen nennen, ist Unsinn.« Jaspers reagierte auf diese Angriffe, indem er Rickert völlig ignorierte. Dass Jaspers sachliche Kritik durchaus vertragen konnte, bewies er, als Martin Heidegger ihm seine Besprechung der *»Psychologie der Weltanschauungen«* zuschickte. Nach der Lektüre der sehr heftigen Kritik meinte Jaspers, Heidegger war »der einzige Fachgenosse, der wusste, was mir nicht gelungen war«. Zwischen beiden entwickelte sich danach sogar eine echte Freundschaft, die Jaspers mit folgenden Worten lobte: »Man kann sich die Befriedigung kaum vorstellen, die ich empfand, wenigstens mit einem einzigen aus der Philosophenzunft überhaupt ernsthaft reden zu können.« Jaspers und Heidegger waren sich darin einig, dass es zu einer »grundsätzlichen Umbildung des Philosophierens an den Universitäten« kommen musste. Nachdem Heidegger sein Buch *»Sein und Zeit«* vorgelegt hatte und von Jaspers das dreibändige Werk *»Philosophie«* erschienen war, zeigten sich zwar grundsätzliche gedankliche Unterschiede, aber Jaspers hoffte trotzdem, dass die Freundschaft erhalten bleiben würde.

Mit der Machtübernahme der Nationalsozialisten im Jahr 1933 trennten sich aber die Wege der beiden Philosophen endgültig, da Heidegger die Nähe der neuen Machthaber suchte, während Jaspers die neue Ideologie kategorisch ablehnte. Obwohl Jaspers mit einer Jüdin verheiratet war und eine Scheidung verweigerte, konnte er wegen seines hohen Ansehens im In- und Ausland zunächst seinen Lehrstuhl behalten und auch weiter lehren und publizieren. 1937 wurde er dann aber zwangspensioniert. Ein Jahr später durfte er noch das Bändchen *»Existenzphilosophie«* herausbringen, danach wurde ihm das Publizieren unmöglich gemacht. Trotzdem arbeitete er mit tatkräftiger Unterstützung durch seine Frau intensiv weiter, indem er eine vollständige Überarbeitung der »*Psychopathologie*« in Angriff nahm und den ersten Band der »*Philosophischen Logik*« verfasste. Zeitweilig musste er allerdings seine Frau verstecken, um sie vor dem Zugriff der Judenjäger zu schützen. Da ihm bewusst war, dass sie beide in der Gefahr schwebten in ein Konzentrationslager verschleppt zu werden, besorgte er Gift, um jederzeit für einen gemeinsamen Selbstmord gerüstet zu sein.

Glücklicherweise eroberten die Amerikaner Heidelberg, bevor der bereits geplante Abtransport von Jaspers und seiner Frau stattfinden konnte. Später sagte er zu dieser schrecklichen Zeit: »Ein Deutscher kann nicht vergessen, dass er mit seiner Frau sein Leben den Amerikanern verdankt gegen Deutsche, die im Namen des nationalsozialistischen deutschen Staates ihn vernichten wollten.« Als in der Presse versucht wurde, ihn zum Helden zu stilisieren, der dem Naziterror mutig widerstanden habe, stellte er klar: »Unwahrheit ist auch dann schädlich, wenn sie aus freundlicher Meinung kommt ... Gegen eine falsche Heroisierung sind wir nach der Nazizeit empfindlicher als je. Ich bin kein Held und möchte nicht als solcher gelten.« Trotz seiner schlechten körperlichen Verfassung setzte sich Jaspers mit allen Kräften für den Wiederaufbau der Heidelberger Universität ein. Allerdings musste er dabei auch feststellen, dass in Deutschland an der rückhaltlosen Aufarbeitung der schrecklichen Vergangenheit wenig Interesse bestand und viele ehemalige Nazis wieder in hohen Stellungen tätig wurden.

Diese Erkenntnis dürfte mit dazu beigetragen haben, dass Jaspers 1948 nach einigem Zögern einen Ruf an die Universität Basel annahm. Die Übersiedlung in die Schweiz war damals allerdings schwierig, denn sie konnte nur mit Zustimmung der Militärregierung erfolgen. Nach langwierigen Verhandlungen wurde schließlich erlaubt, dass ein Schweizer Polizeiauto Jaspers und seine Frau in Heidelberg abholte und nach Basel brachte. Dort lehrte er bis 1961 und publizierte zahlreiche Aufsätze und Bücher. Insbesondere die Geschichts- und Religionsphilosophie standen im Zentrum seiner Arbeit. Jaspers veröffentlichte aber auch eine ganze Reihe politischer Schriften und war oft in den Medien präsent. In Deutschland nahmen ihm einige Kollegen seine Abwanderung in die Schweiz übel. Das führte 1949 zu einem Eklat: Auf die Publikation von Jaspers mit dem Titel »*Unsere Zukunft mit Goethe*« reagierte der Romanistikprofessor Ernst Robert Curtius mit einem bösartigen Pamphlet, das in mehreren Zeitungen erschien. Darin war unter anderem zu lesen: »Jaspers hat seit 1945 deutlich bekundet, daß er den vielumworbenen Posten eines praeceptor Germaniae anstrebt. Er hat unsere Kollektivschuld so sonnenklar erwiesen, daß wir nur noch mit schlechtem Gewissen weiterleben. Ein Wilhelm von Humboldt unserer Zeiten, hat er den deutschen Universitäten Richtlinien gegeben, bis er ihnen den Rücken kehrte ... Als Reformator hat er sodann einen neuen Glauben entdeckt, ... dessen Pointe darin besteht, daß Judentum und Christentum ungefähr dasselbe seien. Er krönt diese volkserzieherischen Leistungen durch eine ›Kampagne in der Schweiz‹, die sich gegen Goethe richtet. Habemus papam!« Jaspers war von diesem üblen Machwerk des von ihm durchaus geschätzten Curtius völlig überrascht und meinte dazu: »Es ist mir, als ob ich einen Wahnsinnigen höre. Aber es ist Ernst Robert Curtius ...« Er wollte zunächst mit einem scharfen öffentlichen Brief antworten, verzichtete aber darauf, um keine neuen Angriffe zu provozieren. Stattdessen verfasste eine Gruppe Heidelberger Professoren eine Erklärung, in der sie Curtius widersprachen und ihre »Sorge um das akademische Niveau geistiger Auseinandersetzung« zum Ausdruck brachten. Das hinderte Curtius aber nicht daran, weiter gegen Jaspers in übelster Weise zu polemisieren. Vor allem in rechtsorientierten Kreisen wurde Curtius dafür bejubelt.

Als Jaspers 1958 sein Buch *»Die Atombombe und die Zukunft des Menschen«* publizierte, fiel die Linke über ihn her und beschimpfte ihn als »Philosophen der NATO«. Die Schrift *»Freiheit und Wiedervereinigung«*, in der Jaspers ein wiedervereinigtes Deutschland als irreal bezeichnete, löste dann wieder auf der rechten Seite Empörung aus. Trotz dieser Aufgeregtheiten um seine Person wurde Jaspers 1958 mit dem Friedenspreis des deutschen Buchhandels ausgezeichnet. Es folgte noch eine ganze Reihe von Ehrungen, die Verleihung eines offiziellen deutschen Ordens lehnte er allerdings 1963 ab. Ein Jahr später nahm er jedoch den »Orden Pour le Mérite für Wissenschaft und Künste« an. Angesichts der zahlreichen, meist höchst unsachlichen Anfeindungen kam Jaspers zu der Auffassung, dass die Demokratie in der Bundesrepublik Deutschland in Gefahr sei. Diesen Gedanken vertrat er 1966 in seinem Buch *»Wohin treibt die Bundesrepublik?«* Das Buch wurde zu einem Bestseller und löste bei der Leserschaft entweder Entrüstung oder Begeisterung aus. Erstaunlicherweise kam auch aus der DDR von höchster Stelle eine positive Stellungnahme, obwohl das Buch dort verboten war. Ein Jahr später veröffentlichte Jaspers die Schrift: »*Antwort. Zur Kritik meiner Schrift ›Wohin treibt die Bundesrepublik‹*«. Darin setzte er sich intensiv mit den sachlichen Gegenargumenten auseinander, ohne auf die vielen polemischen Äußerungen einzugehen, die in der Presse publiziert worden waren. Jaspers sah in diesem Büchlein, das in der Öffentlichkeit nur noch wenig Aufmerksamkeit erregte, den Endpunkt seiner politischen Auseinandersetzung mit Deutschland.

1967 erwarben Jaspers und seine Frau das Basler Bürgerrecht und gaben die deutschen Pässe zurück. Er beendete noch sein autobiografisches Werk »*Schicksal und Wille*«, größere Vorhaben konnte er wegen seines immer schlechter werdenden Gesundheitszustandes nicht mehr zum Abschluss bringen. Die chronischen Lungenveränderungen hatten schon seit längerem auch sein Herz stark in Mitleidenschaft gezogen. Hinzu kamen ab 1965 Darmstörungen und so starke rheumatische Beschwerden, dass er kaum mehr laufen konnte. Im August 1968 erlitt Jaspers einen leichten Schlaganfall, der auch zu Lähmungen führte. Jaspers beobachtete den Verfall seiner Kräfte genau und beschrieb einem Besucher seinen Zustand so: »… Es ist nun gleichsam, als ob ich zu zweit wäre – der eine erleidet all das, der andere schaut zu – mit medizinischem Interesse.« Anfang Februar 1969 kam es noch einmal kurz zu einer deutlichen gesundheitlichen Verbesserung, bevor ihn ein zweiter Schlaganfall schließlich fast völlig lähmte. Eine hinzutretende Lungenentzündung führte schließlich am 26. Februar zum Tode. Da es zufällig der 90. Geburtstag seiner Frau war, kamen während des ganzen Sterbetages Glückwünsche und Blumen ins Haus und gaben dem Trauerfall ein besonderes Gepräge. Es erfolgte eine schlichte Feuerbestattung, bei der auf Wunsch von Jaspers kein Geistlicher zu Wort kam. Die Urnenbeisetzung fand auf dem Basler Friedhof Hörnli statt, wo Jaspers sich schon vor Jahren ein Grab gekauft hatte, das nach seiner Aussage einen »Blick auf Deutschland« erlaubte.

Bronchiektasie

Als Bronchiektasen werden unterschiedlich geformte Erweiterungen der mittleren und kleinen Atemwege (Bronchien und Bronchioli) bezeichnet. Diese lokalen Ausbuchtungen füllen sich mit Bronchialschleim, in dem sich vor allem Eiterbakterien ansiedeln. Sie zerstören fortschreitend die Schleimhaut und auch tiefer liegende Gewebeschichten, sodass Narben entstehen, die negativen Einfluss auf die Atmungsfunktionen haben. Es besteht eine stark erhöhte Gefahr für die Ausbreitung der Bakterien in der Lunge oder sogar im ganzen Körper, wodurch es zu lebensbedrohlichen Infektionen kommen kann.

Erkrankungshäufigkeit

Die Angaben schwanken zwischen 10 und 60 Fällen pro 100 000 Einwohner. Das Erkrankungsrisiko steigt mit dem Alter stark an. Seit etwa 100 Jahren haben insbesondere in den Industrieländern die Erkrankungszahlen trotz der steigenden Lebenserwartung deutlich abgenommen, weil begünstigende Krankheiten, wie z. B. Keuchhusten, Masern und bakterielle Lungenentzündungen wesentlich seltener geworden sind.

Ursachen

Es gibt angeborene Bronchiektasen, die oft nur einen Teil des Bronchialbaums betreffen. Außerdem kommen aber auch Erbkrankheiten vor, die das Auftreten von Bronchiektasen in der ganzen Lunge begünstigen. Die bekannteste dieser Krankheiten ist die Mukoviszidose, bei der ein Gendefekt eine abnorme Zähflüssigkeit des Schleims im Atmungs- und Verdauungstrakt verursacht. Erworbene Bronchiektasen entstehen vor allem durch frühkindliche Schädigungen der Lungen und als Folge von Infektionskrankheiten der Atemwege wie z. B. Keuchhusten oder Tuberkulose. Aber auch eine chronische Raucherbronchitis kann Bronchiektasen verursachen.

Krankheitserscheinungen und Diagnostik

Die Patienten leiden unter chronischem Husten, bei dem vor allem morgens sehr viel schlecht riechender Auswurf (Sputum) abgehustet wird. Das Sputum ist oft dreischichtig und besteht aus Schaum, Schleim und Eiter. Es tritt auch häufig eine bakterielle Bronchitis auf, die sich in der Lunge ausbreiten kann, wodurch eitrige Abkapselungen (Abszesse) entstehen. Durch die fortschreitenden Lungenveränderungen kommt es zu einer zunehmenden Atemnot und zu einer Überlastung des Herzens. Bronchiektasen können vor allem durch eine Computertomografie der Brustorgane sichtbar gemacht werden. Zusätzlich wird oft auch eine Spiegelung der Bronchien (Bronchoskopie) durchgeführt, bei der Lungen- und Bronchialgewebe für weitere Untersuchungen entnommen werden kann.

Behandlung

Neben den oft langfristigen Antibiotikagaben zur Verhinderung bakterieller Infekte spielt vor allem die Atemphysiotherapie eine wichtige Rolle. Sie soll ein möglichst gutes Abhusten des Bronchialsekrets bewirken. Zusätzlich sorgen Inhalationen für eine Erweiterung der Bronchien und eine bessere Schleimlösung. In schweren Fällen kann eine chirurgische Entfernung von Lungenteilen nötig werden. Bei einer schon weit fortgeschrittenen Schädigung der gesamten Lunge ist eine Lungentransplantation die letzte Behandlungsmöglichkeit.

23
Ludwig Wittgenstein (1889–1951): selbstmordgefährdeter Logiker und Sprachphilosoph

Ludwig Josef Johann Wittgenstein wurde in Neuwaldegg bei Wien sozusagen in einer goldenen Wiege geboren, da sein Vater Karl in der Stahlindustrie so reich geworden war, dass man ihn manchmal auch als »österreichischen Krupp« bezeichnete. Er war, ebenso wie seine Frau Leopoldine (geborene Kalmus), sehr musikalisch veranlagt. Diese Begabung erbten alle acht Kinder, während sich der väterliche Realitätssinn und Lebensmut bei ihnen deutlich weniger manifestierte. Beide Eltern hatten eine jüdische Herkunft, waren aber christlich getauft worden und erzogen die Kinder im katholischen Glauben. Die Wittgensteins hatten engen Kontakt zur Wiener Kunst- und Musikszene, die sie auch finanziell sehr großzügig unterstützten. Der Sohn Ludwig war das Nesthäkchen der Familie, das vor allem von der Mutter und den Schwestern verwöhnt wurde. Trotz des Reichtums der Familie war Ludwigs Kindheit und Jugend keinesfalls ungetrübt. Der sehr sensible und in sich gekehrte Knabe wuchs fast ohne Freunde auf und litt unter dem sehr autoritären Vater. Zunächst erhielt Ludwig, wie auch seine übrigen Geschwister, Unterricht von Hauslehrern. Da sein Vater jedoch eine eigenwillige Auswahl des Lehrstoffes vornahm und Ludwig auch nicht sehr lernwillig war, konnte er kein Gymnasium in Wien besuchen, sondern wurde als 14-Jähriger auf die Oberrealschule in Linz geschickt. Zu dieser Zeit besuchte auch ein gewisser Adolf Hitler die gleiche Schule, allerdings in einer anderen Klasse, sodass sich die beiden Knaben vermutlich nicht bewusst begegnet sind. Ludwig, der bis dahin fast nur das hochherrschaftliche Elternhaus kennen gelernt hatte, kam in der Schule nicht gut zurecht und erntete viel Spott. Dazu dürfte maßgeblich beigetragen haben, dass er von seinen Schulkameraden nicht mit »Du« sondern mit »Sie« angesprochen werden wollte. In diese schwierige Zeit fiel dann auch noch der Selbstmord seines Bruders Rudolf. Etwa ein Jahr zuvor hatte sich bereits sein Bruder Hans umgebracht, sodass der zweite fa-

Trotzdem genial Erste Auflage. Heinrich Zankl und Katja Betz.

miliäre Todesfall für Ludwig ein ganz besonders belastendes Ereignis war.

Obwohl Ludwigs schulische Leistungen keineswegs glänzend waren, erwarb er schließlich doch die Hochschulreife und begann an der Technischen Hochschule im damals noch selbstständigen Charlottenburg bei Berlin ein Studium der Ingenieurwissenschaften. Sein Interesse galt vor allem dem Flugzeugbau. Nach drei Semestern ging Wittgenstein jedoch nach England und setzte sein Studium am College of Technology in Manchester fort. Dort war das Studium nicht so verschult wie in Charlottenburg, sodass Wittgenstein mehr Selbständigkeit entwickeln konnte. In Manchester begann Wittgenstein sich auch mit mathematischer Logik und Philosophie zu beschäftigen. Seine Schwester Hermine beschrieb die damalige psychische Verfassung ihres Bruders in ihren Familienerinnerungen so: »Zu dieser Zeit … ergriff ihn plötzlich die Philosophie … so stark und so völlig gegen seinen Willen, daß er schwer unter der doppelten und widerstreitenden inneren Berufung litt und sich wie zerspalten vorkam. Es war eine von den Wandlungen, deren er noch mehrere in seinem Leben durchmachen sollte, über ihn gekommen und durchschüttelte sein ganzes Wesen.«

1912 verließ Wittgenstein Manchester ohne sein Ingenieurstudium abgeschlossen zu haben und immatrikulierte sich in Cambridge für Philosophie. Zu diesem Schritt wurde Wittgenstein vermutlich von dem Mathematiker Gottlob Frege veranlasst, den er einige Monate vorher in Jena besucht hatte, um mit ihm über Logik zu diskutieren. In Cambridge am Trinity College war sein größter Förderer der berühmte Mathematiker und Philosoph Bertrand Russell, der schnell Wittgensteins hohe Begabung erkannte. Russell schrieb später in seiner Autobiografie über seine Begegnung mit Wittgenstein: »Am Ende des ersten Semesters im Trinity kam er zu mir und sagte: ›Denken Sie, daß ich ein völliger Idiot bin?‹ Ich sagte: ›Warum wollen Sie das wissen?‹ Er antwortete: ›Weil ich, wenn ich einer bin, Pilot werde, wenn nicht, Philosoph.‹ Ich sagte zu ihm: ›Mein lieber Freund, ich weiß nicht, ob Sie ein völliger Idiot sind oder nicht, aber wenn Sie während der Ferien über irgendein philosophisches Thema … einen Essay schreiben, so werde ich ihn lesen und es Ihnen sagen.‹ Er tat dies und brachte ihn mir zu Beginn des nächsten Semesters. Sobald ich den ersten Satz gelesen hatte, war ich überzeugt, daß er ein genialer Mann sei, und versicherte ihm, er solle auf keinen Fall Pilot werden.« An anderer Stelle äußerte sich Russell so: »Die Begegnung mit Wittgenstein war eines der aufregendsten intellektuellen Ereignisse meines Lebens. In den späteren Jahren fehlte zwar die gegenseitige geistige Sympathie, aber in früheren Jahren war ich genauso willig, von ihm zu lernen, wie er von mir ...« Allerdings hatte Russell auch einiges an Wittgenstein zu bemängeln. So kann man beispielsweise in einem Brief von 1912 lesen: »Ich sagte ihm, er solle nicht einfach bloß behaupten, was er für wahr hält, sondern dafür argumentieren, doch er antwortete, durch Argumente würde die Schönheit des Gedankens beeinträchtigt, und dann hätte er das Gefühl, wie wenn man mit unreinen Händen eine Blume beschmutzt ... Ich befürchte wirklich, daß niemand den Sinn seiner Äußerungen einsehen wird, denn er weigert sich, sie durch Argumente ... schmackhaft zu machen.« Bei anderer Gelegenheit schrieb Russell über Wittgenstein: »Seine Verfassung ist die eines Künstlers, intuitiv und stimmungshaft. Er sagt von sich, daß er jeden Morgen voller Hoffnung beginne, aber jeden Abend in Verzweiflung ende.« Für diese starke Stimmungslabilität bestand in der Familie Wittgenstein wohl eine Veranlagung. Manche Autoren meinen auch, dass Ludwig homosexuelle Neigungen hatte, die ihn psychisch sehr belasteten. Sein erster intimer Freund war vermutlich der Jurastudent David Pinsent, mit dem er auch viel musizierte und mehrere Urlaubsreisen unternahm. Ihm gestand Wittgenstein, dass er schon damals fast täglich unter Depressionen und Selbstmordgedanken litt (zu Depressionen siehe Kapitel 21 über Max Weber). Oft hielt sich Wittgenstein aber auch ganz allein in seinem Blockhaus auf, das er sich in einer einsamen Region Norwegens hatte bauen lassen. Dort versuchte er in völliger Einsamkeit seine ihn bestürmenden Gedanken und Gefühle zu ordnen. 1913 gelang es durch die intensive Hilfe von Russell, die *»Notes of Logic«* fertig zu stellen, die auf etwa zwanzig Seiten einen ersten Überblick über Wittgensteins damalige philosophische Gedankenwelt enthalten. Darauf aufbauend begann Wittgenstein mit der Abfassung seines ersten philosophischen Werkes, das allerdings erst 1921 mit dem Titel *»Logisch-Philosophische Abhandlung«* publiziert wurde. Die englische Übersetzung erschien ein Jahr später mit dem lateinischen Titel *»Tractatus Logico-Philosophicus«*.

Nach dem Tode seines Vaters erbte Wittgenstein 1913 ein sehr großes Vermögen. Ein Drittel davon verschenkte er kurz vor Ausbruch des ersten Weltkrieges an bedürftige österreichische Künstler und Dichter. Danach wollte er sich wieder in die Einsamkeit Norwegens zurückziehen. In einem Brief an Russell schrieb er damals: »Und ich hoffe immer noch es werde endlich einmal ein endgültiger Ausbruch erfolgen und ich kann ein anderer Mensch werden ... Vielleicht glaubst Du, daß es Zeitverschwendung ist über mich selbst zu denken; aber wie kann ich Logiker sein, wenn ich noch nicht Mensch bin!« Obwohl Wittgenstein in jungen Jahren vom Militärdienst befreit worden war, meldete er sich in einer vaterländischen Aufwallung gleich zu Kriegsbeginn als Freiwilliger und kam ohne gründliche Ausbildung zu einer Artillerieeinheit. Bei mehreren Einsätzen bewies er eine manchmal geradezu selbstmörderische Tapferkeit und wegen seiner technischen und organisatorischen Fähigkeiten wurde er 1916 in Olmüz zum Offizier ausgebildet. Dort lernte er auch Paul Engelmann kennen, mit dem er eine sehr enge Freundschaft schloss. Während des ganzen Krieges arbeitete Wittgenstein trotz aller Widrigkeiten an seinem philosophischen Erstlingswerk weiter. Wie aus seinen Kriegstagebüchern hervorgeht, hatte sich allerdings im Laufe der Zeit seine Gedankenwelt deutlich gewandelt: »Ja, meine Arbeit hat sich ausgedehnt von den Grundlagen der Logik zum Wesen der Welt.« Dafür war neben den Kriegserlebnissen wohl auch mitverantwortlich, dass er zufällig auf Tolstois »Kurze Darlegung des Evangeliums« stieß, die ihn sehr beeindruckte. Danach las er auch noch etliche religionspsychologische und mystische Schriften. In seinem dritten Tagebuch aus den Jahren 1916 und 1917 setzte er sich vermehrt mit Fragen des Schicksals und der Ethik auseinander und befasste sich auch immer wieder mit Gedanken über den Selbstmord.

1918 trafen Wittgenstein gleich mehrere schwere Schläge: Er erhielt innerhalb kurzer Zeit die Nachricht vom Tode seines Freundes Pinsent und vom Selbstmord seines Bruders Kurt, der sich im November an der italienischen Front erschossen hatte. Kurz darauf geriet Wittgenstein selbst in Italien in Gefangenschaft. Trotz dieser großen seelischen Belastungen gelang es Wittgenstein, sein philosophisches Werk fertig zu stellen, das er umgehend an Russell schickte. In dem Begleitschreiben teilte er Russell mit: »Ich habe ein Buch ... geschrieben, das meine gesamte Arbeit der letzten sechs Jahre enthält. Ich glaube, ich habe unsere Probleme endgültig gelöst. Das klingt vielleicht hochmütig, aber ich kann nicht umhin, es zu glauben ... Du würdest es ohne vorangehende Erklärung nicht verstehen, da es in ziemlich kurzen Bemerkungen geschrieben ist. (Dies bedeutet natürlich, daß keiner es verstehen wird, obwohl ich glaube, daß es kristallklar ist. Es wirft aber unsere ganze Theorie der Wahrheit, der Klassen, der Zahlen und den ganzen Rest um.)« Im August 1919 wurde Wittgenstein aus der Kriegsgefangenschaft entlassen und konnte nach Wien zurückkehren. Da er überzeugt war, dass er in seiner Abhandlung alles zu Papier gebracht hatte, was ihm philosophisch wichtig erschien, beschloss er einen völlig neuen Lebensabschnitt zu beginnen. Er verschenkte sein gesamtes Vermögen an seine Geschwister und begann eine Ausbildung zum Volksschullehrer. Zu diesem Entschluss hatte vermutlich auch die Freundschaft mit dem Lehrer Ludwig Hensel beigetragen, den er während der Gefangenschaft kennen und schätzen gelernt hatte. Zeitweilig hatte sich Wittgenstein allerdings auch mit dem Gedanken getragen Priester zu werden.

Kurz vor Beginn seiner Ausbildung traf er sich noch einmal mit Russell, um mit ihm über sein philosophisches Manuskript zu sprechen. Wie aus einem Brief hervorgeht, war Russell ziemlich irritiert: »Aus Wittgensteins Buch hatte ich schon einen Anflug von Mystik herausgespürt, war aber doch erstaunt, als ich herausfand, daß er ganz zum Mystiker geworden ist. ... Er ist tief in mystische Denk- und Empfindungsweisen eingedrungen, aber ich glaube ... daß er an der Mystik am höchsten ihr Vermögen schätzt, ihn vom Denken abzuhalten.« Trotz dieser Reserviertheit schätzte Russell die Qualität des Buches aber doch so hoch ein, dass er Wittgenstein versprach ihm bei der Suche nach einem Verlag zu helfen. Als das Werk schließlich 1922 in Buchform erschien, arbeitete Wittgenstein bereits als Volksschullehrer in Niederösterreich. Er nahm diese Arbeit sehr ernst, hatte aber immer wieder Schwierigkeiten mit den Eltern seiner Schüler, die größtenteils Bauern waren. Sie verstanden nicht, wieso ihre Kinder in Algebra mit Buchstaben statt mit Zahlen rechnen sollten. Außerdem nahmen sie Wittgenstein übel, dass er seine Schüler oft zu lange in der Schule behielt. Immerhin gewann er einige Anerkennung dadurch, dass er landwirtschaftliche Maschinen besser reparieren konnte als so mancher Mechaniker. 1926 quittierte Wittgenstein den Schuldienst, nachdem einer seiner Schüler durch eine körperliche Züchtigung ohnmächtig geworden war. Nach einem kurzen Zwischenspiel als Gärtner, widmete Wittgenstein sich zwei Jahre lang dem Bau eines großen Wohnhauses für seine Schwester Margarethe in Wien. Dort fand er auch Anschluss an den philosophischen Wiener Kreis.

1929 kehrte Wittgenstein nach Cambridge zurück, wo er wenig später promovieren konnte, weil sein »*Tractatus Logico-Philosophicus*« als Doktorarbeit anerkannt wurde. Ein Jahr später erhielt er eine Art Dozentur und hielt auch Vorlesungen ab, die von einem kleinen, aber feinen Kreis von Hörern besucht wurden. Wittgenstein arbeitete intensiv an einer Reihe von Manuskripten, von denen »*Philosophische Untersuchungen*« wohl das wichtigste war. Die Veröffentlichung erfolgte allerdings erst viele Jahre nach seinem Tod. Nachdem die Nazis 1938 in Österreich einmarschiert waren, verlor Wittgenstein seine angestammte Staatsbürgerschaft und ließ sich in Großbritannien einbürgern. Ein Jahr später wurde er in Cambridge auf einen philosophischen Lehrstuhl berufen. Als wenig später der zweite Weltkrieg begann, meldete sich Wittgenstein zu einem freiwilligen Hilfsdienst in einem Londoner Krankenhaus. Später war er in einem medizinischen Labor in New Castle tätig. Gegen Ende des Krieges war er wieder häufiger in Cambridge und hielt auch Seminare ab. Als Ende 1945 eine gewisse Normalisierung im Universitätsbetrieb einsetzte, wurde Wittgenstein seiner professoralen Pflichten zunehmend überdrüssig. Das geht aus einem Brief hervor, den er in dieser Zeit an einen Freund schrieb: »... ich hoffe, Du kommst nach Cambridge, bevor ich den Entschluß fasse, die absurde Stellung eines Philosophieprofessors aufzugeben. Es ist eine Art Lebendig-Begrabenseins.« 1947 legte Wittgenstein dann tatsächlich sein Amt nieder und verzichtete auch auf alle finanziellen Ansprüche. Er verbrachte ein Jahr sehr zurückgezogen in Irland, wo ihn zunehmend gesundheitliche Probleme von seiner philosophischen Arbeit abhielten. In einem Brief schrieb er im Mai 1948: »Es ist mir in den letzten Wochen nicht gut gegangen: Seele, Geist & Körper ... Was mich am meisten herunterbringt, ist, dass meine Nächte schlecht sind.« Notgedrungen kehrte er nach England zurück, wo er sich soweit erholte, dass er im Sommer 1949 einen Freund in den USA besuchen konnte. Kurz nach seiner Rückkehr wurde bei ihm Prostatakrebs festgestellt (Informationen im Abschnitt »*Prostatakrebs*«). Sein Kommentar zu seiner Erkrankung lautete: »Ich war keineswegs erschrocken, als ich erfuhr, daß ich Krebs habe, aber ich war's, als ich erfuhr, daß man dagegen etwas unternehmen könne, denn ich hatte nicht den Wunsch, weiterzuleben.« Konsequenterweise lehnte er eine operative Entfernung des Krebses ab und weigerte sich in ein Krankenhaus zu gehen. Er nutzte die ihm verbleibende Zeit für Besuche bei Freunden und Verwandten, wobei er seinen Gesundheitszustand weitgehend verheimlichte. Die letzten Tage verbrachte Wittgenstein in Cambridge im Hause seines Arztes, der ihm schon kurz nach der Diagnosestellung Unterkunft und Pflege angeboten hatte. Als ihm der Arzt ankündigte, dass er wohl nur noch wenige Tage zu leben hätte, antwortete Wittgenstein lediglich mit dem Wort »gut«. Er starb am 29. April 1951, drei Tage nach seinem 62. Geburtstag. Sein Grab befindet sich auf dem Friedhof von St. Giles in Cambridge.

Über Wittgensteins Bedeutung für die Philosophie herrscht bis heute große Uneinigkeit. Dazu dürfte vor allem auch die Tatsache beigetragen haben, dass er zu Lebzeiten nur sehr wenig publizierte und nicht in das übliche Gelehrtenschema passte. Während einige Philosophen Wittgenstein als einen Hauptvertreter des Logischen Positivismus und der Analytischen Sprachphilosophie sehen, halten andere ihn eher für einen Zerstörer der Philosophie. Von dem berühmten österreichisch-britischen Philosophen Karl Popper stammt beispielsweise die folgende Beurteilung: »Und so ist Wittgenstein leider auch so ein angebeteter Philosoph geworden. Mir ist nicht klar, worauf diese Anbetung beruht. Ich sehe nicht, dass er irgendwelche philosophischen Probleme schärfer formuliert oder gelöst hat – im Gegenteil: Wittgenstein hat einmal gesagt, es gebe keine philosophischen Probleme.« Dass Wittgenstein anbetungswürdig war, bescheinigt ihm der britische Philosophieprofessor John N. Findlay, von dem die folgende Darstellung stammt: »Er sah aus wie Apollo ... oder vielleicht wie der nordische Gott Baldur, blauäugig und blond; seine Schönheit war bar aller Sinnlichkeit ... Um ihn lag eine einzigartige Atmosphäre, etwas Philosophisch-Heiliges.«

Prostatakrebs

Als Prostatakrebs (Prostatakarzinom) wird ein bösartiger Tumor der Vorsteherdrüse (Prostata) des Mannes bezeichnet, der vor allem dadurch gefährlich werden kann, dass er in andere Gewebe einwuchert und Tochtergeschwülste (Metastasen) bildet. Davon ist die gutartige Vergrößerung der Prostata zu unterscheiden, die auch benigne Prostatahyperplasie genannt wird.

Häufigkeit und Verbreitung

Der Prostatakrebs ist in Deutschland die häufigste Krebserkrankung des Mannes. Das Risiko, an dieser Krebsart zu erkranken, liegt für jeden Mann bei etwa 12 %, das Sterberisiko aber nur bei ca. 3 %. Die Erkrankungswahrscheinlichkeit nimmt ab dem 40. Lebensjahr zu. Die Patienten sind bei der Krebsdiagnose im Durchschnitt etwa 70 Jahre alt. Die Erkrankungshäufigkeit ist auf der Welt recht unterschiedlich. Am höchsten ist sie in Australien, am niedrigsten in Japan.

Ursachen

In den allermeisten Fällen ist die Ursache unklar. Rauchen, starkes Übergewicht und ein hoher Fleischverzehr erhöhen das Erkrankungsrisiko. Aber auch Erbfaktoren spielen eine wichtige Rolle. Wenn Vater oder Bruder Prostatakrebs haben, verdoppelt sich die Erkrankungswahrscheinlichkeit gegenüber dem Durchschnittsrisiko.

Diagnostik und Vorsorge

Typische Symptome, die frühzeitig auf einen Prostatakrebs hinweisen, gibt es nicht. Eine Beeinträchtigung des Wasserlassens und andere Erkrankungszeichen treten meist erst in einem fortgeschrittenen Krebsstadium auf. Deshalb sind spezielle Früherkennungsuntersuchungen wichtig, die ab dem 45. Lebensjahr zum Teil auch von den Krankenkassen bezahlt werden. Der so genannte PSA-Test (Nachweis des prostataspezifischen Antigens im Blut) kann zur frühen
Erkennung einer Krebserkrankung beitragen, ist aber bisher noch keine routinemäßige Kassenleistung. Liegt ein Krebsverdacht vor, werden in der Regel mehrere Gewebeproben entnommen, in denen nach Krebszellen gesucht wird. Ihre Untersuchung gibt wichtige Hinweise auf den Grad der Bösartigkeit des Tumors.

Therapie

Sie hängt stark davon ab, welcher Tumortyp vorliegt und wie weit er sich schon ausgebreitet hat. Solange der Krebs noch auf die Prostata beschränkt ist, kann durch eine operative Entfernung oder Bestrahlung meist eine vollständige Heilung erzielt werden. Bei älteren Patienten, bei denen nur ein kleiner, wenig bösartiger Tumor vorliegt, ist es auch möglich abzuwarten und das oft sehr langsame Tumorwachstum nur regelmäßig zu kontrollieren. Bei weiter fortgeschrittenem Krebs kommen oft auch eine Chemotherapie und eine antihormonelle Therapie zum Einsatz.

Elyn Saks. Mit freundlicher Genehmigung der John D. & Catherine T. MacArthur Stiftung.

24
Elyn Saks (1956): an Schizophrenie erkrankte Professorin

Elyn Saks ist heute eine renommierte Professorin für Recht, Psychologie, Psychiatrie und Verhaltenswissenschaften an der University of Southern California. Sie lehrt und forscht auf dem Gebiet des Strafrechts und des Kinder-, Jugend- und Familienrechts. Außerdem ist sie Expertin für Rechtsvorschriften, die die geistige Gesundheit betreffen. Basierend auf ihren Erfahrungen gründete sie die Forschungseinrichtung »Saks Institute for Mental Health Law, Policy, and Ethics«. Dort beschäftigt sich ein interdisziplinäres Team von Wissenschaftlern damit, die Persönlichkeitsmerkmale und außergewöhnlichen Karrieren von so genannten »besonders leistungsfähigen« Menschen zu erkunden, die an Schizophrenie leiden.

Elyns erfolgreicher Berufsweg ist ungewöhnlich, denn er eröffnete sich ihr erst nach einer wichtigen persönlichen Entscheidung: Sie möchte einmal ein Buch über ihr Leben schreiben. Besonders bemerkenswert war dieses schon in jungen Jahren ins Auge gefasste Vorhaben, weil Ärzte bei Elyn Schizophrenie diagnostiziert hatten und eigentlich von einem schweren Krankheitsverlauf ausgegangen waren (weitere Informationen im Kapitel 11 über John Nash). Sie machten ihr außerdem während eines Klinikaufenthalts wenig Hoffnung, in Zukunft selbständig leben und einer geregelten verantwortungsvollen Arbeit nachgehen zu können. Elyn lernte zwar ihre Krankheit anzunehmen, an die niederschmetternde Vorhersage glaubte sie jedoch nicht. Im TED-Talk sagte sie 2012 rückblickend dazu: »Zum Glück bin ich dieser Prognose nicht so recht gefolgt ... Eigentlich dürfte ich mit dieser Krankheit nicht hier stehen, und doch tue ich es.« Es gelang ihr tatsächlich das Buch zu schreiben, das 2007 unter dem Titel *»The Center Cannot Hold: My Journey Through Madness«* erschien und sehr erfolgreich wurde. Es erhielt eine Auszeichnung der MacArthur-Stiftung. Das damit verbundene Preisgeld ermöglichte Elyn im Jahr 2010 das bereits erwähnte Forschungsinstitut zu eröffnen. Ihr Buch

Trotzdem genial Erste Auflage. Heinrich Zankl und Katja Betz.

war aber auch beim Knüpfen von Kontakten hilfreich: Während ihrer Vortragsreisen lernte sie viele Fachleute kennen. Es kamen aber auch Betroffene mit außergewöhnlichem Werdegang auf sie zu, von denen sich einige bereit erklärten an ihren Studien mitzuwirken. Die Biografie stieß bei Literaturkritikern und Lesern auf erstaunlich positive Resonanz. Aus eigenem Erleben konnte sie, wie in *Zeit Wissen* berichtet, eine zentrale Botschaft vermitteln: »Es ist wichtig, die Patienten zu ermutigen und ihnen nicht gleich zu sagen, dass sie ihre Erwartungen senken müssen.« Elyn hatte sich längst einen wissenschaftlichen Ruf erarbeitet und etliche Fachpublikationen veröffentlicht, als sie mit der Ausarbeitung ihrer Autobiografie begann. Dieses Ansehen setzte sie aufs Spiel. Denn wie ihre Kollegen und die Öffentlichkeit mit ihr umgehen würden, wenn sie von Elyns häufig zu Ausgrenzung führender Erkrankung erfahren würden, war ungewiss. Deshalb hatte man Elyn zunächst auch von ihrem Vorhaben abgeraten. Als sie das Manuskript fertig geschrieben hatte, erörterte ein Freund mit ihr, ob sie diesen Schritt wirklich wagen sollte. Er verglich die Tragweite ihres Entschlusses mit dem Sprung von einer Klippe.

Elyn Saks kam im Jahr 1956 zur Welt und verbrachte ihre Kindheit zusammen mit ihren Eltern und Brüdern in Miami. Im Interview mit dem *Time-Magazine* erinnert sie sich, damals schon ausgeprägte Zwangsvorstellungen gehabt zu haben. Als Jugendliche kam sie einmal entgegen ihrer Gewohnheiten vorzeitig vom Unterricht nach Hause. Auf ihrem Heimweg schien es ihr als würden ihr die Häuser ringsum in Form von Gedanken mitteilen, dass sie schlecht und böse sei. Trotz des für sie sehr furchterregenden Erlebnisses kam noch nicht der Verdacht einer Erkrankung auf. Nach ihrer Bachelor-Ausbildung an der Vanderbilt-Universität errang Elyn als Jahrgangsbeste ein Stipendium, das es ihr erlaubte, 1977 ein Master-Studium der Philosophie in Oxford aufzunehmen. Kaum hatte der neue Lebensabschnitt im Ausland begonnen, verstärkten sich auch ihre schizophrenen Phasen. Elyns Hausarbeiten wurden nicht angenommen, weil sie dem Lernstoff nicht folgen konnte und stellenweise Kauderwelsch ohne Bezug zum Thema verfasste. Sie wurde depressiv, nahm stark ab und fügte sich auch selbst durch Verbrennungen Schmerzen zu. Da sie in ihrer Vorstellung Regeln befolgen musste und von mächtigen Wesen ohne konkrete Gestalt immer wieder hörte, dass sie nichts wert sei und Böses rede, sagte sie das schließlich auch vor sich hin und geriet damit immer weiter in die soziale Isolation.

In *Zeit Wissen* kommentierte sie sogar diese ernste Entwicklung mit Humor: »›Versuchen Sie mal, Freunde zu finden, wenn Sie den ganzen Tag schweigen‹, sagt sie, lacht und ergänzt: ›Ich fühlte mich sehr allein.‹«

Sie schilderte in ihrer Biografie den Versuch eines Arztes sie zum Small-Talk mit anderen Studenten zu bewegen. Trotz guten Zuredens lief Elyn schreiend davon und musste mit Gewalt festgehalten werden. Während ihrer schizophrenen Phasen durchlebte sie große Angst und veranschaulichte ihr Empfinden als »Albtraum im Wachzustand«. Zunächst war sie durch ihre Erziehung noch der Meinung sich mit Selbstbeherrschung und Stärke alleine helfen zu können. Ein mit ihr bekannter Neurologe riet Elyn jedoch nach eingehender Befragung dazu einen Psychiater aufzusuchen. Ihr Arzt empfahl ihr dann schnellstmöglich einen Klinikaufenthalt. Danach fand sie eine Therapeutin, die Elyn in mehreren Gesprächen pro Woche so unterstützte: Sie sollte sich all ihre bizarren Gedanken und Gefühle frei von der Seele reden, damit sie so an Einfluss verlören. Elyn sprach dabei auch eine äußerst beunruhigende Vorstellung an, die sie aber nie verwirklichte: die Psychotherapeutin mit einem mitgebrachten Küchenmesser bedrohen, fesseln und bei sich im Kleiderschrank gefangen halten. Die Motive dafür sind nicht aggressiv gemeint, wie Elyn in *Zeit Wissen* erklärte: »Ich wollte ihr nichts antun, ich wollte sie nur bei Bedarf aus dem Schrank holen, damit sie mich behandelt.« Die ambulante Psychotherapie half Elyn zwar, trotzdem war noch ein weiterer Klinikaufenthalt nötig.

Elyn ging es schließlich gut genug, um das Master-Studium so erfolgreich zu beenden, dass sie ihren Wunsch nach einem Jura-Studium in Yale 1982 verwirklichen konnte. Allerdings litt sie dort bald wieder unter psychotischen Symptomen, die vermutlich durch den Beginn des neuen Lebensabschnitts begünstigt wurden. In ihrer Vorstellung erschienen nun real nicht existierende Personen, ein mit einem Messer bewaffneter Mann wollte Elyn sogar umbringen. Außerdem glaubte sie Massenmorde begangen zu haben. Wie sie im TED-Talk auch erzählte, redete sie ein paar Wochen später während der Recherche für eine Hausarbeit im Beisein von Kommilitonen zusammenhanglose, unverständliche Phrasen. Elyn kam daraufhin in die Notaufnahme, in der sie eine grobe Behandlung erlebte: »Dort stürzte sich jemand, den ich nur ›den Arzt‹ nenne, und sein ganzer Schlägertrupp auf mich, hoben mich hoch und warfen mich mit solcher Wucht auf ein Metallbett, dass ich Sterne sah. Dann banden sie mir Arme und Beine mit Ledergurten am Bett fest.« Da sie »ernsthaft handlungsunfähig« war, wurde die Zwangseinweisung in eine Klinik angeordnet. Dort wurde sie stundenlang mit Gurten und einem Netz über der Brust fixiert. Dieses unwürdige Erlebnis, das sie bereits erfuhr, ohne jemals Gewalt angewendet zu haben, prägte sie so stark, dass sie später in ihrem Institut erforschte, welche Auswirkungen eine Fixierung hat und wann sie angebracht ist. Zu den Beratern des Instituts gehörte auch der Neurologe Oliver Sacks (siehe Kapitel 15). Sie selbst vermittelte zudem in Vorträgen vor Studenten und Fachpersonal anhand ihres Lebensweges einen etwas anderen Umgang mit der Krankheit. Elyn Saks hat sich, trotz wiederholter Versuche die Medikamente abzusetzen, mittlerweile damit abgefunden sie zu benötigen, um ihre Schizophrenie unter Kontrolle zu halten. Sie konnte ihr Jurastudium wieder mit Bestnoten beenden und nahm zunächst eine Lehrverpflichtung an einer Law School in Connecticut an.

1989 folgte sie einem Ruf an die University of Southern California in Los Angeles. Sie erregte dort nicht nur durch ihre rege Publikationstätigkeit Aufmerksamkeit. Ihre im Sitzen gehaltenen Vorlesungen, die Rechtsvorschriften im Zusammenhang mit psychischer Gesundheit behandeln, würdigte der Vizedekan Altman als »umsichtig«. Außerdem war sie als wissenschaftliche Mitarbeiterin am New Centre for Psychoanalysis in Los Angeles tätig. Ihre vielfältigen Aufgaben meisterte sie, obwohl sie trotz Behandlung weiterhin täglich von schizophrenen Gedanken heimgesucht wurde. Inzwischen konnte sie diese aber als Anzeichen ihrer Erkrankung werten und ihnen darüber hinaus nicht allzu viel Bedeutung beimessen. Ihre Tätigkeit an der Universität spielte sogar eine entscheidende Rolle bei der Bewältigung der Krankheit, da sie dabei ihre Gedanken fokussieren musste. Im TED-Talk führte Elyn Saks dazu aus: »Dort kommt man meinen Bedürfnissen nicht nur entgegen, sondern begrüßt sie sogar. Die Arbeit bietet außerdem eine starke intellektuelle Stimulation und die Beschäftigung mit komplexen Problemen war immer die beste und mächtigste und zuverlässigste Verteidigung gegen meine Geisteskrankheit.« Großen Rückhalt erfuhr sie auch von ihrem Ehemann Will Vinet, der als Bibliothekar an der Uni beschäftigt ist, und aus dem Freundeskreis, den sie trotz der enormen anfänglichen Schwierigkeiten mittlerweile hat aufbauen können. »Diese Beziehungen haben meinem Leben Bedeutung und Tiefe verliehen und sie haben mir auch geholfen, mein Leben im Angesicht der Symptome zu steuern«, erläuterte Elyn im TED-Talk. Sie unterstützten sie auch bei weiteren Krisen: Die Wissenschaftlerin erholte sich nicht nur von einer ernsten Gehirnblutung. Deren Anzeichen in Gestalt von starken Kopfschmerzen und kurzen Gedächtnislücken waren in der Notaufnahme zuerst nicht erkannt worden, weil man sie als Symptome der Psychose fehlinterpretiert hatte. Elyn überstand mit Hilfe ihrer Freunde außerdem eine wegen Brustkrebs notwendig werdende Operation und Strahlenbehandlung (weitere Informationen im Abschnitt »*Brustkrebs*«). Der Schicksalsschlag der Brustkrebsdiagnose traf sie 1999 kurz nach ihrer Verlobung mit Will und rief erneut eine psychotische Phase hervor. Vielleicht haben all diese Erfahrungen dazu beigetragen, dass sie nun oft diejenige ist, die am energischsten auf ihre Freunde zugeht, wenn diese ein Problem haben, wie Altman seine Kollegin charakterisierte. Elyn kann ihren Freunden auch deshalb vertrauen, weil ihre schizophrenen Gedanken immer von unbekannten Wesen verursacht werden, während bekannte Personen sie in ihrer Vorstellung nie geängstigt haben. In *Zeit Wissen* äußerte sie erleichtert: »Darüber bin ich sehr froh, denn gerade wegen meiner Erkrankung brauche ich Freunde mehr als alles andere: Sie sagen mir, was real, was sicher ist.«

Elyn schätzt es auch, wenn man sie zum Lachen bringt. Dass sie selbst reichlich Humor besitzt, beweist sie häufig durch entsprechende Bemerkungen in ihren Vorträgen, mit denen sie der Ausgrenzung psychisch Kranker entgegenwirken will. Dadurch schafft sie eine entspannte Atmosphäre und versucht Hemmschwellen abzubauen, indem sie ihre Zuhörer mit konkreten Vorschlägen anspricht: Sie ermutigt unter anderem dazu, auch Patienten mit psychischen Leiden einen Blumenstrauß in die Klinik zu schicken wie sie es auch bei körperlich Erkrankten tun würden. Elyn Saks möchte wegen ihres schwierigen Lebensweges nicht bemitleidet werden. Ihre verbindende Absicht beschrieb sie im TED-Talk so: »Ich möchte vielmehr sagen, dass die Menschlichkeit, die wir alle gemeinsam haben, wichtiger ist als die Geisteskrankheit, die wir nicht teilen.«

Brustkrebs (Mammakarzinom)

Als Brustkrebs, in der Fachsprache auch Mammakarzinom genannt, bezeichnet man eine bösartige Entartung der Brustdrüse. Am häufigsten erkranken Frauen daran, aber auch Männer sind in seltenen Fällen von dieser Krebsart betroffen.

Häufigkeit

Jährlich werden deutschlandweit ca. 72 000 neue Brustkrebserkrankungen registriert, jede achte bis zehnte Frau wird im Laufe ihres Lebens davon betroffen. Damit ist das Mammakarzinom die häufigste Krebsart bei Frauen. Im Vergleich dazu erkranken lediglich 500 Männer pro Jahr, die dann meist älter sind und eine ungünstigere Überlebensprognose haben. Man geht bei Frauen jährlich von ca. 17 200 Todesfällen aus, die durch Brustkrebs verursacht werden. Die Sterberate ist jedoch seit 1970 gesunken, obwohl inzwischen doppelt so viele Brustkrebserkrankungen diagnostiziert werden. Die Fünfjahresüberlebensrate der betroffenen Frauen liegt bei fast 90 %. Trotzdem sterben in der westlichen Welt im Alter zwischen 30 und 60 Jahren die meisten Frauen an dieser Krebserkrankung. Laut WHO treten schätzungsweise etwa die Hälfte der weltweiten Neuerkrankungen in den Industrienationen auf. Aus bisher noch ungeklärten Gründen nehmen bei jungen Amerikanerinnen die Brustkrebsfälle zu, während sie in Asien und Afrika seltener vorkommen.

Ursachen

Brustkrebs kann durch genetische Veränderungen begünstigt werden. Es sind beispielsweise Varianten der Gene BRCA-1 und BRCA-2 (BRCA für *breast cancer*) bekannt, die die Wahrscheinlichkeit einer Erkrankung deutlich steigern. Medikamente, die weibliche Sexualhormone enthalten, können das Wachstum von Krebszellen möglicherweise fördern. Denn die bösartigen Zellen einiger Krebsarten sind ebenfalls in der Lage, auf diese hormonellen Signale zu reagieren. Auch die Ernährung und andere zum Teil noch unbekannte Faktoren dürften bei der Entstehung von Brustkrebs eine Rolle spielen.

Früherkennung

Bei einer regelmäßig durchgeführten Tastuntersuchung der Brust können Frauen Gewebsveränderungen selbst ausfindig machen. Allerdings ist die Aussagefähigkeit dieser Methode auf entsprechend große und gut spürbare Geschwülste beschränkt. Es besteht außerdem das Risiko, dass durch gutartige Veränderungen zunächst ein falscher Krebsverdacht entsteht. Auffälligkeiten sollten von einem Gynäkologen abgeklärt werden. Es besteht in Deutschland ab einem Alter von 30 Jahren auch ein gesetzlich verankerter Anspruch auf Krebsfrüherkennungsuntersuchungen. Vom 50. bis 69. Lebensjahr werden Frauen zu einem Mammografie-Screening eingeladen. Mit diesem bildgebenden Verfahren kann bereits früh eine eventuell bösartige Geschwulst erkannt werden.

Diagnose

Veränderungen im Bewegungsverhalten und Aussehen der Brüste, eine tastbare Entartung oder Verhärtung und eventuell bereits vorhandene Metastasen in den Lymphknoten können bei der selbst durchgeführten oder ärztlichen Begutachtung festgestellt werden. Zur weiteren Abklärung werden bildgebende Verfahren wie Ultraschall und Röntgen-Mammografie angewandt. Werden dabei Auffälligkeiten erkannt, wird eine Biopsie des entsprechenden Gewebes vorgenommen, um zu ermitteln, ob es gut- oder bösartig ist.

Behandlung

Der Tumor und sicherheitshalber auch umliegendes gesundes Gewebe und die regionalen Lymphknoten werden operativ entfernt, um zu verhindern, dass sich Metastasen bilden. Begleitend erfolgt eine Chemotherapie mit Zytostatika, die verbliebene Tumorzellen abtöten soll. Auch eine antihormonelle Therapie kann sinnvoll sein, wobei antagonistisch wirkende Medikamente den Einfluss der Geschlechtshormone auf Tumorzellen hemmen. Vor einigen Jahren wurde der Antikörper Trastuzumab zur begleitenden Krebsimmuntherapie von aggressiven Tumoren zugelassen. Er blockiert eine für das Wachstum verantwortliche Bindungsstelle der entarteten Zellen.

Bei einer kleinen Krebsgeschwulst ohne Lymphknotenbefall kann die Brust meistens erhalten werden. Wenn eine Brustamputation notwendig ist, kann aus kosmetischen und psychologischen Gründen eine Prothese eingesetzt werden. Um die Neubildung des Krebses zu verhindern, wird nach der Operation oft auch eine mehrwöchige Bestrahlung des verbliebenen Gewebes durchgeführt.

Literatur

Einleitung

Adam-Radmanic B. (2011) Barrierefreie Forschung. Laborjournal 4/2011, S. 18–23.

Czichos J. Genie und Wahnsinn. www.wissenschaft-aktuell.de/artikel/Schriftsteller_besonders_gefaehrdet.

Guht C. Genie dank Wahnsinn. www.sueddeutsche.de/wissen/schaffenskraft-genie-dank-wahnsinn-1.835722.

Lange-Eichbaum W., Kurth W. (1992) Genie, Irrsinn und Ruhm. E. Reinhardt. Basel.

Lehnen-Beyel I. Was Genie und Wahnsinn verbindet. www.wissenschaft.de/wissenschaft/news/drucken/307416.html.

Maeck S. Forscher enttarnen das Gen der Genies. www.spiegel.de/wissenschaft/mensch/neuregulin-1-genie-und-schizophrenie-moeglicherweise-folge-eines-gens-a-870089.html.

Isaac Newton

Bauml J. (2008) Psychosen. Springer. Berlin.

Grasset J. (2007) Demifous et demiresponsables. L'Harmattan. Paris.

Graßmann P. Isaac Newton und die Alchemie. http://suite101.de/article/isaac-newton-und-die-alchemie-a135982.

Graßmann P. Isaac Newtons Persönlichkeit. http://suite101.de/article/isaac-newtons-persönlichkeit-a136566.

Kutschmann M. *et al.* (2012). Versorgung von Frühgeborenen mit dem Geburtsgewicht unter 1250 g. Dtsch. Ärztebl. Jg. 109, Heft 31–32, S. 519–526.

Kretschmer E. (1948) Geniale Menschen. Springer. Berlin.

Lange-Eichbaum W., Kurth W. (1992) Genie, Irrsinn und Ruhm. Bd. 9, S. 151–156. Ernst Reinhardt. München.

N.N. (2004) Spektrum Biografie Newton. Spektrum. Heidelberg.

N.N. Isaac Newton. www.wissen.de/thema/isaac-newton.

N.N. The Newton Project. His personal life. www.NewtonProject.sussex.ac.uk.

N.N. Persönlichkeitsstörungen. http://psychiatrie.charite.de/patienten/krankheitsbilder/.

N.N. Psychosen allgemein. www.neurologen-und-psychiater-im-netz.de/npin/npinkrankheiten/.

Saling E., Schreiber M. Allgemeines zu Fehl- und Frühgeburten. www.saling-institut.de/german04infoph/01/allg.htm.

Segré E. (1982) Die großen Physiker und ihre Entdeckungen. Piper. München.

Vogtmann C. *et al.* (2012) Risikoadjustierte Hirnblutungsraten bei sehr kleinen Neugeborenen. Dsch. Ärztebl. Jg. 109, Heft 31–32, S. 527–533.

Voos D. Neurose und Psychose. www.medizin-im-textde/plog2011/21/neurose-und-psychose/

Westfall R. (1996) Isaac Newton. Spektrum. Heidelberg.
Wickert J. (1995) Isaac Newton. Rowohlt. Reinbek.
Zankl H. (2010) Hinterhältiges Genie. In: Kampfhähne der Wissenschaft. Wiley-VCH. Weinheim, S. 7–14.

Carl von Linné

Blunt W., Stearn W. (2002) Linnaeus: The Compleat Naturalist. Princeton Univ. Press.
Elze S. und M. Zyklothymie (Zyklothymia) http://psychotherapie-lehrbuch.de/zyklothymie.html.
Goerke H. (1989) Carl von Linné. WVG Stuttgart.
Jahn I. (2000) Das Reformwerk Carl von Linnés und seine Folgen. In: Geschichte der Biologie, S. 235–242 und S. 888. Spektrum. Heidelberg.
Gumpert H. Gicht. www.dr.gumpert.de/gicht.html.
Koch U., Schäffler A. Phlegmone. www.apotheken.de/gesundheit-heute-news/article/phlegmone/
Lange-Eichmann W., Kurth W. (1992) Genie, Irrsinn und Ruhm. Band 9, S. 125–130. E. Reinhardt. München.
Lehmkuhl T. Der Kanzleibeamte des Herrgotts. www.sueddeutsche.de/wissen/jahre-carl-von-linne-der-kanzleibeamte-des-herrgotts-1.913308.
Leuschner L., Herrlich H. (1995) Berühmte Biologen und Mediziner. S. 155–162, Klett. Stuttgart.
Manger B. Gicht (Hyperurikämie) www.apotheken-umschau.de/print/article/18902.
N.N. Carl von Linné. http://de.wikipedia.org/wiki/Carl_von_Linné.
N.N. Zyklothymia, Zyklothymie. www.aok.de/bundesweit/gesundheit/59717.php?id=2582.
N.N. Gicht. http://de.wikipedi.org./w/index.php?title=Gicht.
N.N. Phlegmone. www.aok.de/bundesweit/91267.php?mode=print&id=4889.
Senglaub-Jahn I. und K. (1978) Carl von Linné. Teubner. Stuttgart.
Simhandl C., Mitterwachauer K. (2007) Depression und Manie. Springer. Wien.

Charles Darwin

Braem G.J. (2009) Charles Darwin. Eine Biografie. Wilhelm Fink. München.
Keller K. et al. (2012) Zyklisches Erbrechensyndrom (CVS). Z. Gastroenterol. 50(7), S. 694–698.
Darwin C. (2008) Mein Leben. Insel. Frankfurt.
Gerste R.D. (2009) Die Leiden des Charles Darwin. Schweiz. Ärztezeitung. 90(14), S. 598–600.
Hayman J. Darwin's Illness revisisted. www.bmj.com/content/339/bmj.b4968.
Jarisch R. www.esys.org/seekrank/Seekrankheit/Klaerung.html.
Lange-Eichbaum W., Kurth W., Ritter W. (1992) Genie, Irrsinn und Ruhm Bd. 9. Die Wissenschaftler und Forscher. Ernst Reinhardt. München, S. 44–50.
Leuschner L., Herrlich H. (1995) Berühmte Biologen und Mediziner. Ernst Klett. Stuttgart, S. 46–55.
McRonald G. Zyklisches Erbrechen (CVS) – Was ist das? www.cvsa.org.uk/download/German.pdf.
N.N. Syndrom des zylischen Erbrechens. http://de.wikipedia.org/w/index.php?title=Syndrom_des_zyklischen_Erbrechens.
N.N. Hypochondrie. http://de.wikipedia.org/w/index.php?title=Hypochondrie.
N.N. Charles Darwin. http://de.wikipedia.org/w/index.php?title=Charles_Darwin
N.N. Neurasthenie. http://de.wikipedia.org/w/Neurasthenie.
N.N. Chagas-Krankheit. http://de.wikipedia.org/w/index.php?title=Chagas-Krankheit&oldid=105658208.

N.N. Charles Darwin's Health. http://en.wikipedia.org/w/index.php?title=Charles_Darwin%27s_health&oldid=501078649.
N.N. Neurasthenie. www.aok.de/bundesweit/91267.php?mode=print&id=2636.
N.N. Reisekrankheit. www.pharmawiki.ch/wiki/index.php?wiki=Reisekrankheit.
Pickering G.W. (1974) Creative malady: Illness in the lives and minds of Charles Darwin. Allen & Unwinn. London.
Schneider W. Schlagschatten – Charles Darwin, schwächlicher Revolutionär. www.nzzfolio.chwww/d80bd71b-b264-4db4-afd0-277884b9.
Strathern P. (1999) Darwin & die Evolution. Fischer Taschenbuch. Frankfurt.
Weiss T. Erschöpfung – Burnout – CFS. www.weiss.de/krankheiten/erschoepfung-cfs.
Wuketits F.M. Darwins Leiden und die heutige Medizin. www.springermedizin.at/artikel/14488-darwins-leiden...

Ludwig Boltzmann

Fasol-Boltzmann I.M., Fasol G.L. (2006) Ludwig Boltzmann (1844–1906) Zum hundertsten Todestag. Springer. Wien.
Höflechner W. (1994) Ludwig Boltzmann. Akadem. Druck- und Verlagsanstalt. Graz.
Kardos P. Asthma bronchiale. www.aptheken-umschau.de/print/article/50426.
Kim A. Ludwig Boltzmann: Leben und Werk zu besichtigen. www.dieuniversitaet-online.at/beitraege/news/ludwig-boltzmann.
Lange-Eichbaum W., Kurth W. (1992) Genie, Irrsinn und Ruhm. Band 9, S. 29–32. Ernst Reinhardt. München.
N.N. Ludwig Boltzmann. http://de.wikipedia.org/w/index.php?title=Ludwig_Boltzmann.
Riedel K.G. Kurzsichtigkeit. www.apotheken-umschau.de/print/article/11586.
Vitelli R. The Boltzmann mystery. http://dr.vitellitypepad.com/providentia/2011/11/the-boltzmann-question
Von Collani C. Biographie von Ludwig Boltzmann. http://encyclopedia.stochastikon.com.

Thomas Edison

Becker M. (2010) Der schwerhörige Patient. Mabuse. Frankfurt.
Beals G. The Biography of Thomas Edison. www.thomasedison.com/biography.html.
Clark R.W. (1988) Edison. Der Erfinder, der die Welt veränderte. Societaets Verlag. Frankfurt.
Erdmann A. (1948) Thomas Alva Edison. Westermann. Braunschweig.
Günther S.M. Wissenschaftler und Ethik. Thomas A. Edison und Nikola Tesla. moepi.net/files/we_edison_tesla.pdf.
Josephson M. (1982) Edison, A Biography. Wiley. Hoboken.
N.N. The Life of Thomas A. Edison. http://memory.loc.gov.ammem/edhtml/edbio.html.
N.N. Thomas Alva Edison. http://de.wikipedia.org/w/index.php?title=Thoma_Alva_Edison.
N.N. Schwerhörigkeit. http://de.wikipedia.org/w/index.php?title=Schwerhörigkeit.
N.N. Schwerhörigkeit. www.apotheken-umschau.de/print/article/11804.
Onmeda-Redaktion. Schwerhörigkeit. www.onmeda.de/krankheiten/schwerhoerigkeit.html.
Vögtle F. (1982) Edison. Rowohlt. Reinbek.

Victor Meyer

Engel M. (1994) Meyer, Victor. NDB 17, S. 313–317.

Gross G.E. Gürtelrose (Herpes zoster) www.apotheken-umschau.de/print/article/18904.

Jacobsen P.H. (1910) Meyer, Victor. ADB Band 55, S. 833–841. Duncker & Humblot. Leipzig.

Jansen W. Viktor Meyer. www.chemiedidaktik.uni-oldenburg.de/download/Viktor_Meyer.pdf.

Martin C. (1855) Über eine Quelle des Zustandekommens der mehr complicirten Nervenzufälle. Lang. Speyer.

Meyer R. (1917) Victor Meyer. Leben und Wirken. Akad. Verlagsges. Leipzig.

N.N. Neuralgie. http://de.wikipedia.org/w/index.php?title=Neuralgie&oldid=106475238.

N.N. Loste. http://de.wikipedia.org/w/index.php?title=Loste&oldid=110340058.

N.N. Viktor Meyer. www.via-monumentum.de/index.php?article_id=74.

N.N. Was ist Diphtherie? www.internisten-im-netz.de/de_was-ist-diphtherie_1454.html.

Schwendner A. Lost – König der Kampfstoffe. Teil I. www.bdfwt.de/files/04_artikel_lost_kw.pdf und persönliche Mitteilung.

Zeh J. Was ist Senfgas? www.n-tv.de/wissen/Was-ist-Senfgas-article2703081.html.

Emil Fischer

Beckmann I.-A. (2011) Darmkrebs. Deutsche Krebshilfe. Blaue Ratgeber 06.

Behr J. Bronchitis, akute. www.apotheken-umschau.de/print/article/50428.

Behr J. Bronchitis, chronische / COPD. www.apotheken-umschau.de/print/article/50430.

Bothe L. (2009) Patientenratgeber Darmkrebs, Deutsche Krebsgesellschaft.

Bugge G. (1974) Das Buch der großen Chemiker. Verlag Chemie. Weinheim, S. 408.

Dellbrück H. (2004) Darmkrebs: Rat und Hilfe. Kohlhammer. Stuttgart.

Fischer E. (2011) Aus meinem Leben. Salzwasser. Paderborn.

Freudenberg K. Fischer, Hermann Emil, NDB 5 (1961) www.deutsche-biographie.de/pnd118691155.html.

Fuchsloch N. (2001) Emil Hermann Fischer. In: Nobelpreise S. 54–55. Brockhaus. Mannheim.

Gruber K. et. al. (2008) Schluss mit Sodbrennen, Reflux, Gastritis ... Verlagshaus der Ärzte. Wien.

N.N. Kolorektales Karzinom. http://de.wikipedia.org/w/index.php?title=Kolorektales_Karzinom.

N.N. Gastritis. http://de.wikipedia.org/w/index.php?title=Gastritis.

N.N. Emil Fischer. http://de.wikipedia.org/w/index.php?title=Emil_Fischer.

Remane R. (1984) Emil Fischer. BSB B.G. Teubner. Leipzig.

Schmoll, H.-J. et al. (2008) Darmkrebs: Patientenratgeber. Abw. Berlin.

Wegerle W. Gastritis (akute und chronische) www.apotheken-umschau.de/print/article/109939.

Marie Curie

Kerner C. (2001) Nicht nur Madame Curie ... Beltz-Verlag. Weinheim. Beitrag von Seifert S. Ein Element des Erfolges, egal in welchem Beruf, ist die Lust am Handwerk, S. 80–112.

Ksoll P., Vögtle F. (2003) Marie Curie – mit Selbstzeugnissen und Bilddokumenten. Rowohlt Taschenbuch Verlag GmbH. Reinbek bei Hamburg.

Merz S. Strahlenkrankheit. http://flexicon.doccheck.com/de/Strahlenkrankheit.

N.N. Akutes Strahlensyndrom. www.bt.cdc.gov/radiation/german/pdf/ars_gr.pdf.

N.N. Brachytherapie. http://de.wikipedia.org/wiki/Brachytherapie.
N.N. Irène Joliot-Curie. http://de.wikipedia.org/wiki/Irène_Joliot-Curie.
N.N. Marie Curie. http://de.wikipedia.org/wiki/Marie_Curie.
N.N. Pierre Curie. http://de.wikipedia.org/wiki/Pierre_Curie.
N.N. Strahlenkrankheit. http://de.wikipedia.org/wiki/Strahlenkrankheit.
Quinn S. (1999) Marie Curie – Eine Biographie. Insel Verlag. Frankfurt/Main.
Stockrahm S. Forscher kommen einer Arznei für Strahlenopfer näher. www.zeit.de/wissen/gesundheit/2011-11/strahlenkrankheit-medikament/
Zankl H., Betz K. (2007) Kleine Genies – 25 Wunderkinder der Wissenschaft. WBG Wissenschaftliche Buchgesellschaft/Primus-Verlag. Darmstadt. »Marie und Irène Curie – Die ersten Nobelpreisträgerinnen für Chemie«, S. 97–108.

Albert Einstein

Baron-Cohen S. (2003) Einstein and Newton showed signs of autism. New Scientist 30.4.2003.
Bucky P.A. (1991) Der private Albert Einstein. Econ. Düsseldorf.
Kugler M. Einstein, Newton and Asperger Syndrome. http://rarediseases.about.com/cs/aspergersyndrome/a/041003.html.
Müller-Jung J. Einsteins Gehirn war nicht kugelförmig. www.faz.net/-gx3-74hf7.
Muir H. Einstein and Newton showed signs of autism. New Scientist 4/2003.
Neffe J. (2005) Einstein. Eine Biografie. Rowohlt. Reinbek.
N.N. Einstein syndrome. http://en.wikipedia.org/w/index.php?title=einstein_syndrome.
N.N. Gehirnforschung Einstein voll breit. www.spiegel.de/wissenschaft/mensch/gehirnforschung-einstein-voll-breit-a-27721.html
Schauen, T. Albert Einstein Biografie. www.einstein.zdf.de.
Sowell T. (2002) The Einstein Syndrome. Basic Books. New York.
Wickert J. (1972) Albert Einstein. Rowohlt. Reinbek.
Zankl H. (2005) Kleiner Trick. In: Nobelpreise. Wiley-VCH. Weinheim, S. 15–21.

Dorothy Hodgkin

Ferry G. (1999) Dorothy Hodgkin – A Life. Granta Books. London.
Kerner C. (2001) Nicht nur Madame Curie ... Beltz-Verlag. Weinheim. Beitrag von Neffe J. Irgendwann habe ich einen ganz starken Willen entwickelt, S. 251–286).
National Portrait Gallery: Dorothy Hodgkin. http://www.npg.org.uk/collections/search/portrait/mw07497/Dorothy-Hodgkin.
N.N. Cholesterin. http://de.wikipedia.org/wiki/Cholesterin.
N.N. Cobalamine. http://de.wikipedia.org/wiki/Vitamin_B12.
N.N. Dorothy Crowfoot Hodgkin. http://de.wikipedia.org/wiki/Dorothy_Crowfoot_Hodgkin.
N.N. Dorothy Hodgkin. http://en.wikipedia.org/wiki/Dorothy_Hodgkin.
N.N. Internationaler Lenin-Friedenspreis. http://de.wikipedia.org/wiki/Internationaler_Lenin-Friedenspreis.
N.N. Insulin. http://de.wikipedia.org/wiki/Insulin.
N.N. Narkolepsie. http://de.wikipedia.org/wiki/Narkolepsie.
N.N. Penicilline. http://de.wikipedia.org/wiki/Penicillin.
N.N. Pugwash Conferences on Science and World Affairs. http://de.wikipedia.org/wiki/Pugwash_Conferences_on_Science_and_World_Affairs.
N.N. Rheumatoide Arthritis. http://de.wikipedia.org/wiki/Rheumatoide_Arthritis.

N.N. Steroide. http://de.wikipedia.org/wiki/Steroide.

Perutz M.F. Address delivered at a memorial service in the University Church, Oxford on 4 March 1995. http://www.writespirit.net/soulful-tributes/academia/dame-dorothy-hodgkin/tributes/

Ruhl I. Hodgkin, Dorothy Crowfoot. (Beitrag für »Frau und Philatelie« 2010) http://www.frau-und-philatelie.de/biografien-frauen-auf-briefmarken/143-hodgkin-dorothy-crowfoot-biografie.

Zankl H., Betz K. (2007) Kleine Genies – 25 Wunderkinder der Wissenschaft. WBG Wissenschaftliche Buchgesellschaft/Primus-Verlag. Darmstadt. Dorothy Crowfoot Hodgkin – Nobelpreis für Kristalle, S. 108–115.

John Nash

Gaebel W. Schizophrenie. www.apotheken-umschau.de/schizophrenie, 17.07.2012.

Lichterbeck L. Einstein sagte zu mir: Du musst noch viel lernen. www.tagesspiegel.de/john-nash-im-sonntagsinterview-einstein-sagte-zu-mir-du-musst-noch-viel-lernen/1834236.html

Livio, S.K. Mathematician John Nash and family advocate for mental health. http://blog.nj.com/ledgerupdates_impact/print?entry=/2009/03/a_beautiful_challenge_to_help.html

Müller H. (2011) John Nash und die Spieltheorie. Grin. München.

Nasar S. (2002) Genie und Wahnsinn. Piper. München.

Nash J. Autobiography. www.nobelprize.org/nobel_prizes/economics/laureates/1994/nash-bio.html

N.N. John Forbes Nash Jr. http://de.wikipedia.org/w/php?title=John_Forbes_Nash_Jr.

Rettig D. Ein leiser Star der Forschung. www.spiegel.de/unispiegel/studium/nobelpreistraeger-gipfel-in-koeln-ein-leiser-star-der-forschung-a-446342.html

N.N. Schizophrenie. http://de.wikipedia.org/wiki/Schizophrenie.

Stuff S. Manchmal hatte ich Glück. www.welt.de/welt_print/vermischtes/article5311871/.

Stephen Hawking

Gürke M. (2012) Hawkings Reise zu den Sternen. Saarbrücker Zeitung Nr. 6, S. 6, 7.1.2012.

Hawking L. Auch Physiker sind Menschen. www.focus.de/schule/familie/tid-17445/

Hawking S. (1991) Eine kurze Geschichte der Zeit. Rowohlt Taschenbuch. Reinbek.

Hessey R. Hawking's ex writes second memoir. www.stuff.co.nz/enterteinment/books/4627634/Hawkings-ex-writes-second-memoir

Hoyng H. (1999) Ehe vor Schwarzen Löchern. Der Spiegel Nr. 34, S. 118–120.

Kaeser E. Physik aus der Gottesperspektive. www.zeit.de/2011/01/P-Hawking

Lulé D. et al. (2008) Depression und Lebensqualität bei Patienten mit amyotropher Lateralsklerose. www.Aerzteblatt.de/archiv/60389.

N.N. Stephen Hawking. http://de.wikipedia.org/wiki/Stephen_Hawking.

N.N. Amyotrophe Lateralsklerose. http://de.wikipedia.org/wiki/Amyotrophe_Lateralsklerose.

Susskind L. (2010) Der Krieg um das Schwarze Loch. Suhrkamp. Berlin.

Von Rauchhaupt U. Ich bin hier, um Ihnen das Unmögliche zu verkünden. www.faz-net/-gr6-xx57.

White M, Gribbin J. (1995) Stephen Hawking - Die Biographie. Rowohlt Taschenbuch. Reinbek.

Temple Grandin

Blume H. Temple Grandin: Wiring. Ein Interview. www.aspiana.deneben/interview2.htm.

Bund K. (2012) Maschinen sind leichter als Menschen. DIE ZEIT Nr. 37/2012, S. 24.

Grandin T. (1997) Ich bin die Anthropologin auf dem Mars. Knaur. München.

Grandin T. Johnson C. (2005) Ich sehe die Welt wie ein frohes Tier. Ullstein. München.

Grandin T. Scariano M. (1994) Durch die gläserne Tür. Dtv. München.

Grandin T. My Experience with visual thinking, sensory problems and communication difficulties. www.asperger-eltern.de/grandin.html.

Haas M. Rinder und Schweine verstehe ich sehr gut. http://sz-magazin.sueddeutsche.de/drucken/texte/anzeigen/34790.

Kamp-Becker J. Bölte S. (2011) Autismus. Reinhardt-UTB. München.

N.N. Autismus. www.onmeda.de/krankheiten/autismus.html.

N.N. Softwarekonzern SAP stellte Hunderte Autisten ein. www.welt.de/wirtschaft/article11636994.

N.N. Autismus. www.neurologen-und-psychiater-im-netz.de/npin/npinkrankheiten.

N.N. Temple Grandin. http://de.wikipedia.org/w/index.php?title=Temple_Grandin.

Olkowski K. Actress Julia Ormond gifts her emmy to Eustacia Cutler. www.westsidetoday.com/s24-3871/

Sacks O. (1995) Eine Anthropologin auf dem Mars. Rowohlt. Reinbek.

Snippe K. (2013) Autismus. Schulz-Kirchner. Idstein.

Sigmund Freud

Gay P., Joachim A. (2006) Freud: Eine Biografie für unsere Zeit. Fischer. Frankfurt.

Kappeler M. (2001) Die Kulturgeschichte des Tabaks. Techn. Universität Berlin.

Kohlhammer J. (2001) Der kranke Freud. Klett-Cotta. Stuttgart.

Lange-Eichbaum W., Kurth W. (1992) Genie, Irrsinn und Ruhm. Bd. 9, Ernst Reinhardt. München, S. 71–81.

Mertens W. (2000) Psychoanalyse. C.H.Beck. München.

N.N. Jean Nicot. http://de.wikipedia.org/wiki/Jean_Nicot.

N.N. Kokain. http://de.wikipedia.org/wiki/Kokain.

N.N. Mundhöhlenkarzinom. http://de.wikipedia.org/wiki/Mundhöhlenkarzinom.

Schur, M. (1982) Sigmund Freud. Leben und Sterben. Suhrkamp. Frankfurt.

Schäffler A. Nikotinabhängigkeit. www.apotheken.de/gesundheit-heute-news/article/nikotinabhängigkeit.

Schaller K. et al. (2008) Fakten zum Rauchen. Deutsches Krebsforschungszentrum Heidelberg.

Schmidbauer W., Vom Scheidt J. (1998) Handbuch der Rauschdrogen. Fischer. Frankfurt.

Speziale-Bagliacca R. (1999) Sigmund Freud. Spektrum der Wissenschaft. Biografie.

Stumpfe K.-D. (2001) Sigmund Freud und das Rauchen. Suchtmed. 3(2), 101–106.

Zankl H. (2004) Der große Irrtum. Primus. Darmstadt. S. 59–62.

Oliver Sacks

Duchaine B. et al. (2007) Family resemblance: Ten family members with prosopagnosia and within-class object agnosia. Cogn. Neuropsychol. 24 (4), S. 419–430.

Evers S. Migräne. www.apotheken-umschau.de/article/11710.

Garrido L. et al. (2009) Voxel-based morphometry reveals reduced grey matter volume in the temporal cortex of deve-

lopmental prosopagnosics. Brain 132, S. 3443–3455.
Groß C.L. (2010) Die funktionelle Beteiligung verschiedener Hirnregionen in einer das Körperselbstgefühl täuschenden Illusion. Dissertation Med. Fakultät Uni. Würzburg.
Kirschbaum C. (2008) Biologische Psychologie von A-Z. Springer. Berlin.
Mohr P. Malignes Melanom (Schwarzer Hautkrebs) www.krebsgesellschaft.de/pa_ka_hautkrebs_melanom,107801.html
N.N. Oliver Sacks. http://de.wikipedia.org/wiki/Oliver_Sacks.
N.N. Aderhautmelanom. http://de.wikipedia.org/wiki/Aderhautmelanom.
Sacks O. (1985) Der Mann, der seine Frau mit einem Hut verwechselte. Rowohlt. Reinbek.
Sacks O. (1990) Awakenings: Zeit des Erwachens. Rowohlt. Reinbek.
Sacks O. (1991) Der Tag, an dem mein Bein fortging. Rowohlt. Reinbek.
Sacks O. (1994) Migräne. Rowohlt. Reinbek.
Sacks O. (2008) Migraine Patterns. New York Times, 13.2.2008.
Sacks O. (2011) Das innere Auge. Rowohlt. Reinbek.

Ralph Steinman

Beger H.G. et al. (2008) Bauchspeicheldrüsenkrebs – Heilungschancen minimal. Dtsch. Ärztebl. 105(14), 255–62.
Brüning A. Karisch K-H. Drei Preise und ein Todesfall. www.fr-online.de/medizin/medizin-nobelpreise-2011-drei-preise-und-ein-todesfall,5024016,10960456.html
Harmon K. (2012) Patient im Selbstversuch. Spektrum der Wissenschaft. September 2012, S. 32–37.
Hohenberger W. Bauchspeicheldrüsenkrebs, Pankreaskarzinom. www.Krebsgesellschaft.de/pat_ka_bauchspeicheldruesenkrebs_frueherkennung,107889.html
N.N. Pankreastumor. http://de.wikipedia.org/w/index.php?title=Pankreastumor.
N.N. Medizin: Nobelpreisverleihung für Professor Ralph Steinman. www.erlangen.de/desktopdefault.aspx/tabid-5/63_read-24654/norobotindex-1/
N.N. Toter Wissenschaftler behält Nobelpreis. www.sueddeutsche.de/wissen/2.220/nobelstiftung-haelt-an-auszeichnung-fest-toter-wissenschaftler-bekommt-nobelpreis-1.1154495
Oettle H. et al. Pankreaskarzinom. www.dgho-onkopedia.de/Leitlinien.

Morton Doran

Biondi C. The will to overcome... and inspire. http://medicine.ucalgary.ca/magazineprevious/article/will-overcome.
Blankstein A. Tourette Sufferers Convene. http://articles.latimes.com/print/1996-11-02/local/me-60333.
Dehing S. (2008) Chromosomenscreening bei Tourette-Syndrom. Dissertation. Med. Fakultät. LMU. München.
Doran M. (1998) Understanding Tourette Syndrome. Fond. Can. Syndrome Tourette.
Doran M. (1991) Tourette's Syndrome. Can. Med. Assoc. J. 145(3), p.247.
Faust F. Tourette Syndrom. www.pschosoziale-gesundheit.net/psychiatrie/tourette.html.
Gumpert N. Tourette Syndrom. www.dr-gumpert.de/html/tourette_syndrom.html.
Hebebrand J., Klug B., Remschmidt H. (1998) Genetik des Tourette-Syndroms. Medgen 10, S. 406–408.
Sacks O., Ginter P. (1993) Vom »Es« besessen. Geo Magazin 6, S. 108–124.
Sacks O. (1997) Eine Anthropologin auf dem Mars. Rowohlt. Reinbek.

Sadeghi A. Ratgeber Tourette Syndrom. http://www.tourettesyndrom.net.
Scholz A., Rothenberger A. (2003) Mein Kind hat Tics und Zwänge. Vandenhoeck & Ruprecht. Göttingen.

Oliver Semler

Becker J., Semler O. et al. (2011) Exome sequencing identifies truncating mutations in human SERPINF1 in autosomal-recessive osteogenesis imperfecta. Am. J. Hum. Genet. 88(3), 362–71.
Klein H.-G. et al. Osteogenesis imperfecta. www.medizinische-genetik.de/index.php?id=1950.
Krämer T. (2012) Zerbrechliches Leben. Die Rheinpfalz am Sonntag. 19.2.2012, Seite 8.
N.N. Vertrauen fragt nicht nach Handicap. http://vdk.de/cgi-bin/cms.cgi?ID=de22315.
N.N. Osteogenesis imperfecta. http://de.wikipedia.org/w/index.php?title=Osteogenesis_imperfecta.
Semler O. et al. (2012) Osteogenesis imperfecta. Genetische Grundlagen und medikamentöse Behandlungsmöglichkeiten. Pädiatrische Praxis 79(1), 81.
Semler O. (2012) Osteogenesis imperfecta. Med. Genetik 24(4), 297.
Semler O, Garbes L. et al. (2012) A Mutation in the 5´-Untranslated Region of IFITM5 Creates an In-Frame Start Codon and Causes Autosomal-Dominant Osteogenesis Imperfecta Type V with Hyperplastic Callus, Am. J. Hum. Genet. 91(2), 349–57.
Van der Ropp R. (2012) Dr. Oliver Semler erhält den Eva Luise Köhler Forschungspreis für seltene Krankheiten 2012. www.achse-online.de/cms/informationen/pressemitteilungen/.php?we_objectID=518&back=true
Vogt S. Karriere mit Glasknochenkrankheit. Kinderarzt der Uniklinik Köln mit Integrationspreis ausgezeichnet. http://idw-online.de/pages/de/news?print=1&id=339047.
Wulf-Frick H. Karriere mit Handicap. www.zeit.de/karriere/beruf/2010-01/karriere-behinderung/2010-01/karriere-behinderung

Karl Marx

Diepolder H. (2012) Hepatitis. Apotheken Umschau, 25. 10. 2012.
Gessert F. Karl Marx' zu leiden. http://betablogger.info?p=255.
Köhler D. (2011) Tuberkulose (TBC). Apotheken Umschau, 10.10.2011.
Krumm C. (2011) Hämorrhoiden richtig behandeln. Apotheken Umschau, 29.3.2011.
Künzli A. (1966) Karl Marx. Eine Psychographie. Europa. Wien.
Lange-Eichbaum W., Kurth W., Ritter W. (1989) Genie, Irrsinn und Ruhm. Bd.7. Die Philosophen und Denker. Karl Marx. S. 70–74. Ernst Reinhardt. München.
Misik R. Marxismus als Krankheit. http://www.taz.de/!7195.
N.N. Hämorrhoiden. http://de.wikipedia.org/wiki/Hämorrhoiden.
N.N. Akne inversa. http://de.wikipedia.org/wiki/Akne_inversa.
Shuster S. (2008) The nature and consequence of Karl Marx's skin desease. Brit. J. Dermatol. 158, S. 1–3.
Thadeusz F. (2007) Nachwuchs im Leib. Der Spiegel 51, S. 152.
Wheen F. (2001) Karl Marx. C. Bertelsmann. München.
Winkle S. (1997) Kulturgeschichte der Seuchen. Artemis & Winkler. Düsseldorf. Tuberkulose S. 83–137.

Friedrich Nietzsche

Adam B. (2001) Die Strafe der Venus. Eine Kulturgeschichte der Geschlechtskrankheiten. Orbis. München.

Appel S. (2011) Friedrich Nietzsche: Wanderer und freier Geist. Beck. München.
Badelt U. Vom Rausch zum Risiko. www.tagesspiegel.de/weltspiegel/gesundheit/syphilis-vom-rausch-zum-risiko.
Colli G., Montinari M. (1967) Kritische Gesamtausgabe Sigle. KGW. Berlin.
Dechering J., Wolke M. Friedrich Nietzsche – Spuren. www.friedrichnietzsche.de
Lange-Eichbaum W., Kurth W. (1989) Genie, Irrsinn und Ruhm. Bd. 7. Philosophen und Denker. Ernst Reinhardt. München, S. 82–95.
Niemeyer C. (Hrsg.) (2009) Nietzsche Lexikon. Wiss. Buchges. Darmstadt.
N.N. Syphilis. http://de.wikipedia.org/wiki/Syphilis.
N.N. Friedrich Nietzsche. http://de.wikipedia.org/wiki/Friedrich_Nietzsche.
N.N. Bakterienruhr. www.goruma.de/Service/Reisemedizin/bakterienruhr.html.
N.N. Amöbenruhr. http://de.wikipedia.org/w/index.php?title=Amöbenruhr.
Potthoff A. (2011) Syphilis (Lues). Apotheken Umschau, 6.12.2011.
Safranski K. (2002) Nietzsche. Fischer. Frankfurt.
Volz P. (1990) Nietzsche im Labyrinth seiner Krankheit. Königshausen und Neumann. Würzburg.
Wilkes J. (2000) Nietzsches Krankheit: Genie und Wahnsinn. Dtsch. Ärztebl 97 (11), A-713.
Zankl H., Betz K. (2007) Kleine Genies. Wiss. Buchgesellschaft. Darmstadt, S. 33–38.

Max Weber

Fromm J., Fromm S. (1993) Max Webers Krankheit – soziologische Aspekte der depressiven Struktur. Fortschr. Neurol. Psychiatr. 61, S. 161–171.
Fromm J., Fromm S. (1998) Max Webers Krankheit. Recherchen zur Krankheits- und Behandlungsgeschichte. Fortschr. Neurol. Psychiatr. 66, S. 193–200.
Huber F. Gehirnhautentzündung (Meningitis). www.apotheken-umschau.de/print/article/11502.
Fiedler P. (2007) Persönlichkeitsstörungen. Beltz. Weinheim.
Graf F.G. Max Webers geheime sexuelle Gelüste. www.welt.de/kultur/literarischewelt/article109210623/Max-Webers-geheime-sexuelle-Gelueste.html
Kaesler D. (2006) Natur, Nerven und Pollutionen. Der Spiegel 4/2006, S. 143–144.
Minkmar N. (2005) Das wilde Werben. FAZ. L28. 19.10.2005.
N.N. Meningitis. http://de.wikipedia.org/w/index.php?title=Meningitis.
N.N. Depressionen. www.netdoktor.at/krankheiten/fakta/depression.htm.
N.N. Depression. http://de.wikipedia.org/w/index.php?title=Depression.
N.N. Depressionen. www.neurologen-und-psychiater-im-netz.de.
Petzold R. Depressionen: 121 Millionen Menschen weltweit betroffen. www.krankenversicherungen.net/blogbeitrag/items/depressionen.
Radkau J. (2005) Max Weber. Die Leidenschaft des Denkens. Carl Hanser. München.
Vogel U. (2009) Akute bakterielle Meningitis. Uni-Med. Bremen.
Weber M. (1989) Max Weber. Ein Lebensbild. Piper. München.

Karl Jaspers

Augstein R. (1969) Karl Jaspers ist tot. Der Spiegel 10/1969.
Benini A. (2011) Krankheit als Grenzsituation. NZZ 24.9.2011.
Fries H. et al. www.tk.de/krankheiten-a-z/krankheiten-b/bronchiektasen.
Jaspers K. (1967) Schicksal und Wille. Autobiographische Schriften. Piper. München.

Jaspers K. (1966) Wohin treibt die Bundesrepublik? Piper. München.
Jaspers K. (1967) Antwort. Zur Kritik meiner Schrift »Wohin treibt die Bundesrepublik?« Piper. München.
Jaspers K. (1958) Die Atombombe und die Zukunft des Menschen. Piper. München.
Lange-Eichbaum W., Kurth W. (1989) Genie, Irrsinn und Ruhm. Band 7, S. 57–60. Ernst Reinhardt. München.
N.N. Karl Jaspers. http://de.wikipedia.org/wiki/Karl_Jaspers.
N.N. Karl Jaspers. www.jaspers-stiftung.ch/karl-jaspers.
Rademacher J. Weite T. (2011) Bronchiektasen – Diagnostik und Therapie. Dtsch. Ärztebl. Int. 108(48), 809–15.
Salamun K. (1985) Große Denker - Karl Jaspers. C.H.Beck. München.
Saner H. (2005) Jaspers. Rowohlt. Reinbek.
Schulze A. Bronchiektasie. www.lifeline.de/krankheiten/Bronchiektasie-Erweiterung-Atemwege-id45063.html

Ludwig Wittgenstein

Apfel P. Die Rettung der Männlichkeit. www.focus.de/gesundheit/ratgeber/krebs/tid-28873/diagnose-prostatakrebs-was-nun-die-rettung-der-maennlichkeit_aid_892992.html
Delbrück H. (2011) Prostatakrebs; Rat und Hilfe. Kohlhammer. Stuttgart.
Edmonds D. et al. (2005) Wie Wittgenstein Karl Popper mit dem Feuerhaken drohte: Eine Ermittlung. Fischer Taschenbuch. Frankfurt.
Findlay J. (2010) Wittgenstein. A Critique. Routledge Chapman & Hall. Abingdon.
Gumnior H. (1984) Philosophen: Alles, was der Fall ist. Der Spiegel 2/1984, S. 142–151.
Kampitz P. Ludwig Wittgenstein oder die Welt der Sprache. www.gleichsatz.de/b-u-t/trad/witt3.html.
Lange-Eichbaum W., Kurth W. (1989) Genie, Irrsinn und Ruhm. Bd. 7, S. 153–157. E. Reinhardt. München.
Nedo M. (2012) Ludwig Wittgenstein. C.H. Beck. München.
N.N. Ludwig Wittgenstein. http://de.wikipedia.org/w/index.php?title=Ludwig_Wittgenstein.
N.N. Prostatakrebs. http//de.wikipedia.org/w/index.php?title=Prostatakrebs.
Russell B. (2009) Autobiography. Taylor & Francis. Abingdon.
Saltzwedel J. (1992) So klar wie eine Watschen. Der Spiegel. 21/1992, S. 260–264.
Schulte J. (2005) Ludwig Wittgenstein. Suhrkamp. Frankfurt.
Sökeland J., Weiß H.E. Häufigkeit des Prostatakarzinoms. www.prostata.de/pca_haeufigkeit.98.html.
Stief C., Roosen A. (2012) Prostatakrebs (Prostatakarzinom). Apotheken Umschau. 19.12.2012.
Weinzierl U. Der schlimme Fluch des Hauses Wittgenstein. www.welt.de/kultur/article2784399/Der-schlimme-Fluch-des-Hauses-Wittgenstein.html
Wittgenstein H. (1944) Familienerinnerungen. Typoscript. Wien.
Wucherl K., Hübner A. (1979) Wittgenstein. Rowohlt. Reinbek.

Elyn Saks

Carey B. (2011) Memoir About Schizophrenia Spurs Others to Come Forward. The New York Times 22.10.2011. http://www.nytimes.com/2011/10/23/health/23livesside.html?ref=health&_r=0.
Gaillard F. (2008) Long Day's Journey into Night. Vanderbilt Magazine, Spring 2008. http://www.vanderbilt.edu/magazines/vanderbilt-magazine/2008/03/long_days_journey_into_night/
MacArthur Foundation (2009). Elyn Saks. 26.01.2009. http://www.macfound.org/fellows/62/

N.N. Brustkrebs. http://de.wikipedia.org/wiki/Brustkrebs.
N.N. Elyn Saks. http://en.wikipedia.org/wiki/Elyn_Saks.
Sachs A. (2013) A Memoir of Schizophrenia. TIME Entertainment. 27.08.2013. http://www.time.com/time/arts/article/0,8599,1656592,00.html.
Saks E.R. (2008) A Professor's Story. The American Prospect. 20.06.2008. http://prospect.org/article/professors-story.
Saks E.R. (2007) My nightmare in the city of dreaming spires. The Observer. 02.09.2007. http://www.theguardian.com/books/2007/sep/02/biography.features.
Saks E.R. (2013) Successful and Schizophrenic. The New York Times. 25.01.2013 http://www.nytimes.com/2013/01/27/opinion/sunday/schizophrenic-not-stupid.html?src=me&ref=general&_r=0.
TED Talks (2012) Elyn Saks. Die Geschichte meiner Geisteskrankheit. Juni 2012 http://www.ted.com/talks/elyn_saks_seeing_mental_illness.html.
University of Southern California Gould School of Law. Elyn Saks. 05.07.2013. http://lawweb.usc.edu/contact/contactInfo.cfm?detailID=300.
University of Southern California Gould School of Law. Saks Institute for Mental Health Law, Policy, and Ethics. http://weblaw.usc.edu/centers/saks/
Viciano A. (2013) Elyn und die Dämonen. Zeit Online Gesundheit. 18.05.2013. http://www.zeit.de/zeit-wissen/2013/03/schizophrenie-elyn-saks.

Stichwortverzeichnis

Trotzdem genial Erste Auflage. Heinrich Zankl und Katja Betz.

E

F

T